Win32 汇编语言程序设计

田民格　秦彩杰　吕良智◎主编

清华大学出版社
北京

内 容 简 介

本书共分为 9 章，具体介绍了汇编语言基础知识、Win32 汇编语言基本组成、Win32 汇编语言的编译运行、CPU 指令系统、FPU 指令系统、选择结构程序设计、循环结构程序设计、模块化程序设计和吾爱破解软件使用简介等内容。先详细介绍了汇编语言程序设计中要用到的相关理论基础和计算机的组成与工作原理，如数值与字符的表示方法、存储体系结构与工作原理等；再全面介绍了 32 位 CPU 指令与浮点指令；最后详尽介绍了汇编语言程序设计的方法，使读者可以把更多的精力用于汇编的程序设计上。本书力争做到，初学者用 C 语言能实现的功能，用本书的 32 位汇编语言也能实现。

本书所有例子的源程序都是完整的，并有详细的注释，且都能在 Windows XP 和 Windows 7 环境上编译运行通过，特别适合初学者。本书有配套的考试系统和相应的题库，既可作为标准化试题（单项选择题、多项选择题、判断题和填空题）的测评，又可作为程序设计题（程序改错题、程序填空题和程序设计题）的测评。

本书可作为应用型本科院校计算机类专业《Win32 汇编语言程序设计》的教材，也可作为《计算机组成原理与汇编语言（Win32）》的教材，适合既要求有一定理论知识，又要求突出实践的院校，尤其适合强调提高编程能力的院校和读者。

图书在版编目（CIP）数据

Win32 汇编语言程序设计/田民格，秦彩杰，吕良智主编. —北京：清华大学出版社，2017（2021.12重印）
ISBN 978-7-302-47694-8

I. ①W… II. ①田… ②秦… ③吕… III. ①汇编语言-程序设计 IV. ①TP313

中国版本图书馆 CIP 数据核字（2017）第 155838 号

责任编辑：苏明芳
封面设计：刘　超
版式设计：魏　远
责任校对：马子杰
责任印制：刘海龙

出版发行：清华大学出版社
网　　址：http://www.tup.com.cn，http://www.wqbook.com
地　　址：北京清华大学学研大厦 A 座　　邮　　编：100084
社 总 机：010-62770175　　邮　　购：010-62786544
投稿与读者服务：010-62776969，c-service@tup.tsinghua.edu.cn
质 量 反 馈：010-62772015，zhiliang@tup.tsinghua.edu.cn
课 件 下 载：http://www.tup.com.cn，010-62788903

印 装 者：北京同文印刷有限责任公司
经　　销：全国新华书店
开　　本：185mm×260mm　　**印　　张：**16.75　　**字　　数：**413 千字
版　　次：2017 年 8 月第 1 版　　**印　　次：**2021 年 12 月第 2 次印刷
定　　价：59.00 元

产品编号：073830-02

前 言

Foreword

随着计算机技术的发展，学生要学习的课程越来越多，每门课的学时越来越少，而汇编语言从16位过渡到32位，指令越来越多，如何在有限的时间里学到尽可能多的知识，特别是如何提高汇编语言的编程能力，压力越来越大。于是，我们结合多年的教学与软件开发的经验，编写了本书。

本书虽详尽介绍了CPU指令和FPU指令等，但并不是每条指令都需要掌握，因为实际程序设计过程中，往往可能只需要掌握其中20%的指令，就能解决现实工作中80%的问题，而剩余20%的问题，可以根据具体的需要，查阅具体的指令。因此，在教学过程中，可根据具体的情况，选修相关内容。

作者建议，本书按12个主题进行教与学，每个主题讲授与训练约3个学时，课堂测试与讲评约1个学时，合计48学时。

序号	主题	主要内容
1	数据类型	Win32汇编语言程序结构基本组成，各种数据类型数据的定义与输入输出
2	MASM 整数+−*/%	简单整数数据传送指令，整数的加减乘除余，实现整数表达式的计算
3	MASM 实数+−*/	浮点数数据传送指令，浮点数的加减乘除，实现浮点数表达式的计算
4	MASM 函数	算术指令，如FSQRT、FSIN、FCOS、FABS等函数的使用
5	选择结构	实现整数（含字符）大小和浮点数大小的比较
6	循环结构	.while和.repeat循环及LOOP循环指令，实现各种循环重复操作
7	C嵌入汇编	串操作指令结合C嵌入汇编，在C中实现各种字符串功能
8	子程序（函数）	子程序（函数）的定义与调用，实现模块化程序设计
9	递归程序设计	汇编实现递归程序设计及C与汇编相互调用、函数重载
10	软件破解	OD实现逆向工程，破解其他开发工具生成的.exe文件的登录密码
11	浮点数表示	计算机浮点数的表示等，实现浮点数与机器码的相互转换，其他编码转换
12	CPU与存储器连接	32位CPU体系结构、存储访问工作原理等

通过以上12讲的教学，学生在48学时下就能具有比较强的汇编编程能力，又能初步了解计算机的组成与工作原理，因此，本教材也可作为《计算机组成原理与汇编语言（Win32）》的教材。

本书由田民格、秦彩杰、吕良智担任主编，其中秦彩杰编写第1、2、3章，田民格编写第4、5、6章，吕良智编写第7、8、9章和附录。

本书配套的电子课件和源程序等资料可登录作者的 FTP 下载，网址为 FTP://218.5.241.13，用户名为 tmg，密码为 123456。本书资料在 masm 文件夹中，其中“组成与汇编单机版.rar”是本书单机版考试系统，根目录下的 ksxt.exe 是本书网络版考试系统。

为使本书篇幅不致过长，其中的案例是根据作者多年教学经验归纳、总结、设计的，文字表述也是经过再三斟酌的，插图也是经过专门加工的。在使用本书的过程中，若发现有任何问题，可与作者进行沟通联系，以使本书臻于完善。作者 E-mail 为 TmgDelphi@163.com。

编　者

2017.7

目　录

Contents

第 1 章 汇编语言基础知识

本章主要介绍数值数据和字符数据在计算机内部的表示方法，包括各种进制数及相关计量单位；数值数据详细介绍整数和浮点数（实数）的表示方法及显示方法，字符数据详细介绍 ASCII 码、机内码、Unicode 编码和 UTF-8 编码的表示方法及显示方法。通过本章的学习，读者应该完成以下学习目标：

（1）掌握十进制、二进制、十六进制的表示方法及其相互转换方法。

（2）了解八进制和二进制口算方法。

（3）掌握无符号整数和有符号整数的表示方法。

（4）掌握移码的表示方法以及了解 BCD 码的表示方法。

（5）掌握浮点数（实数）的表示方法。

（6）了解 ASCII 码常用字符的编码规律。

（7）了解机内码和区位码的编码规律及其相互转换方法。

（8）了解 Unicode 和 UTF-8 的编码规律及其相互转换方法。

1.1 计 数 制

1.1.1 十进制（Decimal）

十进制用 0~9 共 10 个数码来表示，其基数为 10，运算规则为逢十进一，各位权是 10^i（整数部分最低位位权为 10^0，其余各位位权从右至左指数依次增大；小数部分最高位位权为 10^{-1}，其余各位位权从左至右指数依次减小），十进制数后缀字母为 D，一般省略，n 位整数 m 位小数十进制数 N 表示如下：

$N=a_{n-1}a_{n-2}\cdots a_0.a_{-1}\cdots a_{-m}D$

$=a_{n-1}\times10^{n-1}+a_{n-2}\times10^{n-2}+\cdots+a_0\times10^0+a_{-1}\times10^{-1}+\cdots+a_{-m}\times10^{-m}$

例如：

$N=325.46D$

$=3\times10^2+2\times10^1+5\times10^0+4\times10^{-1}+6\times10^{-2}$

$=325.46$

1.1.2 二进制（Binary）

二进制用 0 和 1 两个数码来表示，其基数为 2，运算规则为逢二进一，各位权是 2^i，二进制数后缀字母为 B，n 位整数 m 位小数的二进制数 N 表示如下：

$N=a_{n-1}a_{n-2}\cdots a_0.a_{-1}\cdots a_{-m}B$

$=a_{n-1}\times 2^{n-1}+a_{n-2}\times 2^{n-2}+\cdots+a_0\times 2^0+a_{-1}\times 2^{-1}+\cdots+a_{-m}\times 2^{-m}$

例如：

N=1011 1101.11B

$=1\times 2^7+0\times 2^6+1\times 2^5+1\times 2^4+1\times 2^3+1\times 2^2+0\times 2^1+1\times 2^0+1\times 2^{-1}+1\times 2^{-2}$

$=1\times 128+0\times 64+1\times 32+1\times 16+1\times 8+1\times 4+0\times 2+1\times 1+1\times 0.5+1\times 0.25$

=189.75

**注意**

（1）二进制整数部分各位的位权，特别是后 4 位的位权分别是 8、4、2 和 1，这是常用的二进制数口算数值，如 1111B=8+4+2+1=15。

（2）非十进制数不能读成几百几十，例如，111B 不能读成“一百一十一”，只能读成“一一一 B”，其他非十进制数读法类似。

（3）无论是数值还是字符，甚至是音频视频等信息，在计算机底层都是用二进制表示和存储的，只是为了阅读或使用方便，应用软件都把它们转换为十进制或十六进制表示和显示。因此，我们使用计算机时一般看不到二进制数。

1.1.3 八进制（Octal）

八进制用 0~7 共 8 个数码来表示，其基数为 8，运算规则为逢八进一，各位权是 8^i，八进制数后缀字母为 O 或 Q，n 位整数 m 位小数的八进制数 N 表示如下：

$N=a_{n-1}a_{n-2}\cdots a_0.a_{-1}\cdots a_{-m}Q$

$=a_{n-1}\times 8^{n-1}+a_{n-2}\times 8^{n-2}+\cdots+a_0\times 8^0+a_{-1}\times 8^{-1}+\cdots+a_{-m}\times 8^{-m}$

例如：

N=377.34Q

$=3\times 8^2+7\times 8^1+7\times 8^0+3\times 8^{-1}+4\times 8^{-2}$

=255.4375

注意

（1）在 C 语言（本书所提到的 C 语言多指 VC 下的 C++）中八进制数用前缀 0（数字零）表示，如 0175。

（2）八进制相对比较少用，了解即可。

1.1.4 十六进制（HexaDecimal）

十六进制用 0~9、A、B、C、D、E 和 F 共 16 个数码（字母一般不区分大小写）来表示，A~F 依次相当于十进制数的 10~15，十六进制基数为 16，运算规则为逢十六进一，各位权是 16^i，十六进制数后缀字母为 H，n 位整数 m 位小数的十六进制数 N 表示如下：

$N=a_{n-1}a_{n-2}\cdots a_0.a_{-1}\cdots a_{-m}H$

$=a_{n-1}\times16^{n-1}+a_{n-2}\times16^{n-2}+\cdots+a_0\times16^0+a_{-1}\times16^{-1}+\cdots+a_{-m}\times16^{-m}$

例如：

N=FA.8H

$=15\times16^1+10\times16^0+8\times16^{-1}$

=250.5

注意

（1）在汇编指令中，若十六进制数的第一个数字是字母，则必须前缀 0（数字零），以区别于标识符（变量名等），如“MOV EAX,0FAH”，平时书写可不必加前缀 0。

（2）在 C 语言和吾爱破解等软件中十六进制数用前缀 0x（数字零和字母 x）表示，如 0xFA。

1.2　进制数间的转换

1.2.1　十进制转二进制

将十进制转换为二进制，整数部分和小数部分分别进行转换，然后再合并。

整数和小数转换规则如下。

（1）整数部分：除 2 取余，先低（位）后高（位）。

（2）小数部分：乘 2 取整，先高（位）后低（位）。

例 1-1　将十进制数 123.6875 转为二进制数。

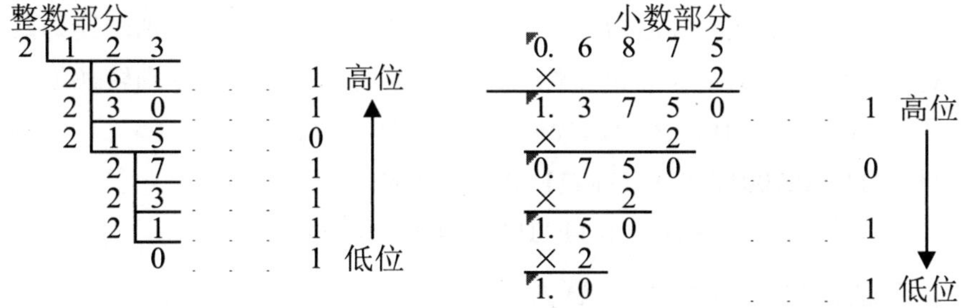

123=111 1011B　　　　0.6875=0.1011B

123.6875=111 1011.1011B

例 1-2　将十进制数 1020.6 转为二进制数。

说明

将十进制数 0.6 转为二进制数，其结果是无限循环小数，默认按就近舍入（Round to Nearest）的方法处理其尾数，具体规定详见浮点控制寄存器 RC（Rounding Control）字段的说明。

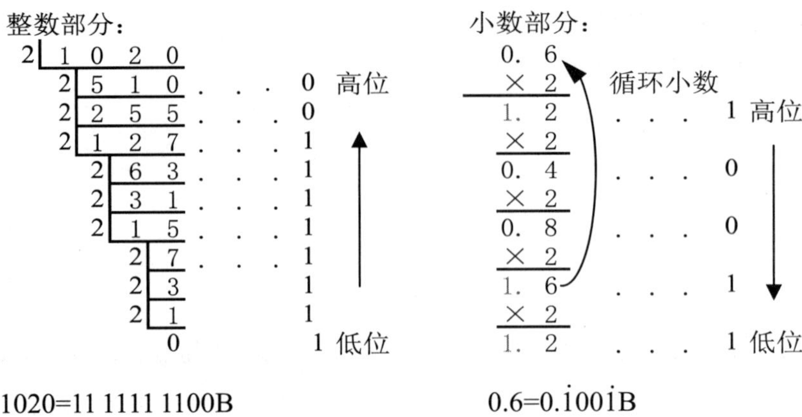

1020=11 1111 1100B　　　　0.6=$0.\dot{1}00\dot{1}$B

1020.6=11 1111 1100.$\dot{1}00\dot{1}$B

1.2.2　十进制转八进制和十六进制

十进制转换为八或十六进制规则如下。

（1）整数部分：除八或十六取余，先低后高。

（2）小数部分：乘八或十六取整，先高后低。

由于数字太大，十进制转八进制或十六进制常先转换为二进制再转换为八进制或十六进制，规则如下。

整数部分：

（1）将二进制整数从右往左每 3 位一组（不够时左边补 0）分别转换为八进制数。

（2）将二进制整数从右往左每 4 位一组（不够时左边补 0）分别转换为十六进制数。

小数部分：

（1）将二进制小数从左往右每 3 位一组（不够时右边补 0）分别转换为八进制数。

（2）将二进制小数从左往右每 4 位一组（不够时右边补 0）分别转换为十六进制数。

例 1-3　1111111100.1001B 分别转换为八进制和十六进制。

1111111100.1001B=001 111 111 100.100 100B=1774.44Q

=0011 1111 1100.1001B=3FC.9H

1.2.3　十进制转二进制加法口算方法

首先，二进制数各位的位权 2^n 与十进制数的对应关系如下：

2^0=1	2^5=32	2^{10}=1024	2^{15}=32768
2^1=2	2^6=64	2^{11}=2048	2^{16}=65536
2^2=4	2^7=128	2^{12}=4096	
2^3=8	2^8=256	2^{13}=8192	
2^4=16	2^9=512	2^{14}=16384	

其次，观察以下两种进制数的规律：

$10^1=10$ $2^1=10B$

$10^2=100$ $2^2=100B$

$10^3=1000$ $2^3=1000B$

… …

$10^n=10\cdots0$（n 个 0） $2^n=10\cdots0B$（n 个 0）

由此可得二进制加法口算方法：2^n 由 1 个 1 和 n 个 0 构成的二进制数组成，即：

$$2^n=1\overbrace{0\cdots\cdots0}^{n}B$$

因此，比该数略大的数只需将若干相应位权的 0 改为 1 即可。如：

$\because 128=2^7=1\overbrace{000\ 0000}^{7}B$

$\therefore 130=128+2=2^7+2=1000\ 0000B+10B=1000\ 0010B$

$\because 256=2^8=1\overbrace{0000\ 0000}^{8}B$

$\therefore 261=256+5=2^8+(4+1)=1\ 0000\ 0000B+101B=1\ 0000\ 0101B$

同理：

$525=512+13=2^9+(8+4+1)=10\ 0000\ 0000B+1101B=10\ 0000\ 1101B$

$1030=1024+6=2^{10}+(4+2)=100\ 0000\ 0000B+110B=100\ 0000\ 0110B$

1.2.4 十进制转二进制减法口算方法

首先，观察以下两种进制数的规律：

$10^1-1=9$ $2^1-1=1B$

$10^2-1=99$ $2^2-1=11B$

$10^3-1=999$ $2^3-1=111B$

… …

$10^n-1=9\cdots9$（n 个 9） $2^n-1=1\cdots1B$（n 个 1）

由此可得二进制减法口算方法：2^n-1 由 n 个二进制 1 组成，即：

$$2^n-1=\overbrace{1\cdots\cdots1}^{n}B$$

因此，比该数略小的数只需将若干相应位权的 1 改为 0 即可。如：

$\because 127=2^7-1=\overbrace{111\ 1111}^{7}B$

$\therefore 120=127-7=(2^7-1)-(4+2+1)=111\ 1111B-111B=111\ 1000B$

$\because 255=2^8-1=\overbrace{1111\ 1111}^{8}B$

$\therefore 250=255-5=(2^8-1)-(4+1)=1111\ 1111B-101B=1111\ 1010B$

同理：

$505=511-6=(2^9-1)-(4+2)=1\ 1111\ 1111B-110B=1\ 1111\ 1001B$

$1020=1023-3=(2^{10}-1)-(2+1)=11\ 1111\ 1111B-11B=11\ 1111\ 1100B$

1.2.5 十进制转二进制其他口算方法

（1）乘法口算方法：若一个大整数 N 和一个小整数 a 可以表示成：

$$N=a\times 2^n$$

将 N 转换成二进制数，则可先将小整数 a 转换成二进制数，然后右边再补 n 个 0 即可，相当于将其左移 n 位或小数点右移 n 位。如：

$$40=10\times 2^2=(8+2)\times 2^2=1010B\times 2^2=1010\ 00B$$

$$88=11\times 2^3=(8+2+1)\times 2^3=1011B\times 2^3=1101\ 000B$$

（2）除法口算方法：若一个分数 F 和一个整数 a 可以表示成：

$$F=a/2^n$$

若将 F 转换成二进制数，则可先将整数 a 转换成二进制数，然后将其右移 n 位或小数点左移 n 位。如：

$$11/16=(8+2+1)\times 2^{-4}=1011B\times 2^{-4}=0.1011B$$

$$23/64=(16+4+2+1)\times 2^{-6}=10111B\times 2^{-6}=0.010111B$$

（3）其他口算：若整数 $N=a\times 16^n$，则可先将其转换成十六进制数再转换成二进制数，如：

$$161=10\times 16^1+1\times 16^0=0A1H=1010\ 0001B$$

$$176=11\times 16^1+0\times 16^0=0B0H=1011\ 0000B$$

1.3 计算机计量单位

1.3.1 计算机存储容量计量单位

计算机存储容量常用计量单位如下：

1Byte（字节）=8bit（二进制位，比特）

$1024B=2^{10}B=1KB$	$1024TB=2^{50}B=1PB$
$1024KB=2^{20}B=1MB$	$1024PB=2^{60}B=1EB$
$1024MB=2^{30}B=1GB$	$1024EB=2^{70}B=1ZB$
$1024GB=2^{40}B=1TB$	$1024ZB=2^{80}B=1YB$

一般个人计算机存储容量达到 TB 就已经很大了，但有些大数据公司，其每天的数据处理量就能达到 100PB。

1.3.2 计算机时钟周期计量单位

计算机时钟周期常用计量单位如下：

$1ms=10^{-3}s$

$1\mu s=10^{-3}ms=10^{-6}s$

$1ns=10^{-3}\mu s=10^{-9}s$

$1ps=10^{-3}ns=10^{-12}s$

$1fs=10^{-3}ps=10^{-15}s$

$1as=10^{-3}fs=10^{-18}s$

现在一般个人计算机的时钟周期为 ns 级，即 CPU 主频一般为 GHz。

1.4　数值数据的表示

计算机中所表示的数值数据有整数和浮点数（实数），整数包括无符号整数和有符号整数，浮点数包括单精度、双精度和扩展精度 3 种。无论是何种类型数据，最终都用二进制数表示和存储，但为了方便，一般用十进制数显示其真值和用十六进制数表示其机器数。

1.4.1　无符号整数的表示

无符号整数的表示比较简单，直接用相应进制数表示即可，只是使用时要注意可表示数的范围，超出范围高位将被舍去或编译时出错并提示数据太大。n 位二进制数可表示的无符号整数的范围是 $0\sim2^n-1$，n 的取值由数据类型决定，如表 1-1 所示。

表 1-1　不同类型的无符号整数表示范围

类　型	位　数	表 示 范 围	备　注
BYTE（或 DB）	8	0~255（2^8-1）	用于字符（串），类似 C 语言的 unsigned char
WORD（或 DW）	16	0~65535（$2^{16}-1$）	用于汉字，类似 C 语言的 unsigned short
DWORD（或 DD）	32	0~4294967295（$2^{32}-1$）	用于整数，类似 C 语言的 unsigned int
QWORD（或 DQ）	64	0~18446744073709551615（$2^{64}-1$）或 $-1.79\times10^{308}\sim1.79\times10^{308}$	用于大整数或浮点数，类似 C 语言的 int 64 或 double，作大整数时用%I64u 输入输出，作浮点数时用%lf 输入输出

注意

表 1-1 中的各数据类型一般只决定数据的位数，是否按无符号数处理由具体的汇编指令决定。

1.4.2　有符号整数的表示

计算机为表示整数的符号，约定最高位为 0 表示正数，最高位为 1 表示负数。

有符号数常用编码有原码、反码和补码，一般用补码，n 位补码的取值范围是 $-2^{n-1}\sim+2^{n-1}-1$，n 的取值由数据类型决定，如表 1-2 所示。

表 1-2　不同类型的有符号整数表示范围

类　型	位　数	表 示 范 围	备　注
SBYTE（或 DB）	8	−128~+127，即 $-2^7\sim+2^7-1$	用于字符（串），类似 C 语言的 char
SWORD（或 DW）	16	−32768~+32767，即 $-2^{15}\sim+2^{15}-1$	用于汉字，类似 C 语言的 short
SDWORD（或 DD）	32	−2147483648~+2147483647，即 $-2^{31}\sim+2^{31}-1$	用于整数，类似 C 语言的 int
QWORD（或 DQ）	64	−9223372036854775808~9223372036854775807，即 $-2^{63}\sim+2^{63}-1$ 或 $-1.79\times10^{308}\sim1.79\times10^{308}$	作用同前述，只是作大整数时用%I64d 输入输出

有符号整数 X 用 n 位二进制补码表示的计算公式为：

$$[X]_{补}=2^n+X$$

（1）n=8 时，即 BYTE 类型±1 的补码表示如下（超过 8 位部分即高位 1 被舍去）：

$$[+1]_{补码}=2^8+(+1)=256+1=0\ 000\ 0001B$$

$$[-1]_{补码}=2^8+(-1)=256-1=1\ 111\ 1111B$$

（2）n=16 时，即 WORD 类型±1 的补码表示如下：

$$[+1]_{补码}=2^{16}+(+1)=65536+1=0\ 000\ 0000\ 0000\ 0001B$$

$$[-1]_{补码}=2^{16}+(-1)=65536-1=1\ 111\ 1111\ 1111\ 1111B$$

（3）n=32 时，即 DWORD 类型±1 的补码表示如下：

$$[+1]_{补码}=2^{32}+(+1)=4294967296+1=0\ 000\ 0000\ 0000\ 0000\ 0000\ 0000\ 0000\ 0001B$$

$$[-1]_{补码}=2^{32}+(-1)=4294967296-1=1\ 111\ 1111\ 1111\ 1111\ 1111\ 1111\ 1111\ 1111B$$

对于十进制数，左边补多少个 0，其数值都不变；对于补码，左边补多少个符号，其数值都不变，这就是符号扩展，即补码在不改变其符号的前提下，其符号位可以任意增删而不改变其真值。

由于补码计算公式不方便计算负数，所以常用原码和反码推出补码。

原码、反码和补码都用最高位表示符号，0 表示正数，1 表示负数，其余 n-1 位表示数值。

（1）n 位原码直接用 n-1 位表示数值。如：

$$[+6]_{原码}=0000\ 0110B=06H$$

$$[-6]_{原码}=1000\ 0110B=86H$$

（2）n 位反码的正数同原码，负数将原码的数值位按位取反（符号位不变）。如：

$$[+6]_{反码}=0000\ 0110B=06H$$

$$[-6]_{反码}=1111\ 1001B=F9H$$

（3）n 位补码的正数同原码，负数将原码的数值位按位取反且末位加 1。如：

$$[+6]_{补码}=0000\ 0110B=06H$$

$$[-6]_{补码}=1111\ 1010B=FAH$$

由于正数的最高位为 0，负数的最高位为 1，所以各类型补码的取值范围为：

（1）SBYTE（或 DB）类型：正数为 00H~7FH，负数为 80H~FFH。

（2）SWORD（或 DW）类型：正数为 0000H~7FFFH，负数为 8000H~FFFFH。

（3）SDWORD（或 DD）类型：正数为 00000000H~7FFFFFFFH，负数为 80000000H~FFFFFFFFH。

1.4.3 移码

用补码表示有符号十进制整数，当整数最小时，其对应的二进制数不是最小；二进制数最小时，其对应的十进制整数不是最小，如：BYTE 类型补码所表示的最小整数是-128，其对应的二进制数为 10000000B（不全 0）；最小的二进制数 00000000B（全 0），其对应的整数是 0。因此，若用补码表示浮点数的指数，则导致：当指数最小时，其对应的二进制数不全 0；二进制数全 0 时，其对应的指数不是最小。若直接用二进制数表示整数，可以满足：当整数最小时，其对应的二进制数最小（全 0），但二进制数又无法表示负数。为实现既能表示负数，又能满足当整数最小时，其对应的二进制数最小（全 0），则应采用移码来表示。移码表示方案有多种，常用方案表示公式如下：

$$[X]_{移码}=X+偏置值$$

IEEE745 用作浮点数指数的移码偏置值为 $2^{n-1}-1$，其中 n 为移码的位数，如单精度浮点数使用 8 位移码，偏置值为 $2^{n-1}-1=2^{8-1}-1=127$，其计算公式如下：

$$[X]_{移码}=X+(2^{8-1}-1)=X+127$$

例如：

$$[-127]_{移码}=-127+127=0000\ 0000B$$

$$[+128]_{移码}=+128+127=1111\ 1111B$$

由此可见，对于 8 位移码，当数最小（-127）时，对应移码最小（0000 0000B），当数最大（+128）时，对应移码最大（1111 1111B）。

双精度浮点数使用 11 位移码，则偏置值为 $2^{n-1}-1=2^{11-1}-1=1023$；扩展精度浮点数使用 15 位移码，则偏置值为 $2^{n-1}-1=2^{15-1}-1=16383$。

1.4.4　BCD 码

BCD 码（Binary-Coded Decimal）亦称二-十进制编码，即用 4 位二进制数来表示 1 位十进制数的编码。4 位二进制数各位的位权分别为 8、4、2 和 1 的 BCD 码称为 8421BCD 码。

两位 BCD 码存于一个字节的称为压缩 BCD 码。例如，十进制数 23 的压缩 BCD 码为 0010 0011B（即 23H）。

每位 BCD 码存于一个字节的称为非压缩 BCD 码（每字节高 4 位补 0）。例如，十进制数 23 的非压缩 BCD 码为 0000 0010 0000 0011B（即 0203H）。

BCD 码与二进制数编码不同，例如，十进制数 23 的二进制数编码为 00010111B（即 17H），而汇编指令 AAM 可以实现将此二进制数编码转换为 BCD 码。

1.4.5　浮点数

在数学中，一个数可以用科学记数法表示如下：

$$a\times10^{n}$$

其中，|a|为[1,10)的有效数字，n 为用整数表示的指数，如 2.5×10^{13}。

计算机中，浮点数用尾数和阶码表示如下：

$$浮点数真值=尾数\times2^{阶码}$$

一般，尾数数值为[1,2)的有效数字，阶码为用整数表示的指数，如 $12.0=1.5\times2^{+3}$。

汇编语言浮点数使用 IEEE754 规范，有单精度 REAL4、双精度 REAL8 和扩展精度 REAL10 共 3 种类型，分别用于定义 4、8 和 10 字节的浮点数变量（同 DWORD、QWORD、TBYTE 或 DD、DQ、DT 三种类型）。浮点数的机器数格式如图 1-1 所示，其中尾数分成尾数符号 m_s 和尾数数值 m 两部分。

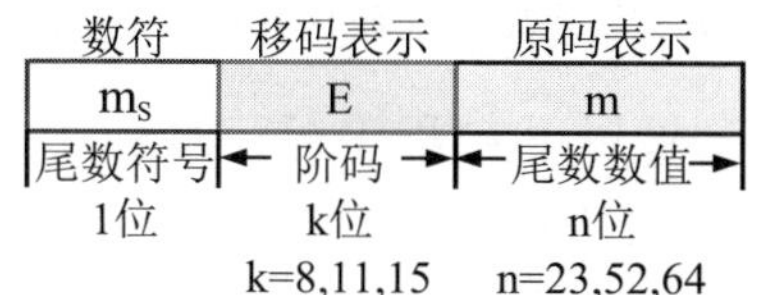

图 1-1　IEEE754 规范的浮点数的机器数格式

单精度时，用 8 位表示阶码，23 位表示尾数数值；双精度时，用 11 位表示阶码，52 位表示尾数数值；扩展精度时，用 15 位表示阶码，64 位表示尾数数值。具体格式如图 1-2 所示：

31	30 … 23	22 … 0
m_S	X … X	.X … X
符号	阶码E	尾数数值

（a）单精度

63	62 … 52	51 … 0
m_S	X … X	.X … X
符号	阶码E	尾数数值

（b）双精度

79	78 … 64	63 … 0
m_S	X … X	X. … X
符号	阶码E	尾数数值

（c）扩展精度

图 1-2　3 种浮点数的机器数格式

对于单、双精度，因尾数数值的整数部分固定为 1，所以表示成机器数时将其隐含，如若尾数为 1.5，则只存.5 部分，小数点左边的 1 不保存。因此，浮点数的真值表示为：

$$浮点数真值 = (-1)^{m_s} \times 1.m \times 2^{移码表示的阶码\ E-偏置值}$$

例如，若单精度浮点数机器数为 1 1000 0000 110 0000 0000 0000 0000 0000B，则 m_s=1，尾数实际存储的数值 m=110 0000 0000 0000 0000 0000B=0.75，阶码 E=1000 0000B=128，因此，该浮点数的真值为：

$$(-1)^1 \times 1.75 \times 2^{128-127} = -3.5$$

若单精度浮点数机器数为 0 0000 0000 000 0000 0000 0000 0000 0000B，则 m_s=0，尾数数值 m=000 0000 0000 0000 0000 0000B=0，阶码 E=0000 0000B=0，因此，该浮点数理论上真值为：

$$(-1)^0 \times 1.0 \times 2^{0-127} = 2^{-127}$$

IEEE754 规定，阶码和尾数数值都全为 0 为机器零；阶码全 1 尾数数值全 0 为±∞；阶码全 1 尾数数值不全 0 为 NaN（非数字），因此，阶码和尾数数值全 0 或全 1 一般为特殊数。

例 1-4　将+12.0 表示成浮点数对应的单精度机器数。

$+12.0=+1.5\times2^{+3}$，对应的尾数符号 m_s=0，阶码真值为+3，用 8 位移码表示为：

$$[+3]_{移码}=+3+127=1000\ 0010\ B$$

尾数实际存储的数值 m=0.5（小数点左边的“1”隐含），m 用 23 位原码表示为：

$$[0.5]_{原码}=100\ 0000\ 0000\ 0000\ 0000\ 000B$$

对应机器数为 0 1000 0010 100 0000 0000 0000 0000 0000B=4140 0000H，计算过程如图 1-3 所示。

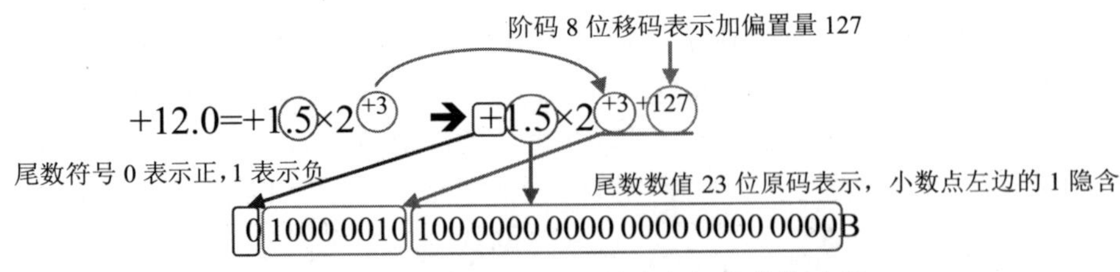

图 1-3　浮点数表示成单精度机器数的过程

此机器数表示的浮点数可通过以下 C 程序运行输出。

```
#include"stdio.h"
void main()
{
```

```
        int d=0x4140 0000;
        float *p=(float*)&d;                //将 int 地址强制转换为 float 地址
        printf("%f %f\n",*p,*(float*)&d);   //再取内容输出
    }
```

输出运行结果：

```
12.000000 12.000000
```

本教材所有源程序（含 VC++、MASM32 和 Java 等源程序）均可在笔者所开发的考试系统（KSXT.exe）上运行，登录后系统自动配置环境，初学者可以不管任何软件问题，只需要将源程序粘贴进去，然后选择适当的编译器编译，再输入所需的数据运行，即可获得相应的运行结果，界面如图 1-4 所示。

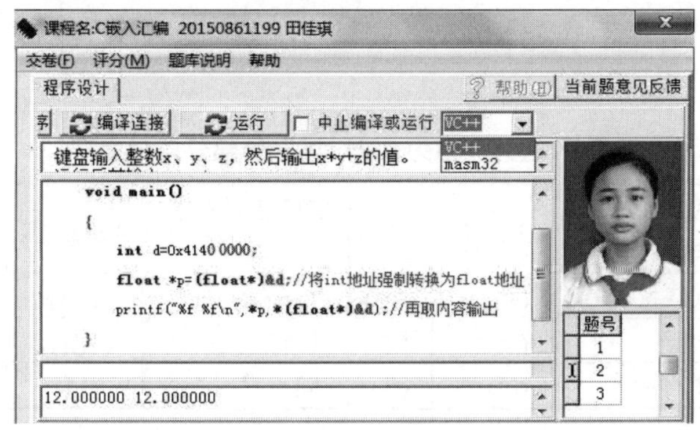

图 1-4　考试系统运行界面（编译器有 9 种语言可选）

浮点数表示范围如图 1-5 所示。

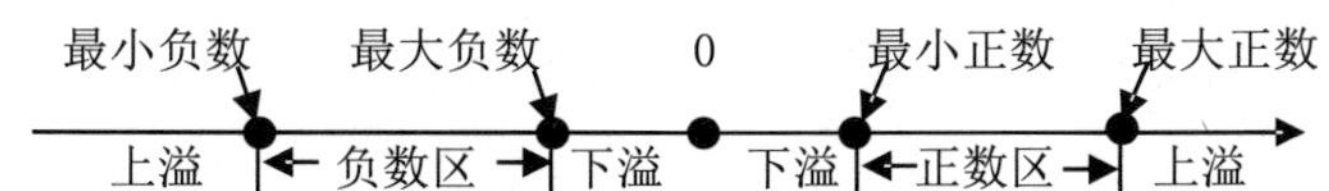

最大正数 = 最大正尾数 × $2^{最大阶码}$　　最小正数 = 最小正尾数 × $2^{最小阶码}$

最大负数 = 最大负尾数 × $2^{最小阶码}$　　最小负数 = 最小负尾数 × $2^{最大阶码}$

图 1-5　浮点数表示范围

例如，单精度阶码的值域一般为 0000 0001B~1111 1110B，即−126~127（不全 0 全 1、偏置值为 127），尾数数值的值域为 000 0000 0000 0000 0000 0000B~111 1111 1111 1111 1111 1111B，即 1.0~（$2-2^{-23}$）（尾数隐含位为 1），故单精度取值范围为：

最大正数：0 1111 1110 111 1111 1111 1111 1111 1111B，真值为$+(2-2^{-23})\times 2^{127}$=3.4e38

最小正数：0 0000 0001 000 0000 0000 0000 0000 0000B，真值为$+1.0\times 2^{-126}$=1.18e−38

最大负数：1 0000 0001 000 0000 0000 0000 0000 0000B，真值为-1.0×2^{-126}=−1.18e−38

最小负数：1 1111 1110 111 1111 1111 1111 1111 1111B，真值为$-(2-2^{-23})\times 2^{127}$=−3.4e38

因此，对于单精度实数 x，若$|x|>3.4e38$，则上溢出；若 $0<|x|<1.18e-38$，则下溢出。

1.5 字符数据的表示

不同的软件开发工具使用的字符编码可能不同，如 VC 和汇编语言使用 ANSI 编码（西文用单字节 ASCII 码、汉字用两字节机内码），Java 用 Unicode 编码（西文和汉字都用两字节表示），symbian 则用 Unicode 编码或 UTF-8 编码。

1.5.1 ASCII 码

计算机中采用 ASCII 码表示和存储西文字符（包括大小写字母和标点符号等）。ASCII 码由 7 位二进制编码组成，共 128 个编码对应 128 个字符。其中，ASCII 值为 00H~1FH 的 32 个字符为控制字符，如表 1-3 所示（详见附录），为 20H~7EH 的 95 个字符为可打印字符（详见附录）。

表 1-3 ASCII 值为 00H~1FH 的部分控制字符

ASCII 值	缩写	解释及 C 转义字符	ASCII 值	缩写	解释及 C 转义字符	ASCII 值	缩写	解释
00H	NUL	串结束标志，'\0'	09H	HT	Tab 键，'\t'	1AH	SUB	文件结束标志
07H	BEL	响铃，'\a'	0AH	LF	换行，'\n'	1BH	ESC	Esc 键
08H	BS	退格键，'\b'	0DH	CR	回车，'\r'	7FH	Del	Delete 键

ASCII 码字符实际存储时是以字节为单位，一个字节有 8 位，ASCII 码字符只占用了低 7 位，最高位常用补 0 来处理，正好用作与汉字字符的区别（一个汉字两个字符，常用汉字第一个字符最高位为 1）。

一般要记住的主要西文字符排列顺序和 ASCII 值对应如表 1-4 所示，可知：

'0'<'O'<'o'

表 1-4 主要西文字符对应 ASCII 值

字　符	空格	'0'~'9'	'A'~'Z'	'a'~'z'
ASCII 值	20H	30H~39H	41H~5AH	61H~7AH

1.5.2 机内码

1980 年发布的 GB2312 共收录常用汉字 6763 个，其中一级常用汉字 3755 个，按拼音排列；二级常用汉字 3008 个，按偏旁排列。所有汉字分布于 72 个区中，每个区 94 位，每个汉字对应一个 4 位数构成的区位码，如“啊”字在 16 区 01 位，区位码为 1601。其中，01~09 区为特殊符号，如标点符号、数字序号、数学符号、希腊字母、全角字母、日文平假名和片假名等；16~55 区（后 5 个编码未用）为一级常用汉字（40×94−5=3755）；56~87 区为二级常用汉字（32×94=3008）。

因区位码取值范围与 ASCII 码有重叠，为此构造了一种有别于 ASCII 码的两个字节字符编码，即机内码，简称内码。内码的编码规则为对应区码和位码分别加上 160 构成，如

“啊”字两个字符的内码为 176 和 161，即 B0A1H，在程序中先写 B0H（低地址），再写 A1H（高地址），如图 1-6 所示。非常用汉字编码不同，如“祎”字两个字节字符编码为 B574H，“镕”字为 E946H。

图 1-6 通过吾爱破解软件看到的 ASCII 码和机内码及其字符

用吾爱破解软件打开可执行文件（*.exe），右击打开，在左下角单击 Hex/ASCII，输入内码即可。

在 Windows XP 系统中，机内码可以通过“内码”输入法实现按区位码、机内码或 Unicode 编码直接输入汉字，如图 1-7 所示。

（a）单击“区位”按钮实现 3 种编码切换

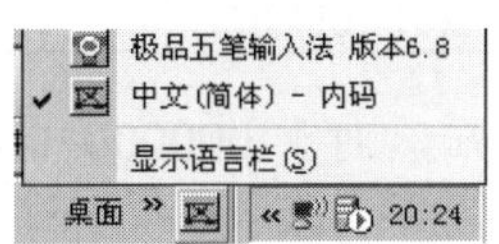

（b）Windows XP 系统中添加了“内码”输入法

图 1-7 通过“内码”输入法实现按相应编码直接输入汉字

还可以在命令提示符下，输入“Edit.com”命令并按 Enter 键后，在 Edit 编辑器中按住 Alt+小键盘数字键，直接输入汉字每个字节的机内码，如“啊”字，按住 Alt 键再输入小键盘数字键 176，然后弹起 Alt 键，同理，按住 Alt 键输入小键盘数字键 161，然后弹起 Alt 键，保存为*.txt 文件后，再用记事本打开，即可看到汉字“啊”，如图 1-8 所示。

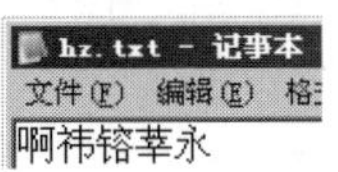

图 1-8 在记事本中看汉字

GB2312 编码所有常用汉字及用于生成的 C 源程序详见附录。

1995 年发布的 GBK 共收录了 21003 个汉字，GBK 向下兼容 GB2312；2000 年发布的 GB18030-2000 共收录了 27533 个汉字，是在 GBK 基础上进行了扩充；2005 年发布的 GB18030-2005 共收录了 70244 个汉字，是在 GB18030-2000 基础上进行了扩充。

1.5.3 Unicode

Unicode 字符即宽字符，用两个字节整数（C++语言用 wchar_t 即 unsigned short 类型）来表示一个汉字（4E00H~9FA5H）或西文字符（0000H~007FH），如“一”字编码为 4E00H，在程序中先写 00H（低地址），再写 4EH（高地址），如图 1-9 所示。

图 1-9 通过吾爱破解软件看到的 Unicode 编码及其字符

Unicode 西文字符的编码值同 ASCII，只是用两个字节表示，如字母 A 的 Unicode 编码为 0041H。Unicode 编码所有常用汉字及用于生成的 C 源程序详见附录。

1.5.4 UTF-8

UTF-8 是 Unicode 的一种变长字符编码，根据 Unicode 编码取值范围的不同，对应使用表 1-5 中的 4 种模板之一进行转换。转换方法是：先将 Unicode 编码转换为二进制数，然后从左到右分成若干组，最后将各组填入模板中字母位置。

表 1-5　不同取值范围的 Unicode 编码转换为 UTF-8 编码使用的模板

Unicode 编码	UTF-8 字节流模板（二进制）
000000H-00007FH	0xxxxxxx
000080H-0007FFH	110xxxxx 10yyyyyy
000800H-00FFFFH	1110xxxx 10yyyyyy 10zzzzzz
010000H-10FFFFH	11110xxx 10yyyyyy 10zzzzzz 10tttttt

由表 1-5 可知，对于 000000~00007F 之间的 ASCII 字符，其有效的低 7 位填入单字节模板 0xxxxxxx 中的 xxxxxxx 位置（即低 7 位）后，其值不变，因此，ASCII 字符的 UTF-8 编码与其对应的 ASCII 编码完全相同。对于 Unicode 编码汉字，其取值范围为 4E00H~9FA5H，落入 000800H~00FFFFH 之间，由表 1-5 可知，使用 3 字节模板 1110xxxx 10yyyyyy 10zzzzzz，将 16 位 Unicode 编码从左到右划分成 aaaa bbbbbb cccccc 三组：第一组 4 位 aaaa 填入模板中的 xxxx 位置，第二组 6 位 bbbbbb 填入模板中的 yyyyyy 位置，第三组 6 位 cccccc 填入模板中的 zzzzzz 位置。例如，“汉”字的 Unicode 编码是 6C49H，对应二进制数是 0110 1100 0100 1001：第一组 aaaa 为 0110，第二组 bbbbbb 为 1100 01，第三组 cccccc 为 00 1001，分别填入模板中的 xxxx、yyyyyy、zzzzzz 3 个位置，得到 11100110 10110001 1000 1001，即 E6B189H，其过程如图 1-10 所示。

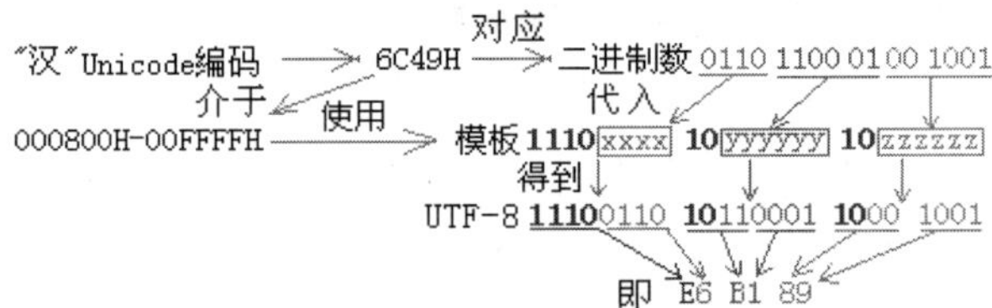

图 1-10　“汉”它由 Unicode 编码转换为 UTF-8 编码过程

用 Java 程序容易实现从 Unicode 编码转换为 UTF-8 编码的源程序，详见附录。
“汉”字 UTF-8 编码用不同浏览方式显示效果不同，如图 1-11 所示。

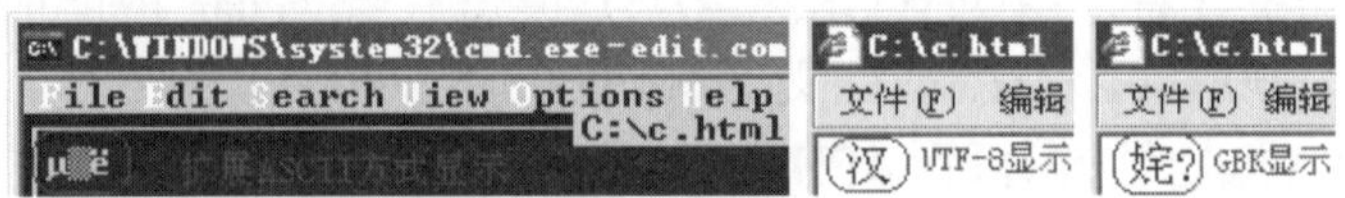

图 1-11　“汉”字 UTF-8 编码用不同浏览方式显示效果

习题 1

1-1 将下列二进制数转换为十进制数和十六进制数。

00100000　　00110000　　01000001　　01100001

10.001　　1.1　　100.01　　011.0001

1-2 将下列十进制数转换为二进制数。

131.0625　　252.1875　　266.6　　125.8　　163/256

1-3 将下列十进制数转换为十六进制数。

163　　80　　197　　209　　227　　248

1-4 下列各数对应 8 位有符号整数和无符号整数各是多少？结果用十进制数表示。

176　　−6　　0FBH　　11111001B　　75

1-5 下列各数对应 8 位补码和移码各是多少？结果用十六进制数表示。

126　　−3　　2　　−127

1-6 将下列十进制数分别转换为压缩 BCD 码和非压缩 BCD 码，结果用十六进制数表示。

46　　79　　38　　15　　20

1-7 将下列十进制数分别转换为单精度、双精度、扩展精度浮点数，结果用十六进制数表示。

27　　0.2109375　　−112　　−0.1640625

1-8 将下列各数转换为浮点数，结果用十进制数表示。

01000011010100000000000000000000B　　0C4700000H

00111 1000 101 1000 0000 0000 0000 0000B　　0BC510000H

1-9 试计算双精度和扩展精度的取值范围（含最大正数、最小正数、最大负数和最小负数）。

1-10 分别验证“苹”字和“永”字在 VC 和 Excel 中的大小关系，请说明原因。

1-11 已知某两汉字区位码为 4093 和 3587，请计算其机内码，并说明它们是什么字。

1-12 已知某两汉字机内码为 D1A7H 和 D4BAH，请计算其区位码，并说明它们是什么字。

1-13 已知某两汉字机内码为 B3CCH 和 D0F2H，请根据如下汉字及其机内码，判断它们的拼音首字母。

啊 B0A1　芭 B0C5　擦 B2C1　搭 B4EE　蛾 B6EA　发 B7A2　噶 B8C1

哈 B9FE　击 BBF7　喀 BFA6　垃 C0AC　妈 C2E8　拿 C4C3　哦 C5B6

啪 C5BE　期 C6DA　然 C8BB　撒 C8F6　塌 CBFA　挖 CDDA　昔 CEF4

压 D1B9　匝 D4D1　痄 D8A0

1-14 已知某两汉字 Unicode 编码为 4E09H 和 660EH，请分别计算其 UTF-8 编码，并说明它们是什么字。

1-15 已知某两汉字 UTF-8 编码为 E4BDA0H 和 E7899BH，请分别计算其 Unicode 编码，并说明它们是什么字。

第 2 章 Win32 汇编语言基本组成

本章主要介绍汇编语言程序结构中的各个组成部分，包括选择处理器、指定存储模型、引用头文件和库文件、声明函数原型、定义变量、使用注释、调用函数、常用数据类型（整型、浮点型、字符型、结构体类型）的使用等，理解因此所涉及的相关指令（如 MOV 指令、Push 指令、Add 指令、fld 指令、fstp 指令和 FiMUL 指令等）。通过本章的学习，读者具体应该完成以下学习目标：

（1）了解程序结构中各个组成部分的作用。

（2）掌握变量的定义（如“a DWORD 3”）及使用（如“MOV EAX,a”），理解因此所涉及的相关知识（如数据传送指令 MOV、CPU 中存数据的寄存器有 EAX、EBX、ECX、EDX 和 ESP 等）。

（3）理解两种函数原型的声明（PROTO 声明和 EXTRN 声明）及对应的两种函数调用（invoke 调用和 Call 调用）方法，理解因此所涉及的相关知识（如 Push 入栈操作和堆栈指针 ESP 的关系、加法指令 Add 执行“Add ESP,4*n”的作用）。

（4）掌握整型数据和大整型数据的定义与输入输出方法。

（5）掌握单精度、双精度浮点数（实数）的定义与输入输出方法，理解因此所涉及的相关知识（如浮点数加载指令 fld 和浮点数保存指令 fstp）。

（6）掌握字符型数据、字符串型数据的定义与输入输出方法。

（7）掌握结构体数据的定义与输入输出方法，理解因此所涉及的相关知识（如浮点数乘整数指令 FiMUL）。

2.1 程序结构

根据返回操作系统的方式的不同，Win32 汇编语言的程序结构可以分为两种：一种调用 ExitProcess 函数实现程序的结束并返回操作系统，另一种执行 Ret 汇编指令实现程序的结束并返回操作系统。前者不需要定义函数，类似传统的汇编语言程序；后者一般要定义一个函数，类似 C 语言的 main 函数，可以通过将 C 程序反汇编并修改得到。

下面以一个简单的例子来说明汇编语言的程序结构。

例 2-1 调用 C 语言的 printf 函数输出“WIN32 汇编好!”。

相当于实现以下 C 程序的功能：

```
#include"stdio.h"
void main()
{
```

```
    Printf("%s\n","WIN32 汇编好!");
}
```

在 C 语言中格式字符串和要输出的字符串可以直接给出，汇编语言中要显式定义，在这里分别定义为 fmt 和 s。

源程序如下：

```
.386                                    ;①选择的处理器
.model flat, stdcall                    ;②存储模型，平展（flat）模型，stdcall 为函数调用方式
option casemap:none                     ;③指明标识符大小写敏感
include        kernel32.inc             ;④要引用的头文件 KERNEL32.INC
includelib     kernel32.lib             ;要引用的库文件 KERNEL32.LIB
includelib     msvcrt.lib               ;引用 C 语言的库文件 MSVCRT.LIB
printf PROTO C:ptr sbyte,:vararg        ;C 语言 printf 函数原型声明
.data                                   ;⑤数据段
fmt    BYTE    '%s',13,10,0             ;定义格式字符串变量 fmt，值为"%s\n"
s      BYTE    'WIN32 汇编好!',0         ;定义输出字符串变量 s，值为" WIN32 汇编好!"
.code                                   ;⑥代码段
start:                                  ;⑦定义标号 start
invoke printf,ADDR fmt,ADDR s           ;⑧编写代码，调用 printf 函数按 fmt 格式输出字符串 s 的值
invoke ExitProcess,0                    ;⑨退出进程，返回值为 0
end    start                            ;⑩指明程序入口点 start
```

由以上程序可知，一个汇编程序通常由 10 个部分组成，其中，①~④部分指定要用的处理器、存储模型、是区分大小写、所要引用的头文件和库文件及函数原型声明；第⑤部分根据不同的需要定义不同的数据；第⑥部分是代码开始的标志；第⑩部分指出当前程序从第⑦部分 start 位置开始执行到第⑩部分 end start 位置整个程序编译结束；第⑧部分是程序的核心部分，以上程序就一条指令，调用 printf 函数按 fmt 格式输出字符串 s 的值；第⑨部分调用系统函数 ExitProcess(0)使程序返回操作系统，也可以用 ret 指令实现返回。

2.1.1　处理器选择伪指令

伪指令指程序源代码被编译时，由编译器识别和执行的命令，不生成机器码。如处理器(CPU)的选择就用伪指令来实现。不同型号的处理器可执行的汇编指令是不同，如 CPUID 指令，在 80586 以前的处理器中就不能编译运行，若将选择处理器伪指令由.386 改为.586，则就能通过编译并运行 CPUID 指令。编写 32 位汇编程序至少要选择.386，具体可选的不同处理器伪指令如表 2-1 所示。

表 2-1　不同型号处理器对应的伪指令

伪　指　令	可接收指令	伪　指　令	可接收指令
.8086	只接收 8086 指令	.586	接收除特权指令外的 Pentium 指令
.286	接收除特权指令外的 80286 指令	.586P	接收全部 Pentium 指令
.286P	接收全部 80286 指令	.686	接收除特权指令外的 Pentium Pro 指令
.386	接收除特权指令外的 80386 指令	.686P	接收全部 Pentium Pro 指令
.386P	接收全部 80386 指令	.MMX	接收 MMX 指令，MASM6.12 引入
.486	接收除特权指令外的 80486 指令	.XMM	接收 SSE、SSE2 和 SSE3 指令
.486P	接收全部 80486 指令		

2.1.2 .model 伪指令

.model 伪指令用来定义程序的存储模型，语法格式如下：

```
.model 内存模型[,函数调用方式]
```

例如：

```
.model flat,stdcall
```

flat 表明内存模型为平展模型，使用 32 位地址，使代码和数据使用同一个 4GB 段。

stdcall 表示函数即子程序调用时，实参入栈（传递）顺序是从右到左，堆栈恢复由子程序完成，且允许使用 VARARG，不同语言区别如表 2-2 所示。

表 2-2 不同语言调用方式的区别

区　别	C	sysCall	stdcall	BASIC	FORTRAN	PASCAL
入栈顺序	从右到左	从右到左	从右到左	从左到右	从左到右	从左到右
堆栈恢复者	调用者	子程序	子程序	子程序	子程序	子程序
是否可用 VARARG	是	是	是	否	否	否

VARARG 表示实参个数是可变的，如 scanf、printf 等函数。C 调用方式堆栈恢复由调用者（主程序位置）完成，常用“Add ESP,4*n”指令实现，其他调用方式由子程序完成。

2.1.3 指明是否区分大小写

在程序中指定了如下语句，表示标识符区分大小写。

```
option casemap : none            ;指明标识符大小写敏感，即区分大小写
```

注意

伪指令和指令助记符始终不区分大小写。

2.1.4 要引用的头文件和库文件

要使用系统定义的函数，就要引用相应的头文件和库文件。

要引用的头文件默认在 X:\masm32\include 文件夹中（X 为汇编语言的安装盘），扩展名为 inc，使用 include 伪指令导入。例如：

```
include        kernel32.inc        ;要引用的头文件为 KERNEL32.INC
```

要引用的库文件默认在 X:\masm32\lib 文件夹中，扩展名为 lib，使用 includelib 伪指令导入。

```
includelib     kernel32.lib        ;要引用的库文件 KERNEL32.LIB
```

要使用 C 语言定义的库函数，如 printf 函数等，要引用 msvcrt.lib 库文件；少数函数在 oldnames.lib 库文件中定义，如 itoa 函数。

2.1.5 函数原型 PROTO 声明

汇编语言中要调用外部的函数（子程序），如 C 函数，就必须进行函数原型声明，其声明的格式有两种，即 PROTO 声明和 EXTRN 声明。

PROTO 声明的格式如下：

```
函数名 PROTO [距离] [语言类型] [[参数]:类型]…[,[参数]:类型]
```

其中：

- 距离：指子程序被调用距离，可以是 NEAR、FAR、NEAR16、NEAR32、FAR16 和 FAR32，一般省略。
- 语言类型：表示参数的传递顺序和堆栈的恢复方式，可以是 stdcall、C、SysCALL、BASIC、FORTRAN 和 PASCAL（如表 2-2 所示）；若忽略，则使用头部.model 定义的值。
- 参数：指参数名，一般省略。
- 类型：指参数类型，Win32 中默认 DWORD 类型，可省略，最后一个参数类型可以是 VARARG 类型，指不确定参数个数。另外，类型名前缀 ptr 表示指针，如 ptr sbyte 指字符串指针，因 Win32 下指针是 32 位整数，所以可用 DWORD 代替。

例如，为调用 C 语言的 printf 函数，可声明如下：

```
printf PROTO C :ptr sbyte,:vararg
```

或

```
printf PROTO C :DWORD,:vararg
```

按以上格式声明后，就可以按如下格式调用 printf 函数、按 fmt 格式输出字符串 s 的值：

```
invoke printf,ADDR fmt,ADDR s ;可以用 invoke 指令调用，也可以用 Call 指令调用 printf 函数
```

此指令执行前，需先定义变量 fmt 和 s 的值，详见例 2-1；有关 invoke 伪指令详见本章后续部分；ADDR 表示取地址，如“ADDR fmt”表示取格式字符串 fmt 的地址，“ADDR s”表示取要输出字符串 s 的地址；在 C 语言中数组名代表的就是数组的首地址，不必声明，在汇编语言中变量名 fmt 和 s 代表的是变量的首数据，即第一个数据，因此，要取变量的地址必须用前缀 ADDR 或 OFFSET 进行修饰，如“ADDR fmt”或“OFFSET fmt”表示取 fmt 地址。

2.1.6 函数原型 EXTRN 声明

在不指定参数个数与类型情况下，可用 EXTRN 声明，语法格式如下：

```
EXTRN  标识符 1:类型 1[,标识符 2:类型 2[,…]]
```

其中，标识符和类型之间要用冒号隔开，各标识符之间用逗号隔开，类型可以是 NEAR、FAR 等。

例如，为调用 C 语言的 printf 函数，可声明如下：

```
EXTRN    printf:NEAR        ;只能用 Call 指令调用 printf 函数，不能用 invoke 指令调用
```

按以上格式声明后，就可以按如下格式调用 printf 函数按 fmt 格式输出字符串 s 的值：

```
Push OFFSET s          ;调用 C 语言的函数，右边的参数即 s 的地址（OFFSET s）先入栈
Push OFFSET fmt        ;左边的参数即 fmt 的地址（OFFSET fmt）后入栈
Call printf            ;调用 C 语言的 printf 函数
Add   ESP,8            ;调用 C 语言的函数，此处需专门指令以恢复堆栈指针
```

此指令执行前，需先定义变量 fmt 和 s 的值，详见例 2-1；有关 Call 指令详见本章后续部分；有关堆栈入栈（Push）的相关知识，详见第 4 章；OFFSET 表示取地址，如 OFFSET fmt 表示取格式字符串 fmt 的地址，OFFSET s 表示取要输出字符串 s 的地址。

2.1.7 变量的定义及使用

程序运行时的数据多数存储于内存中，可以通过数据所存放的地址进行使用，但这不方便程序设计，为方便使用，要定义成变量。

变量的属性有变量名、变量的类型、变量的地址、变量的值、变量的作用域、变量的生存期等。

变量名由大小写字母、数字、下划线、@、$和?组成，且第一个字符不能是数字，以区别十六进制数。如 0FFH 表示十六进制数，而 FFH 表示变量名。

变量名最大长度可为 240 个字符，且不能使用保留字，如 C、BYTE、MOV、IF 和 DB 等。运行编译器时，通过在命令行中加-Cp 选项，可以使变量名和系统关键字大小写敏感（区分大小写）。

因为字符@被编译器扩展用于预定义的符号，建议不要使用字符@。

以下是一些正确的变量名：

Count　　a123　　A123　　_val　　fname　　$second

以下变量名是错误的：

- 5F：第一个字符不能为数字。
- IBM PC：空格不是有效字符。
- DIV：不能使用保留字。
- x+y：加号不是有效字符。

变量包括全局变量、局部变量和形式参数。

局部变量与形式参数在子程序（函数）中定义，其数据存储于堆栈段中，在子程序（函数）调用时通过入栈操作分配存储空间。在编译时，局部变量转换为寄存器相对寻址方式的操作数。相关知识详见后续章节。

全局变量在数据段中定义，在.data 或.data?伪指令之后（常量在.const 伪指令之后，详见下一小节），语法格式如下：

```
变量名 数据类型 数据 1,…,数据 n
```

表示在指定变量名和数据类型下，定义了数据 1~n 共 n 个数据。

变量名代表的是变量的首数据，编译时全局变量转换为直接寻址方式的操作数。有关寻址方式的知识，详见第 4 章。

数据类型主要用于决定每个数据所要分配的存储空间的字节数，数据类型不绝对决定

存储什么类型的数据，只决定能存储的字节数（如 DWORD），可以存储一个类似 C 语言的 int 类型的整数，也可以存储一个单精度的浮点数（实数），还可以存储一个字符。

（1）常用整型数据类型有 BYTE、WORD、DWROD、QWORD 和 TBYTE（或 DB、DW、DD、DQ、DT），字节数分别为 1、2、4、8 和 10。

（2）常用实型数据类型有 REAL4、REAL8 和 REAL10（或 DWROD、QWORD、TBYTE 或 DD、DQ、DT），字节数分别为 4、8 和 10。

（3）字符型数据类型有 BYTE 或 DB，字节数为 1。

例如，定义 4 字节整型变量 a 且初值为 3 的格式如下：

```
a       DWORD     3 ;相当于C语言的int a=3，若数值事先不确定，可用“?”代替，但不允许空
```

定义含有多个数据的变量时，若是字符型数据，则可直接用单引号或双引号引起来，然后再加上结束标志 0，详见本章后续部分。若是数值数据，则各数据之间用逗号隔开。例如：

```
s       BYTE      'ABCD',0          ;定义含有多个数据的字符型变量s，直接用单引号引起来
a       DWORD     3,6,9,12,15       ;定义含有多个数据的DWORD类型的变量a，用逗号隔开
```

变量名代表的是变量的首数据，其后数据用变量名加上相应数据类型的字节数来表示。例如，以上定义中，s 表示第一个字符，s+1 表示第二个字符；a 表示第一个整数，a+4 表示第二个整数。

程序执行过程中给变量赋值用 MOV 指令（详见第 4 章），如给变量 a 赋值 65 指令如下：

```
MOV a,65                        ;相当于C语言的赋值语句：a=65;
```

要将变量 a 的前两个整数传送给寄存器 EAX 和 EBX（详见第 4 章），可执行如下指令：

```
MOV EAX,a                       ;变量a第一个整数传送给寄存器EAX，相当于EAX=a
MOV EBX,a+4                     ;变量a第二个整数传送给寄存器EBX
```

执行后寄存器 EAX 和 EBX 的值分别为 3 和 6。

2.1.8 数据段和代码段的定义

Win32 汇编语言中，有初值的数据一般定义在.data 段中（会增大可执行文件），未初始化的数据定义在.data?段中（不会增大可执行文件的大小，未知数据用“?”表示），常量定义在.const 段中，而代码只能放在代码段.code 中，结构如下：

```
.386                            ;①选择的处理器
.model flat,stdcall             ;②存储模型，平展（flat）模型，stdcall为函数调用方式
option casemap:none             ;③指明标识符大小写敏感
                                ;<include语句>多个
.data                           ;_DATA段
x BYTE    '%d',13,10,0          ;<有初始化值的变量>
.data?                          ;_BSS段
y DWORD   ?,10 DUP(?)           ;<没有初始化值的变量（?表示一个值，10 DUP(?)表示10个值）>
.const
PI      REAL8     3.14          ;<常量的定义>
.code                           ;_TEXT段
入口点标号:
```

```
invoke ExitProcess,0        ;<代码>多行
end 入口点标号               ;指明程序入口点
```

未初始化的数据定义在.data 段中也是可以的，但会增大可执行文件的大小。

2.1.9 注释

在程序中加注释，有利于阅读程序，注释的内容是不执行的。

汇编语言中有两种注释。

（1）单行注释

在程序行中分号（;）字符之后的字符为单行注释内容。例如：

```
ADD     EAX,ECX     ;加法指令 ADD 实现将寄存器 EAX 的值加上 ECX 的值存回 EAX，
                     即 EAX=EAX+ECX
```

（2）块注释

以 comment 伪指令及其后指定的一个字符作为起始行，到该字符再次出现的行作为终止行，其间的所有行作为块注释内容。指定的字符可以任意，但注释内容中不允许出现所指定的字符。例如：

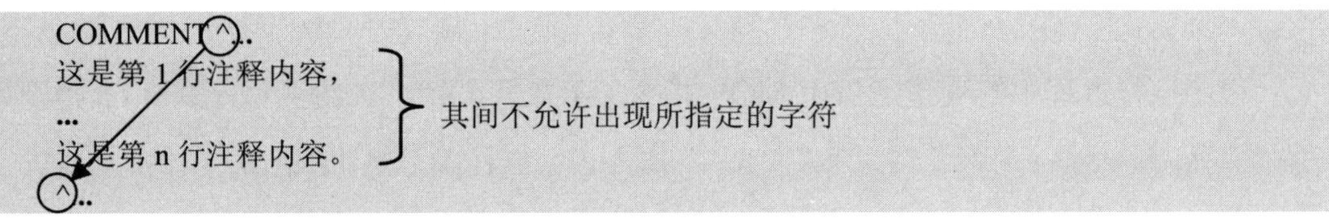

2.1.10 指令、标号和分行

指令是指编译后能生成机器码的语句。一条指令一般由 4 个部分组成：

```
标号:助记符     操作数          ;注释
```

标号是指令所在的地址（程序编译后将有一个具体的地址），用它来指明程序转移的目标地址。标号由标识符后加冒号组成。如（以下程序段实现 EAX=100+…+1，详见 LOOP 指令）：

```
        MOV     EAX,0       ;设置累加寄存器 EAX 初值为 0
        MOV     ECX,100     ;设置计数寄存器 ECX 初值为 100
again:  ADD     EAX,ECX     ;again 为标号，名称自己定义，ADD 实现 EAX=EAX+ECX
        LOOP    again       ;ECX=ECX-1 后，若 ECX 不为 0，则转 again，实现循环执行
```

程序中可以有多个@@:标号，用作@F 或@B 访问的位置，用@B 向后转移到最近的一个@@:标号，用@F 向前转移到最近的一个@@:标号。如以下程序段实现 EAX=|ECX|+…+1：

```
        MOV     EAX,0       ;设置累加寄存器 EAX 初值为 0
        CMP     ECX,0       ;循环计数寄存器 ECX 与 0 进行比较
        JG      @F          ;若 ECX 是正数即 ECX>0，则向前转到@@
        NEG     ECX         ;否则 ECX 是负数，则将 ECX 变正数，NEG 实现 ECX=-ECX
@@:                         ;@@作为@F 和@B 的转移目标
        ADD     EAX,ECX     ;加法指令 ADD 实现 EAX=EAX+ECX
        LOOP    @B          ;ECX=ECX-1 后，若 ECX 不为 0，则向后转到@@
```

当一行指令很长时，不方便显示与阅读，就可以用分行符（\）进行分行书写。分行符的用法就是在一行的某个完整字符后面插入一个反斜杠（\）和回车，将一长行分成两行。例如：

```
invoke printf,\                  ;此处被分行
ADDR fmt,ADDR s                  ;将 printf 函数分成两行书写
```

2.1.11 invoke 伪指令调用函数

函数声明后就可以调用函数，在汇编语言中调用函数有两种方法：可以用 invoke 伪指令来调用，也可以用 Call 指令来调用。

invoke 伪指令调用函数的语法格式如下：

```
invoke 函数名[,参数 1][,参数 2][…]
```

用 invoke 伪指令调用 printf 函数按 fmt 格式输出字符串 s 的值，程序如下：

```
invoke printf,ADDR fmt,ADDR s;或 invoke printf,OFFSET fmt,OFFSET s
```

注意

（1）所调用的函数只能用 PROTO 声明，不能用 EXTRN 声明。

（2）所传递的参数若是地址，可以用 ADDR，也可以用 OFFSET。

2.1.12 Call 指令调用函数

Call 指令调用函数的语法格式如下：

```
push 参数 n       ;若是 C、sysCall、stdcall 调用方式，则右边的参数即参数 n 先入栈，否则参数 1 先入栈
…
push 参数 1       ;若是 C、sysCall、stdcall 调用方式，则左边的参数即参数 1 后入栈，否则参数 n 后入栈
call 函数名       ;Call 调用函数
add esp,4*n       ;若是 C 调用方式，此处需专门指令以恢复堆栈指针，否则不需要此指令
```

以上调用中，若是 C、sysCall、stdcall 调用方式，则右边的参数即参数 n 先入栈，否则参数 1 先入栈；若是 C 调用方式，调用完成后还要有一条“add esp,4*n”指令以恢复堆栈指针，否则不需要此指令。

例如，用 Call 指令调用 printf 函数按 fmt 格式输出字符串 s 的值，程序如下：

```
push OFFSET s     ;右边的参数先入栈
push OFFSET fmt ;左边的参数后入栈
call printf       ;用 Call 指令调用 C 语言的 printf 函数
add esp,8         ;因为是 C 语言函数，所以要有专门指令恢复堆栈指针
```

通过 Call 指令的调用过程可以看出，当函数中有多个参数时，一般右边的参数先入栈。

注意

（1）所调用的函数可以用 EXTRN 声明，也可以使用 PROTO 声明。

（2）所传递的参数若是地址，入栈时只能用 OFFSET，不能用 ADDR。当然，也可先通过 LEA 指令取地址到寄存器，然后再通过寄存器入栈。LEA 指令的使用详见第 4 章。

（3）invoke 伪指令经过编译后也是转换为 Call 指令，且多个单字符（BYTE 类型）输出（不是字符串输出）最好用 Call 指令调用 printf 函数，invoke 的 Bug，否则要特殊处理。

例 2-2 用 Call 指令调用 C 语言的 printf 函数实现输出“WIN32 汇编好!”。

程序功能同例 2-1，只是调用 printf 函数的格式不同。

源程序如下：

```
.386                                   ;①选择的处理器
.model flat, stdcall                   ;②存储模型，Win32 程序只能用平展（flat）模型
                                       ;stdcall 为函数调用方式：右边的参数先入栈
option casemap:none                    ;③指明标识符大小写敏感
include      kernel32.inc              ;④要引用的头文件
includelib   kernel32.lib              ;要引用的库文件
includelib   msvcrt.lib                ;引用 C 库文件
;printf PROTO C:DWORD,:vararg          ;C 语言的 printf 函数原型声明
EXTRN printf:NEAR                      ;C 语言的 printf 函数原型声明
.data                                  ;⑤数据段
fmt    BYTE    '%s',13,10,0            ;定义变量
s BYTE    'WIN32 汇编好!',0
.code                                  ;⑥代码段
start:                                 ;⑦定义标号 start
push OFFSET s                          ;右边的参数先入栈
push OFFSET fmt                        ;左边的参数后入栈
call printf                            ;Call 调用函数
add    esp,8                           ;恢复堆栈指针
invoke ExitProcess,0                   ;⑧退出进程，返回值为 0
end    start                           ;⑨指明程序入口点 start
```

输出运行结果：

```
WIN32 汇编好!
```

2.1.13　函数调用返回值

函数调用的返回值，若是 32 位数据，一般通过 EAX 寄存器返回；若是 64 位数据，一般通过 EDX 和 EAX 寄存器返回；若是浮点数，一般通过 st(0)浮点寄存器返回。以上统一约定，方便与其他语言实现函数互相调用。

2.1.14　函数的定义

在 C 语言中把要实现某一功能的程序段独立成一个函数，在汇编语言中则把这样的程序段叫子程序或过程，二者本质上是一样的。

定义子程序的语法格式如下：

```
子程序名 PROC [参数:类型]...
        LOCAL 变量名[[数量]][:数据类型][,变量名[[数量]][:数据类型]]…;定义局部变量
        …                ;子程序体
        RET              ;返回值存于 EAX 寄存器或 st(0)浮点寄存器中
子程序名 ENDP
```

PROC 和 ENDP 伪指令定义了子程序开始和结束的位置，PROC 后面跟的参数是输入参数，也叫形式参数，简称形参，详见第 8 章；LOCAL 伪指令定义局部变量，详见下一小节。

例 2-3 定义子程序 FunAdd 实现求两个整数和，调用 C 语言的 scanf 函数和 printf 函数实现输入输出。

这里，主程序中定义变量 a 和 b 作为实际参数，子程序 FunAdd 中定义变量 x 和 y 作为形式参数，不同于 C 语言，汇编语言中形参与实参是不能同名的；函数调用（执行 invoke FunAdd,a,b）时，实参 a 和 b 的值传递给形参 x 和 y；子程序中用 add 加法指令实现 x+y，因为汇编语言中不能直接对两个存储单元数据进行操作（包括运算和数据传送），所以主程序中用 EAX 寄存器作为临时存储空间实现相加；结果通过 EAX 返回主程序。

源程序如下：

```
.386                                        ;①选择的处理器
.model flat, stdcall                        ;②存储模型，Win32 程序只能用平展（flat）模型
                                            ;stdcall 为函数调用方式，右边的参数先入栈
option casemap:none                         ;③指明标识符大小写敏感
include      kernel32.inc                   ;④要引用的头文件
includelib   kernel32.lib                   ;要引用的库文件
includelib   msvcrt.lib                     ;引用 C 库文件
scanf PROTO C:DWORD,:vararg                 ;C 语言 scanf 函数原型声明
printf PROTO C:DWORD,:vararg                ;C 语言 printf 函数原型声明
.data                                       ;⑤数据段
Infmt        BYTE      '%d %d',0            ;定义变量
Outfmt       BYTE      '%d+%d=%d',13,10,0
  a          DWORD  3
  b          DWORD  4
.code                                       ;⑥代码段
FunAdd PROC x:DWORD,y:DWORD
mov          EAX,x                          ;取 x 值存于 EAX 寄存器中
add          EAX,y                          ;EAX 寄存器值加上 y 值存于 EAX 寄存器中
RET                                         ;返回值正好存于 EAX 寄存器中，直接返回
FunAdd ENDP
start:                                      ;定义标号 start
invoke scanf,ADDR Infmt,ADDR a,ADDR b       ;输入 a、b 的值
invoke FunAdd,a,b                           ;求 a、b 的和，通过 EAX 返回
invoke printf,ADDR Outfmt,a,b,EAX           ;输出和表达式
invoke ExitProcess,0                        ;退出进程，返回值为 0
end     start                               ;指明程序入口点 start
```

运行后输入：

```
2 3
```

则输出结果：

```
2+3=5
```

2.1.15 局部变量的定义

局部变量 LOCAL 伪指令的作用是说明一个或多个临时的局部变量，其类型可以是任何合法的数据类型，语法格式如下：

```
LOCAL 变量名[[数量]][:数据类型][,变量名[[数量]][:数据类型]]…;定义局部变量
```

如定义有 20 个元素的字节类型变量 d 和一个元素的双字类型变量 n 与 i，语法格式如下：

```
LOCAL d[20]:BYTE,n:DWORD,i
```

局部变量的初值只能通过 MOV 等传送指令进行赋值；局部变量和形式参数都不能与全局变量同名。

例 2-4 定义 main 函数及局部变量实现 z=a+b，调用 C 语言的 scanf 函数和 printf 函数实现输入输出。

这里，将主程序定义为 main 函数，在 main 函数中定义局部变量 a、b 和 z，调用 scanf 函数给变量 a 和 b 输入值，然后用 add 加法指令实现 a+b（计算过程中借用 EAX 寄存器），结果存于 z，最后调用 printf 函数输出结果。

源程序如下：

```
.386                                        ;①选择的处理器
.model flat, stdcall                        ;②存储模型，Win32 程序只能用平展（flat）模型
                                            ;stdcall 为函数调用方式：右边的参数先入栈
option casemap:none                         ;③指明标识符大小写敏感
include       kernel32.inc                  ;④要引用的头文件
includelib    kernel32.lib                  ;要引用的库文件
includelib    msvcrt.lib                    ;引用 C 库文件
scanf PROTO C:DWORD,:vararg                 ;C 语言的 scanf 函数原型声明
printf PROTO C:DWORD,:vararg                ;C 语言的 printf 函数原型声明
.data                                       ;⑤数据段
Infmt         BYTE      '%d %d',0           ;定义变量
Outfmt        BYTE      '%d+%d=%d',0
.code                                       ;⑥代码段
main proc                                   ;⑦定义一个子程序 main
LOCAL    z,a,b
invoke scanf,ADDR Infmt,ADDR a,ADDR b       ;输入 a 和 b 的值
mov           EAX,a                         ;求 a、b 的和并存 z，实现 z=a+b
add           EAX,b
mov           z,EAX
invoke printf,ADDR Outfmt,a,b,z             ;输出和表达式
RET                                         ;退出进程，返回值为 0
main Endp
end     main                                ;指明程序入口点 main
```

运行后输入：

```
2 3
```

则输出结果：

```
2+3=5
```

2.1.16　程序结束

在程序中执行 invoke ExitProcess,0 指令可以结束一个程序的运行，否则程序将异常退出。

2.1.17　汇编结束

汇编程序编译源程序过程中遇到 end 伪指令将结束编译。因此，end 语句之后的语句将不被编译，end 语句之后的标号用于指明程序的入口点，即程序开始执行位置。

2.2　数据类型

2.2.1　整数

整数可以是二进制、八进制、十进制和十六进制整数，数据类型可以是无符号整数类型，如 BYTE（或 DB）、WORD（或 DW）、DWORD（或 DD）和 QWORD（或 DQ）4 种，字节数分别是 1、2、4 和 8；也可以是有符号整数类型，如 SBYTE（或 DB）、SWORD（或 DW）、SDWORD（或 DD）和 QWORD（或 DQ）4 种，字节数分别是 1、2、4 和 8。例如：

```
a DWORD    00001010B,17Q,23o,-99D,0FAH
b QWORD    -1,18446744073709551615,0FFFF FFFF FFFF FFFFH,17 77777 77777 77777 77777o
```

例 2-5　调用 C 语言的 printf 函数输出以上定义各种进制数的整数和大整数(前两大整数分别按八进制和十六进制数输出，后两大整数分别按无符号数和有符号数输出)。

按有符号整数输出用'%d'格式，按无符号整数输出用'%u'格式，按机器数输出用'%X'/'%x'（十六进制）或'%o'（八进制）格式，大整数格式控制符前缀'I64'，如无符号大整数格式串为'%I64u'；同一个变量有多个数据，其后数据用变量名加上相应数据类型的字节数来表示。如 a 表示第一个整数，则 a+4 表示第二个整数；b 表示第一个大整数，则 b+8 表示第二个大整数，依此类推。

源程序如下：

```
.386                                  ;①选择的处理器
.model flat, stdcall                  ;②存储模型，Win32 程序只能用平展（flat）模型
                                      ;stdcall 为函数调用方式：右边的参数先入栈
option casemap:none                   ;③指明标识符大小写敏感
include     kernel32.inc              ;④要引用的头文件
includelib  kernel32.lib              ;要引用的库文件
includelib  msvcrt.lib                ;引用 C 库文件
printf PROTO C:DWORD,:vararg          ;C 语言的 printf 函数原型声明
.data                                 ;⑤数据段
fmt BYTE    '%d,%d,%d,%d,%d,%I64o,%I64X,%I64u,%I64d ',0
a   DWORD 00001010B,17Q,23o,-99D,0FAH
b   QWORD -1,18446744073709551615,0FFFF FFFF FFFF FFFFH,17 77777 77777 77777 77777o
```

```
.code
start:
invoke printf,ADDR fmt,a,a+4,a+8,a+12,a+16,b,b+8,b+16,b+24
invoke ExitProcess,0                ;退出进程，返回值为 0
end        start                    ;指明程序入口点 start
```

输出运行结果：

```
10,15,19,-99,250,17 77777 77777 77777 77777,FFFF FFFF FFFF FFFF,18446744073709551615,-1
```

由以上运行结果可以知道，同一个大整数-1，若按无符号大整数（'%I64u'）输出，则显示为 18446744073709551615；若按有符号大整数（'%I64d'）输出，则显示为-1；若按十六进制机器数输出，则显示为 FFFF FFFF FFFF FFFF；若按八进制机器数输出，则显示为 17 77777 77777 77777 77777。

2.2.2 整数常量表达式

1. 算术运算符

算术运算符包括符号+（正）和-（负），运算符+（加）、-（减）、*（乘）、/（除）和 MOD（取模）。

例如，2/3、-5 mod 7、5 mod 7、-5 mod -7 和 5 mod -7 返回值分别为 0、-5、5、5 和-5。

2. 关系运算符

关系运算符包括 EQ（相等）、NE（不等）、LT（小于）、GT（大于）、LE（小于等于）和 GE（大于等于）符号。若关系常量表达式结果为真则返回-1，否则返回 0。

例如，'A' LE 'B'和 21H GT 21H 返回值分别为-1 和 0。

注意

关系常量表达式中不能使用==、!=、<、>、<=和>=这 6 个关系运算符。

3. 位运算符

位运算符包括按位操作符和移位操作符，具体是 AND（位与）、OR（位或）、NOT（位反）、XOR（异或）、SHL（左移）和 SHR（右移）。

例如，3 SHL 4、4CH AND 0FH、4CH XOR 0FH、NOT 5CH 返回值分别为 48、0CH、43H、0ffffffa3H。

4. 其他操作符

汇编语言中，还有其他可在常量表达式中使用的操作符。它们是：

- HIGH（取低字高 8 位）、LOW（取低字低 8 位）、HIGHWORD（取高 16 位）、LOWWORD（取低 16 位）。
- OFFSET（取 32 位地址）。
- TYPE（标识符类型）、LENGTH（变量 DUP 重复次数）、SIZE（变量分配的字节数）。

（1）操作符 HIGH 和 LOW 是分别用于提取表达式结果低字的高 8 位和低 8 位。其语法格式如下：

```
HIGH 表达式                ;取数据低字的高 8 位
LOW 表达式                 ;取数据低字的低 8 位
HIGHWORD 表达式            ;取数据高字
LOWWORD 表达式             ;取数据低字
```

例如，“HIGH 12345678H”、“LOW 12345678H”、“HIGHWORD 12345678H”和“LOWWORD 12345678H”返回值分别为 56H、78H、1234H 和 5678H。

（2）操作符 TYPE 用于提取数据类型或变量或标号的类型，语法格式如下：

```
TYPE 数据类型或变量或标号
```

若是数据类型，则返回该数据类型的字节数。

例如，TYPE BYTE、TYPE WORD、TYPE DWORD 和 TYPE QWORD 返回值分别为 1、2、4、8。

若是变量，则返回该变量的字节数。

如以下定义：

```
a DT ?
```

则 TYPE a 返回值为 10。

若是标号，则返回 0FF04H 或 0FF06H。

例如，TYPE near、TYPE start 和 TYPE far 返回值分别为 0FF04H、0FF04H 和 0FF06H。

（3）操作符 LENGTH 用于返回变量 DUP 重复次数，若不是 DUP 的则返回 1，语法格式如下：

```
LENGTH 变量
```

如以下定义：

```
a DT ?
b dd 10 dup(0)
```

则 LENGTH a 和 LENGTH b 分别返回 1 和 10。

（4）操作符 SIZE 用于返回变量分配的字节数，语法格式如下：

```
SIZE 变量
```

如以下定义：

```
a DT 0,1,2
b dd 10 dup(0)
```

则 SIZE a 和 SIZE b 分别返回 10 和 40。

5. 运算符和操作符的优先级

在汇编语言中，有多种运算符和操作符，它们的优先级按从高到低的排列如下：

优先级：高　LENGTH、SIZE、WIDTH、MASK、( )、[]、.（用于结构字段）、<>（用于记录类型）

PTR、SEG、OFFSET、TYPE、THIS、:（用于段超越前缀）

*、/、MOD、SHL、SHR

HIGH、LOW

+、-

EQ、NE、LT、LE、GT、GE

NOT

AND

OR、XOR

优先级：低　SHORT

这些符号及其优先级并不要记住，需要时查看一下即可。

例 2-6　调用 C 语言的 printf 函数输出如下定义各整数表达式的值。

```
a       DWORD       3*5/2+(21-9) mod 7,120-24 MOD 5,(-45+20)*2
```

汇编语言中表达式只能是常量表达式，不允许含有变量，如“a+b”是不允许的，因为表达式的计算由编译器完成的，在编译时是不能确定 a 和 b 两个变量的值，所以不能计算；而“a+4”则性质不同，它是全局变量 a 的地址加常量，在编译时全局变量 a 的地址是可以确定的，所以“a+4”的地址就可以确定的。

源程序如下：

```
.386                                    ;①选择的处理器
.model flat, stdcall                    ;②存储模型，Win32 程序只能用平展（flat）模型
option casemap:none                     ;③指明标识符大小写敏感
include       kernel32.inc              ;④要引用的头文件
includelib    kernel32.lib              ;要引用的库文件
includelib    msvcrt.lib                ;引用 C 库文件
printf PROTO C:DWORD,:vararg;C 语言的 printf 函数原型声明
.data                                   ;⑤数据段
fmt     BYTE      '%d,%d,%d',13,10,0
a       DWORD   3*5/2+(21-9) mod 7,120-24 MOD 5,(-45+20)*2
.code
start:
invoke        printf,ADDR fmt,a,a+4,a+8
invoke        ExitProcess,0             ;退出进程，返回值为 0
end start
```

输出运行结果：

```
12,116,-50
```

2.2.3　浮点数

浮点数即实数，由符号位（正数的符号可省略）、整数部分、小数点、小数部分和指数组成，数据类型可以是 REAL4、REAL8、REAL10 这 3 种，字节数分别是 4、8 和 10；也

可以用 DWORD、QWORD 和 TBYTE（或 DD、DQ 和 DT）3 种，这时，初始化时可以用浮点数对应的机器数即整数表示，也可以用小数表示。

例如：

```
a REAL8 20.0,-20.,+45.3E+04,28.e5        ;小数表示不能省略小数点
b DWORD 12.0,4140 0000H                  ;12.0 是用小数表示，4140 0000H 是用机器数表示
```

注意

（1）小数点不能省，字母 E（或 e）左边的为尾数，字母 E（或 e）右边的为指数。

（2）C 语言 printf 函数只接收双精度（double 类型即 REAL8 类型）浮点数的输出，若是单精度浮点数，可通过 fld 指令将单精度浮点数读到 FPU 内部的浮点寄存器 st(0)，再通过 fstp 指令将浮点寄存器 st(0)中的值写到指定的 8 字节的内存单元，从而实现单精度转换成双精度。

（3）C 语言的 scanf 函数可以接收单精度（float 类型即 REAL4 类型）浮点数的输入，但因为输出只能用双精度浮点数，所以建议输入也用双精度浮点数，这样输入输出格式串都用'%lf'，当然，输出格式串还可以用'%g'格式。

（4）浮点数类型初始化时不能用整数作初值，如以下定义是错误的。

```
FNum REAL8 0,1
```

（5）DWORD、QWORD、TBYTE（或 DD、DQ、DT）作浮点数类型初始化时用整数表示和用小数表示结果完全不同，如：

```
b DWORD 12.0,12        ;12.0 解释为小数，值为 12.0；12 解释为机器数，值为 0
```

例 2-7 调用 C 语言的 printf 函数输出如下定义各种表示形式的双精度浮点数的值。

```
a       REAL8    20.0,-20.,+45.3E+04,28.e5
```

双精度浮点数按'%lf'格式输出或'%g'格式输出；变量 a 有多个双精度浮点数，其后数据用变量名加上 8 来表示，如 a 表示第一个双精度浮点数，则 a+8 表示第二个双精度浮点数，依此类推。

源程序如下：

```
.386                                      ;①选择的处理器
.model flat, stdcall                      ;②存储模型，Win32 程序只能用平展（flat）模型
                                          ;stdcall 为函数调用方式：右边的参数先入栈
option casemap:none                       ;③指明标识符大小写敏感
include      kernel32.inc                 ;④要引用的头文件
includelib   kernel32.lib                 ;要引用的库文件
includelib   msvcrt.lib                   ;引用 C 库文件
printf PROTO C:DWORD,:vararg              ;C 语言的 printf 函数原型声明
.data                                     ;⑤数据段
fmt     BYTE     '%lf,%lf,%lf,%lf',0
a       REAL8    20.0,-20.,+45.3E+04,28.e5
```

```
.code
start:
invoke      printf,ADDR fmt,a,a+8,a+16,a+24
invoke ExitProcess,0                ;退出进程，返回值为 0
end start
```

输出运行结果：

```
20.000000,-20.000000,453000.000000,2800000.000000
```

以上数据若按'%g'格式输出，则运行结果输出：

```
20,-20,453000,2.8e+006
```

例 2-8 调用 C 语言的 printf 函数输出如下用机器数表示的单精度浮点数的值。

```
A      DWORD     1 1000 0000 110 0000 0000 0000 0000 0000B,4140 0000H;机器数表示浮点数
```

用 DWORD 或 DD 声明的浮点数是单精度浮点数，输出时要转换成双精度浮点数再输出，方法是：用 fld 指令将单精度浮点数读到 FPU 内部的浮点寄存器 st(0)，再通过 fstp 指令将浮点寄存器 st(0)中的值写到指定的 8 字节的内存单元，从而实现单精度转换成双精度。以上变量 a 有两个单精度浮点数，使用时用 a 表示第一个单精度浮点数，用 a+4 表示第二个单精度浮点数；要转换成的双精度可再定义双精度变量 b，使用时用 b 表示第一个双精度浮点数，用 b+8 表示第二个双精度浮点数。

源程序如下：

```
.386                                ;①选择的处理器
.model flat, stdcall                ;②存储模型，Win32 程序只能用平展（flat）模型
                                    ;stdcall 为函数调用方式：右边的参数先入栈
option casemap:none                 ;③指明标识符大小写敏感
include      kernel32.inc           ;④要引用的头文件
includelib   kernel32.lib           ;要引用的库文件
includelib   msvcrt.lib             ;引用 C 库文件
printf PROTO C:DWORD,:vararg;C 语言的 printf 函数原型声明
.data                               ;⑤数据段
fmt     BYTE     '%lf,%lf',0
a DWORD          1 1000 0000 110 0000 0000 0000 0000 0000B,4140 0000H;机器数表示浮点数
b REAL8          ?,?
.code
start:
fld a            ;将单精度浮点数 a 读到 FPU 内部的浮点寄存器 st(0)
fstp b           ;将浮点寄存器 st(0)中的值写到双精度变量 b 中，实现单精度转换成双精度
fld a+4          ;将 a+4 单元单精度浮点数读到浮点寄存器 st(0)
fstp b+8         ;将浮点寄存器 st(0)中的值写到 b+8 单元中，实现单精度转换成双精度
invoke printf,ADDR fmt,b,b+8
invoke ExitProcess,0;退出进程，返回值为 0
end start
```

输出运行结果：

```
-3.500000,12.000000
```

2.2.4 字符和字符串

汇编语言中 BYTE 类型或 DB 类型数据即为字符型数据，一个字符可以是用单引号或双引号引起来的 ASCII 码字符，也可以直接使用其 ASCII 码值，如'A'和 65 都表示字符"A"；汉字可以是用单引号或双引号引起来的两个连续的扩展 ASCII 码字符，也可以直接使用其两个连续的扩展 ASCII 码值（即机内码），如'啊'和 176 与 161 组合都表示汉字"啊"（汉字"啊"两字节的机内码为 B0A1H，分别转换成十进制数是 176 与 161），只是无法将一个汉字字符分成两个单字符，除非用不支持汉字功能的西文软件。

C 语言的 scanf 函数就可以在输入时将一个汉字字符按两个单字符读取，printf 函数也可以将一个汉字字符按两个连续的单字符输出组合成一个汉字显示。

定义 ASCII 字符和汉字的格式如下：

```
Str1 BYTE 'A',65,'啊',176,161        ;表示两个字符'A'和两个汉字'啊'，共 6 个字符
```

按单个字符进行输入输出时最好使用 DWORD 类型，这样用 scanf 和 printf 函数进行输入输出时，就不需要进行类型转换。BYTE 类型多个单字符输出（不是字符串输出）只能用 Call 指令调用 printf 函数（invoke 伪指令的 Bug），否则要用 DWORD PTR 进行强制类型转化。

例 2-9 调用 C 语言的 scanf 函数输入一个汉字，然后 printf 函数输出该汉字及其机内码。

调用 C 语言的 scanf 函数在输入时将一个汉字字符按两个单字符读取，用 printf 函数将一个汉字字符按两个连续的单字符输出（'%c%c'格式）组合成一个汉字显示，将一个汉字字符的两个单字符按两个十六进制数输出（'%2X%2X'格式）以显示其机内码；用 invoke 伪指令调用 printf 函数实现 BYTE 类型多个单字符输出有 Bug，所以存两个单字符的变量 q 和 w 用 DWORD 类型。

源程序如下：

```
.386                                        ;①选择的处理器
.model flat, stdcall                        ;②存储模型，Win32 程序只能用平展（flat）模型
option casemap:none                         ;③指明标识符大小写敏感
include      kernel32.inc                   ;④要引用的头文件
includelib   kernel32.lib                   ;要引用的库文件
includelib   msvcrt.lib                     ;引用 C 库文件
scanf PROTO C:DWORD,:vararg                 ;C 语言 scanf 函数原型声明
printf PROTO C:DWORD,:vararg                ;C 语言的 printf 函数原型声明
.data                                       ;⑤数据段
Infmt        BYTE '%c%c',0
Outfmt       BYTE '汉字[%c%c]的机内码为%2X%2X',0
q        DWORD 0
w        DWORD 0
.code
start:
invoke scanf,ADDR Infmt,ADDR q,ADDR w;将一个汉字按两个字符读取
invoke printf,ADDR Outfmt,q,w,q,w           ;再按两个字符输出汉字，按两个整数输出机内码
invoke ExitProcess,0                        ;退出进程，返回值为 0
end start
```

运行后输入：

```
啊
```

则输出结果：

```
汉字[啊]的机内码为 B0A1
```

以单引号或双引号引起来的若干个字符称为字符串，在字符串后面必须加上一个空字符，即 ASCII 值为 0 的字符，表示字符串的结束。例如：

```
Str2 DB '串"ABC"','"字符'A'",176,161,0;表示单引号时用双引号限定，表示双引号时用单引号限定
```

例 2-10 调用 C 语言的 printf 函数输出字符串。

调用 printf 函数输出字符串可不用格式串而直接输出，只是所要输出的字符串末尾一定要加结束标志 0，是数值 0 不是字符'0'。

源程序如下：

```
.386                                  ;①选择的处理器
.model flat, stdcall                  ;②存储模型，Win32 程序只能用平展（flat）模型
                                      ;stdcall 为函数调用方式：右边的参数先入栈
option casemap:none                   ;③指明标识符大小写敏感
include      kernel32.inc             ;④要引用的头文件
includelib   kernel32.lib             ;要引用的库文件
includelib   msvcrt.lib               ;引用 C 库文件
printf PROTO C:DWORD,:vararg          ;C 语言的 printf 函数原型声明
.data                                 ;⑤数据段
s BYTE '串"ABC"','"字符'A'",176,161,0;表示单引号时用双引号限定，表示双引号时用单引号限定
.code
start:
invoke printf,ADDR s
invoke       ExitProcess,0            ;退出进程，返回值为 0
end start
```

输出运行结果：

```
串"ABC"字符'A'啊
```

2.2.5 结构体

C 语言中定义结构体类型的语法格式如下：

```
struct 结构体名
{
    数据类型 字段名 1;                //字段名即成员变量名
    …
    数据类型 字段名 n;
};
```

例如在 C 语言中定义含有学号和姓名两个字段的结构体学生（stu）类型的语法格式如下：

```
struct stu
{
    int xh;                                  //学号字段
    char xm[10];                             //姓名字段，10 字符
};
```

汇编语言中定义结构体类型的语法格式如下：

```
结构体名 struct
    字段名 1 数据类型   初值          ;字段名即成员变量名
    …
    字段名 n 数据类型   初值
结构体名 ends
```

如汇编语言定义含有学号和姓名两个字段的结构体学生（stu）类型的语法格式如下：

```
stu struct
xh          DWORD  ?              ;学号字段
xm          BYTE   10 DUP(?)      ;姓名字段，10 字符
stu ends
```

汇编语言中使用结构体学生（stu）类型定义变量 s1 和 s2 的语法格式如下：

```
s1          stu    <>             ;定义无初值结构体变量
s2          stu    <1,'张三'>     ;定义有初值结构体变量
```

输出结构体变量 s2 各成员数据的语法格式如下：

```
invoke printf,OFFSET fmt,s2.xh,ADDR s2.xm
```

例 2-11　定义结构体 Book，含书号、书名、单价、册数，输入一本书信息，然后求其码洋并输出（一个浮点数乘以一个整数用 FiMUL 指令）。

结构体 Book 的书号、书名、单价和册数等字段名可分别取名 sh、sm、dj 和 ces，其中册数字段名不能用 cs，因为 cs 是代码段寄存器名的缩写，是保留字；码洋的计算公式为码洋=单价×册数，因为单价是浮点数而册数是整数，所以要用乘整数浮点指令 FiMUL。

源程序如下：

```
.386                                         ;①选择的处理器
.model flat, stdcall                         ;②存储模型，Win32 程序只能用平展（flat）模型
                                             ;stdcall 为函数调用方式：右边的参数先入栈
option casemap:none                          ;③指明标识符大小写敏感
include     kernel32.inc                     ;④要引用的头文件
includelib  kernel32.lib                     ;要引用的库文件
includelib  msvcrt.lib                       ;引用 C 库文件
scanf PROTO C:DWORD,:vararg                  ;C 语言的 scanf 函数原型声明
printf PROTO C:DWORD,:vararg                 ;C 语言的 printf 函数原型声明
.data                                        ;⑤数据段
Infmt       BYTE    '%s %s %lf %d',0 ;定义变量
Outfmt      BYTE    '书号:%s,书名:%s,单价:%g,册数:%d,码洋:%g',13,10,0;定义变量
d           QWORD   4.0
Book struct
```

```
sh          BYTE     14 DUP(?)
sm          BYTE     20 DUP(?)
dj          QWORD    4.0
ces         DWORD    4                ;CS 是代码段寄存器，所以不能作为变量名
Book ends
s           Book     <>
.code                                 ;⑥代码段
start:                                ;定义标号 start
invoke scanf,ADDR Infmt,ADDR s.sh,ADDR s.sm,ADDR s.dj,ADDR s.ces;输入值
FLD    s.dj                           ;将单价读到浮点寄存器 st(0)
FiMUL s.ces                           ;将单价乘册数存回到浮点寄存器 st(0)
FSTP d                                ;将浮点寄存器 st(0)中的乘积写到双精度变量 d 中
invoke printf,ADDR Outfmt,ADDR s.sh,ADDR s.sm,s.dj,s.ces,d     ;输出结果
invoke ExitProcess,0                  ;退出进程，返回值为 0
end     start                         ;指明程序入口点 start
```

运行后输入：

```
9787302298854    Win32 汇编语言    29.5    2
```

则输出结果：

```
书号:9787302298854,书名:Win32 汇编语言,单价:29.5,册数:2,码洋:59
```

习题 2

2-1 用 Call 指令调用 C 语言的 scanf 函数和 printf 函数实现输入输出一个单精度浮点数。

运行后输入：

```
4.5
```

则输出结果：

```
4.500000
```

2-2 用 invoke 伪指令调用 C 语言的 scanf 函数和 printf 函数实现输入输出一个单精度浮点数。

运行后输入：

```
4.5
```

则输出结果：

```
4.500000
```

2-3 定义子程序 FunSub 实现求两个整数差，调用 C 语言的 scanf 函数和 printf 函数实现输入输出（用 Sub 指令相减）。

运行后输入：

```
5   3
```

则输出结果：

```
5-3=2
```

2-4 输入一个学号求下一个学号并输出（用 Inc 指令或 Add 指令加 1）。

运行后输入：

```
20130864101
```

则输出结果：

```
20130864102
```

2-5 输入一个浮点数求其相反数并输出（用 fchs 指令求相反数）。

运行后输入：

```
-4.5
```

则输出结果：

```
-4.500000 的相反数为 4.500000
```

运行后输入：

```
4.5
```

则输出结果：

```
4.500000 的相反数为-4.500000
```

2-6 输入一个浮点数求其绝对值并输出（用 fabs 指令求绝对值）。

运行后输入：

```
-4.5
```

则输出结果：

```
-4.500000 的绝对值为 4.500000
```

运行后输入：

```
4.5
```

则输出结果：

```
4.500000 的绝对值为 4.500000
```

2-7 以下程序的运行结果为什么结果只有“A”而没有“B”，利用吾爱破解软件跟踪运行并分析，然后给出解决方案。

运行后输入：

```
A B
```

则输出结果：

```
A
```

源程序如下：

```
.386                                   ;①选择的处理器
.model flat, stdcall                   ;②存储模型，Win32 程序只能用平展（flat）模型
option casemap:none                    ;③指明标识符大小写敏感
include     kernel32.inc               ;④要引用的头文件
includelib  kernel32.lib               ;要引用的库文件
includelib  msvcrt.lib                 ;引用 C 库文件
scanf PROTO C:DWORD,:vararg            ;C 语言的 scanf 函数原型声明
printf PROTO C:DWORD,:vararg           ;C 语言的 printf 函数原型声明
.data                                  ;⑤数据段
fmt     BYTE   '%c %c',0
a       BYTE   0
b       BYTE   0
.code
start:
invoke      scanf,ADDR fmt,ADDR a,ADDR b
invoke      printf,ADDR fmt,a,b
invoke      ExitProcess,0              ;退出进程，返回值为 0
end start
```

2-8 输入两个大写字母，然后输出其相应的小写字母（用 Add 指令相加）。
运行后输入：

```
A  B
```

则输出结果：

```
a  b
```

2-9 以十六进制输入一个汉字的机内码，然后输出其相应的汉字（用%X 和%c 格式字串）。
运行后输入：

```
B0A1
```

则输出结果：

```
机内码 B0A1 的汉字为"啊"
```

2-10 调用 C 语言的 scanf 函数输入一个汉字，然后 printf 函数输出该汉字及其区位码（用 Sub 指令相减）。
运行后输入：

```
啊
```

则输出结果：

```
汉字"啊"的区位码为 1601
```

2-11 定义商品结构体 Goods，含品号、品名、单价和数量等字段，输入一商品，然后求其金额并输出（用 FiMUL 指令相乘）。

运行后输入：

```
20141127001    鞋子    59.5    4
```

则输出结果：

```
品号:20141127001,品名:鞋子,单价:59.5,数量:4,金额:238
```

第 3 章

Win32 汇编语言的编译运行

本章主要介绍 Win32 汇编语言源程序编译链接环境的配置及在不同环境下的编译链接和运行，包括配置 VC6.0 环境、安装和配置 MASM32 环境、命令提示符下编译链接和运行 Win32 汇编语言源程序、VC 环境下编译链接和运行 Win32 汇编语言源程序、C/C++源程序中嵌入汇编指令实现运行 Win32 汇编语言源程序、利用 VC 反汇编生成的汇编语言源程序实现运行 Win32 汇编语言源程序等。通过本章的学习，读者应该完成以下学习目标：

（1）了解 VC6.0 环境的配置方法，了解 MASM32 环境的安装和配置方法。

（2）了解命令提示符下编译链接和运行 Win32 汇编语言源程序的方法。

（3）掌握 VC 环境下编译链接和运行 Win32 汇编语言源程序的方法。

（4）掌握 C/C++源程序中嵌入汇编指令实现运行 Win32 汇编语言源程序的方法。

（5）掌握利用 VC 反汇编生成的汇编语言源程序实现运行 Win32 汇编语言源程序的方法，其中涉及乘法指令 imul 的使用。

3.1 配置编译链接环境

Win32 汇编语言源程序可以在命令提示符下编译运行，也可以在 VC 环境下编译运行，还可以在 MASM32 Editor 或作者所开发的考试系统中编译运行。不论在哪种环境下编译运行，都要经过编辑、编译、链接和运行 4 个阶段，如图 3-1 所示。

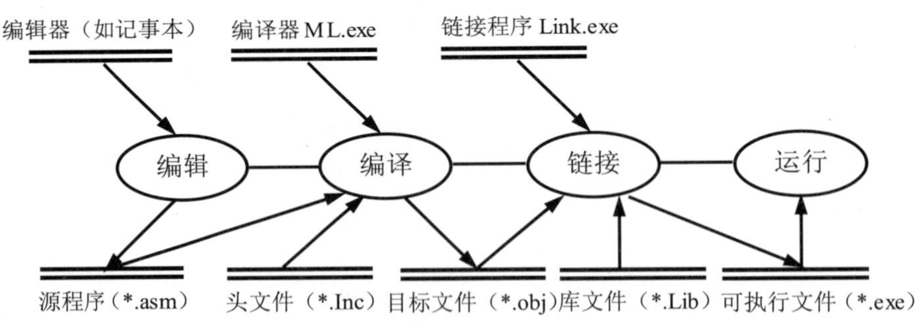

图 3-1　Win32 汇编语言源程序的 4 个阶段

Win32 汇编语言源程序的编译和链接，要使用编译器（ML.exe）、链接程序（Link.exe）、头文件（*.Inc）、库文件（*.Lib）等，而这些文件一般都不在同一个目录下，为了运行程序时能找到这些文件，必须配置编译链接环境，设置环境变量。

注意

除作者所开发的考试系统会自动配置编译链接环境外，其他环境下都要手动配置。

3.1.1 配置 VC6.0 环境

安装完 VC6.0 后，右击“我的电脑”，在弹出的快捷菜单中选择“属性”命令，在打开的对话框中选择“高级”选项卡，再单击“环境变量”按钮（如图 3-2 所示）；再在打开的对话框中单击“系统变量”选项组中的“新建”按钮，或选中要修改的变量名单击“编辑”按钮（如图 3-3 所示），新建变量名或修改变量值如下（假设 VC6.0 的安装路径为 C:\Program Files\Microsoft Visual Studio）。

Include=C:\Program Files\Microsoft Visual Studio\VC98\include;C:\Program Files\Microsoft Visual Studio\VC98\ATL\include;C:\Program Files\Microsoft Visual Studio\VC98\MFC\include

Lib=C:\Program Files\Microsoft Visual Studio\VC98\MFC\lib;C:\Program Files\Microsoft Visual Studio\VC98\lib

Path=%Path%;C:\Program Files\Microsoft Visual Studio\VC98\bin;C:\Program Files\Microsoft Visual Studio\Common\MSDev98\Bin;C:\Program Files\Microsoft Visual Studio\Common\Tools\WinNT;C:\Program Files\Microsoft Visual Studio\Common\Tools

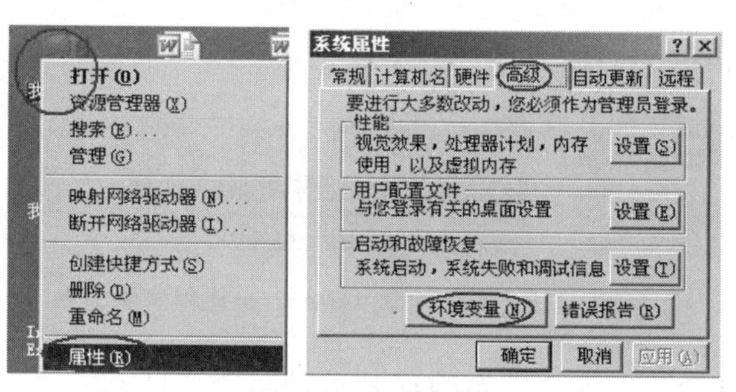

图 3-2 设置环境变量

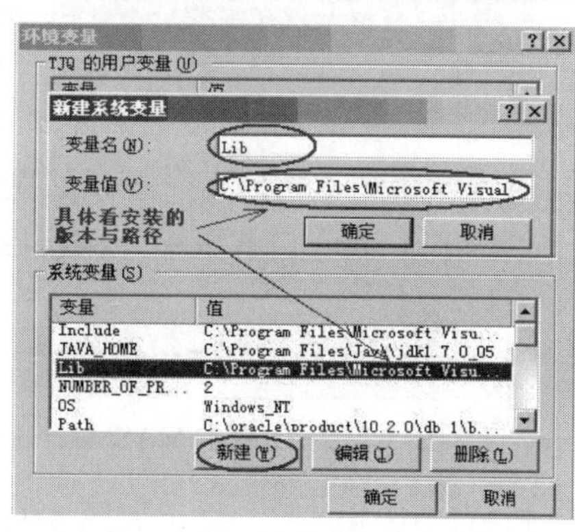

图 3-3 添加环境变量 Lib 及其值

注意

Path 变量不用新建，只需双击 Path，然后追加新路径即可，如上面的%Path%表示原来路径值。

3.1.2 MASM32 的安装

目前网上下载的 MASM32 多数是 11 版本的压缩包（masm32.zip，5012726 字节），解压缩后，得到自解压缩文件 install.exe，双击运行，显示如图 3-4 所示界面（部分）。

单击左上角的 Install 按钮（图标）后，显示如图 3-5 所示界面以选择所要安装的分区（逻辑盘）。

这里单击列表框中“D:\(DATA)”选项（不同的机器逻辑盘不同、括号中的卷标也不同，由图 3-5 可知，MASM32 只能安装在某一盘的根目录下），然后再单击 OK 按钮，显示如图 3-6

所示界面。

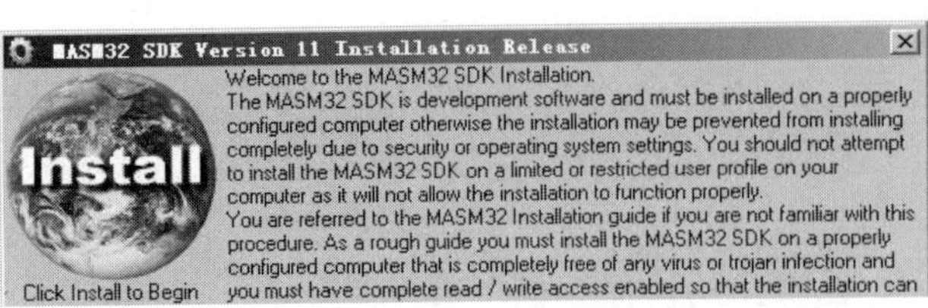

图 3-4 11 版本 MASM32 SDK 安装程序发布首界面

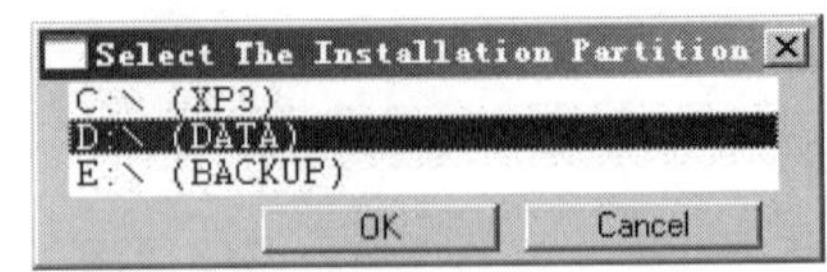

图 3-5 选择安装分区（逻辑盘）

单击“确定”按钮后，显示如图 3-7 所示界面。

图 3-6 测试能否安装 MASM32 SDK

图 3-7 磁盘写测试

单击“确定”按钮后，显示如图 3-8 所示界面。

单击“确定”按钮后，显示如图 3-9 所示界面。

图 3-8 磁盘读测试

图 3-9 磁盘删除测试

单击“确定”按钮后，显示如图 3-10 所示界面。

单击 Extract（自解压缩）按钮后，显示如图 3-11 所示界面。

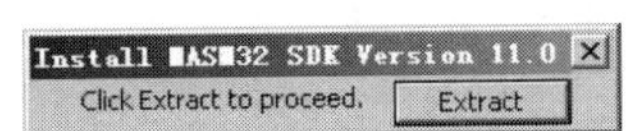

图 3-10 安装 11 版本 MASM32 SDK

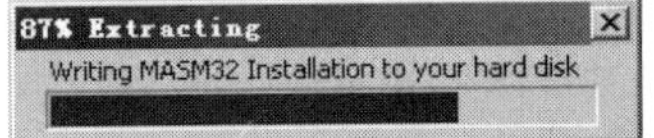

图 3-11 解压缩 MASM32 安装程序到硬盘

自解压缩完成后，显示如图 3-12 所示界面，提示准备用控制台创建库文件。

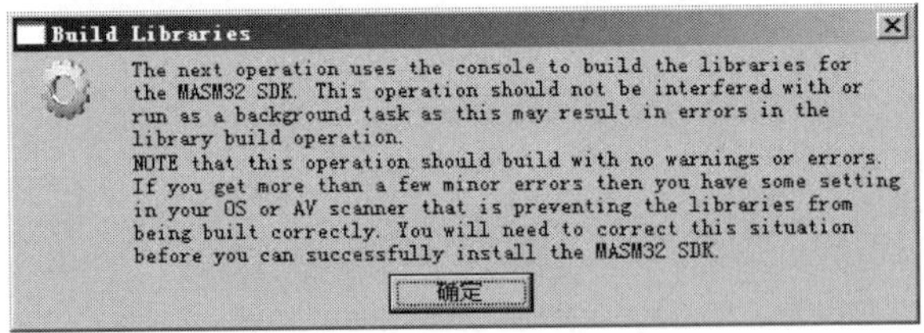

图 3-12 准备创建库文件

单击“确定”按钮后，显示如图 3-13 所示界面，提示正在创建库文件，大约需要 1 分钟。

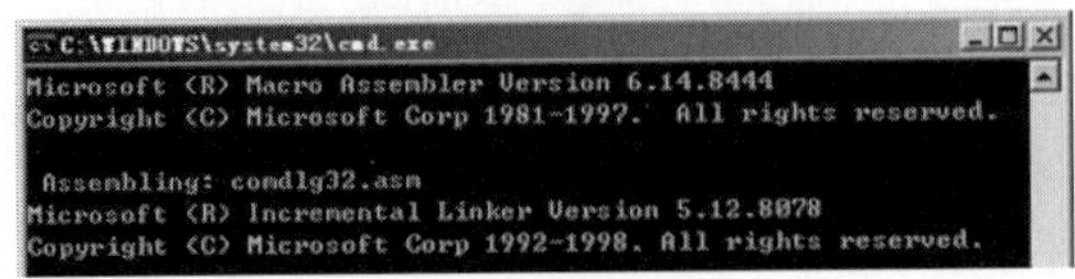

图 3-13 创建库文件

完成创建库文件后，显示安装成功，并提示按任意键继续，如图 3-14 所示。

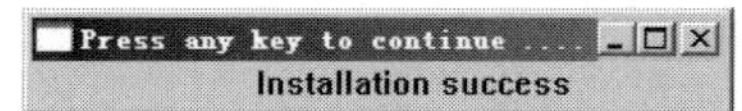

图 3-14　安装成功，按任意键继续

按任意键后，提示库文件 KERNEL32、USER32 和 GDI32 已经正确创建。

图 3-15　库文件 KERNEL32、USER32 和 GDI32 已经正确创建

单击“确定”按钮后，显示如图 3-16 所示界面，提示静态库文件已经正确创建。

图 3-16　静态库文件已经正确创建

单击“确定”按钮后，显示如图 3-17 所示界面，提示是否创建 MASM32 Editor 桌面快捷方式。

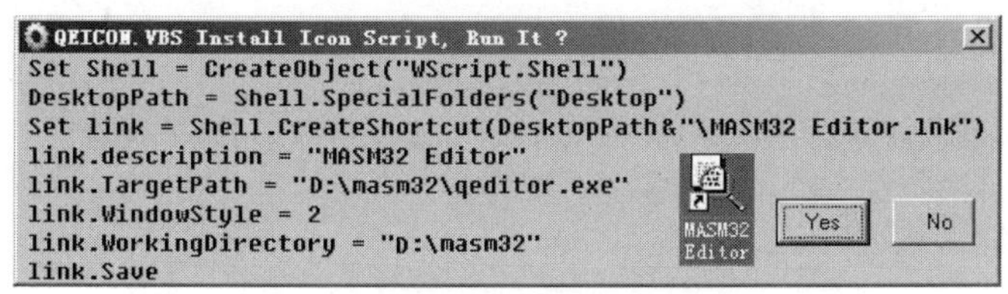

图 3-17　提示是否创建桌面快捷方式

单击 Yes 按钮后，显示如图 3-18 所示界面，提示 MASM32 已经安装完成。

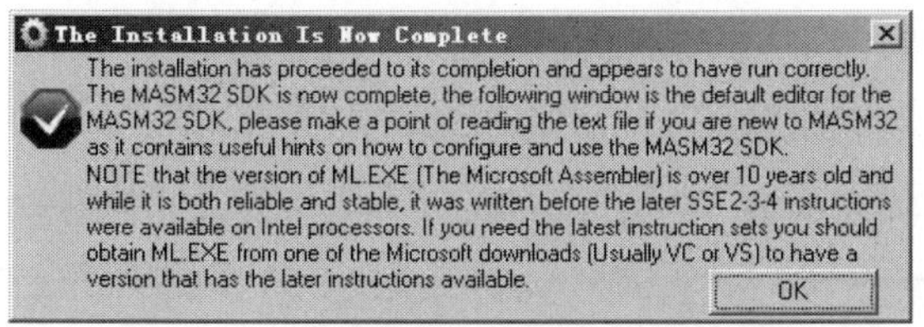

图 3-18　提示 MASM32 已经安装完成

单击 OK 按钮后，显示如图 3-19 所示欢迎界面，即 MASM32 编辑源程序及编译与运行的界面。其编辑界面不是很友好，所以作者推荐在 VC 环境下编辑、编译和运行。

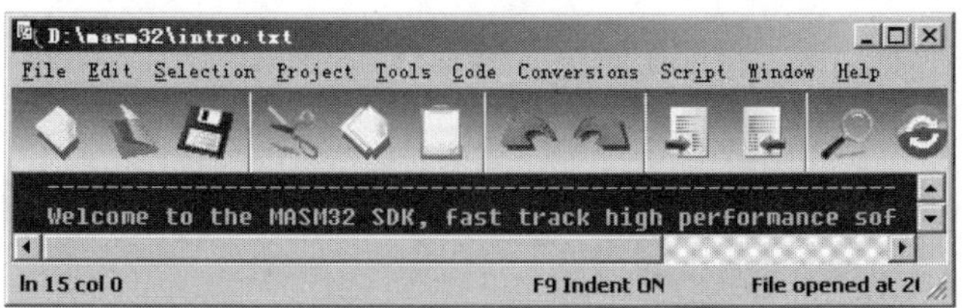

图 3-19　MASM32 编辑源程序的界面

3.1.3 配置 MASM32 环境

安装完 MASM32 后，右击“我的电脑”图标，在弹出的快捷菜单中选择“属性”命令，在打开的对话框中选择“高级”选项卡，单击“环境变量”按钮（如图 3-2 所示）；在弹出的对话框中选中要修改的变量名单击“编辑”按钮（如图 3-3 所示），修改变量值如下（假设 MASM32 安装在 D:\MASM32）。

```
Include=%Include%;D:\MASM32\Include
Lib=%Lib%;D:\MASM32\lib
Path=%Path%;D:\MASM32\Bin;D:\MASM32
```

注意

（1）以上环境变量值中%Include%表示修改前 Include 变量的值，其他类似。

（2）环境变量配置后，要重新运行 qeditor.exe 或 VC 才能生效，或重新启动操作系统后才能生效。

（3）MASM32 文件夹必须是某个逻辑盘（如 D:\）根目录下的文件夹，汇编语言的源程序（*.asm）必须与 MASM32 文件夹在同一个逻辑盘，否则可能导致连接时（即执行 Link.exe 时）找不到库文件，如以下程序。

```
Linking...
LINK : fatal error LNK1104: cannot open file "\masm32\lib\kernel32.lib"
```

即执行 link.exe 时出错。

3.1.4 通过注册表配置 VC 和 MASM32 环境

环境变量的配置也可以通过注册表设置完成，在“开始”菜单中选择“运行”，然后输入“RegEdit”，单击“确定”按钮，找到以下项，分别修改变量 Include、Lib 和 Path 的值即可。

```
[HKEY_LOCAL_MACHINE\SYSTEM\CurrentControlSet\Control\Session Manager\Environment]
```

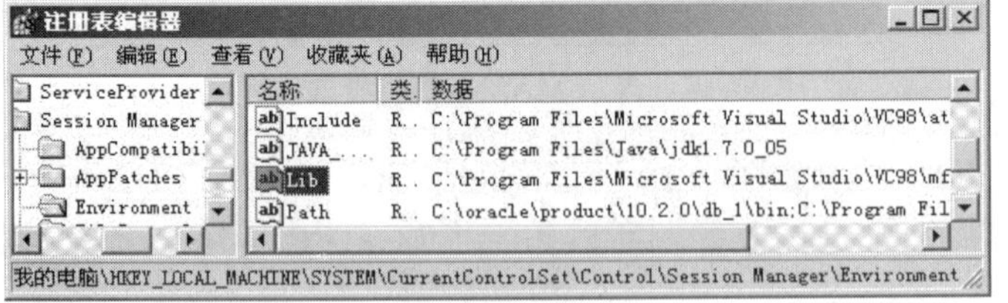

图 3-20　通过注册表设置环境变量 Lib 的值

3.2 命令提示符下编译链接和运行

假设要编译的源程序文件内容保存于 C:\，文件名为 C.asm，则生成的目标程序为 C.obj，列表文件为 C.lst（可选），映像文件为 C.map（可选），可执行文件为 C.exe，操作步骤如下。

（1）编译汇编语言源程序（C.asm）生成目标程序（C.obj）

编译的语法格式如下：

```
ML.exe [可选参数] 汇编语言源程序文件
```

ML.exe 常用可选参数有以下 4 个（注意参数区分大小写）：

```
/c -- Assemble（编译）without（没有）linking（链接），即只生成 obj 文件，不生成 exe 文件
/coff -- Generate（生成）COFF format（格式）object（目标）file（文件）
/Fl -- Fl[file] Generate（生成）listing（汇编指令清单）
/Sc -- Generate（生成）timings（时钟周期）in listing（汇编指令清单）
```

例 3-1 编译 C.asm 生成目标程序 C.obj，同时生成带时钟周期的汇编指令清单 C.lst。

在命令提示符下输入“CD\”并按 Enter 键切换到根目录，再输入“ml.exe/c/coff/Fl/Sc C.asm”并按 Enter 键编译 C.asm，参数/c 表示只生成 obj 文件，参数/coff 表示生成 COFF 格式目标文件，参数/Fl 表示生成汇编指令清单，参数/Sc 表示在汇编指令清单中同时给出每条指令所需时钟周期数，命令格式如下：

```
C:\Documents and Settings\Administrator>CD\
C:\>ml.exe /c /coff /Fl /Sc C.asm
```

运行后显示如下信息，说明编译成功（不同版本可能略有不同，特别是版本号）：

```
Microsoft(R)Macro Assembler Version 6.14.8444
Copyright(C)Microsoft Corp 1981-1997.    All rights reserved.

 Assembling: C.asm
```

若运行后显示如下信息，说明路径没有配置好（在命令提示符下输入“PATH”并按 Enter 键，看显示的信息是否含有“X:\MASM32\bin;X:\MASM32”，X 是 MASM32 所安装的盘符），可运行作者开发的考试系统，让它自动配置相关信息，然后重新进入命令提示符运行以上命令。

```
'ml.exe'不是内部或外部命令，也不是可运行的程序或批处理文件。
```

运行后根目录下多了 C.obj 和 C.lst 两个文件，且 C.lst 文件内容如下（可用记事本打开）：

指令地址	时钟周期	指令机器码	汇编指令	注释
00000000	2	55	push ebp	
00000001	2	8B EC	mov ebp, esp	
00000003	2	83 EC 4C	sub esp, 76	; 0000004cH
00000006	2	53	push ebx	
00000007	2	56	push esi	
00000008	2	57	push edi	
00000009	2	8D 7D B4	lea edi, DWORD PTR [ebp-76]	
0000000C	2	B9 00000013	mov ecx, 19	; 00000013H
00000011	2	B8 CCCCCCCC	mov eax, -858993460	; ccccccccH
00000016	5n	F3/AB	rep stosd……	

（2）链接（连接）目标程序（C.obj）生成可执行程序（C.exe）

用链接程序 link.exe 链接目标程序 C.obj 生成可执行程序 C.exe 的命令执行如下：

```
C:\>link.exe /subsystem:console C.obj
```

参数说明：

- 控制台程序（无图形界面的）一定要指定/subsystem:console。
- Windows 程序一定要指定/subsystem:windows。

运行结果显示如下信息（版本号可能不同，如 6.00.8168）：

```
Microsoft(R)Incremental Linker Version 5.12.8078
Copyright(C)Microsoft Corp 1992-1998. All rights reserved.
```

（3）运行可执行程序（C.exe）

```
C:\>C.exe
```

输出运行结果：

```
...
```

3.3 VC 环境下编译链接和运行

汇编语言源程序可以在 VC 集成开发环境下直接编译链接运行，步骤如下。

（1）配置 VC 集成开发环境（假设 masm32 安装于 D:\masm32）。

选择 VC 集成开发环境中的“工具”→“选项”命令，在打开的对话框中选择“目录”选项卡，在“目录”列表框中选择“可执行文件”，添加编译和链接文件所在路径为 D:\masm32 和 D:\masm32\Bin；选择 Include files，如图 3-21 所示，添加头文件路径为 D:\masm32\include；选择 Library files，添加库文件路径为 D:\MASM32\lib。

图 3-21 VC 集成开发环境的配置

也可以直接修改注册表，找到[HKEY_CURRENT_USER\Software\Microsoft\DevStudio\6.0\Build System\Components\Platforms\Win32(x86)\Directories]，分别将 D:\masm32;D:\masm32\Bin、D:\masm32\include 和 D:\masm32\lib 追加到 Path Dirs、Include Dirs 和 Library Dirs 项，重新启动后即生效。

注意

masm32 的路径只能放在 VC 路径之后，否则 VC 编译会出错。

（2）新建工程：文件→新建→Win32 Console Application→输入工程名（如 He）→确定（如图 3-22 所示）。

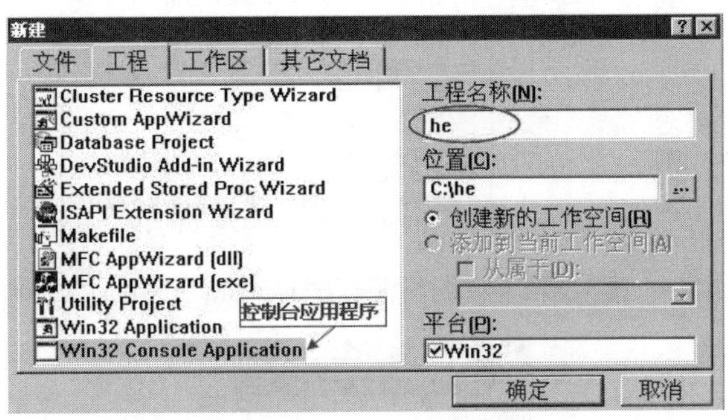

图 3-22　创建一个控制台工程 He

（3）新建文件：文件→新建→C++ Source File→输入文件名（如 C.asm）→确定（如图 3-23 所示）。

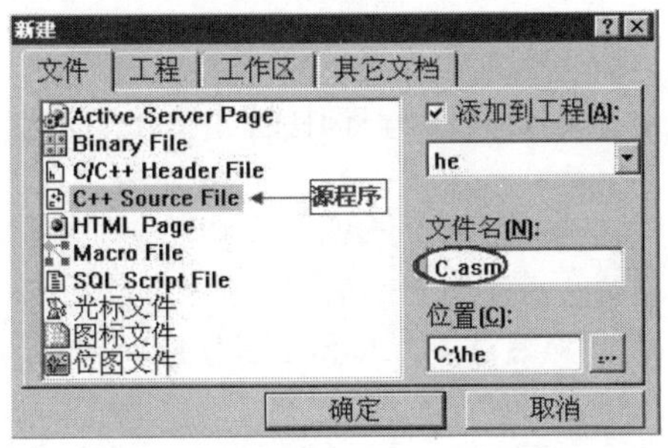

图 3-23　给控制台工程 He 添加一个源程序 C.asm

（4）在 C.asm 中录入汇编语言源程序。

（5）右击 C.asm，在弹出的快捷菜单中选择“设置”命令，弹出如图 3-24 所示对话框，设置如下汇编命令和输出文件（C.obj）。

```
ml.exe/c/coff C.asm            （或 ml.exe/c/coff/Fl C.asm）
```

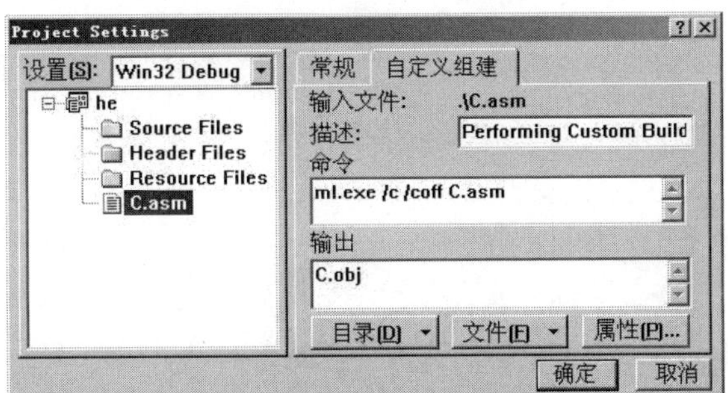

图 3-24　设置汇编命令和输出文件

（6）运行程序：单击 VC 工具栏中的!按钮（如图 3-25 所示）或按 Ctrl+F5 键，结果如图 3-26 所示。

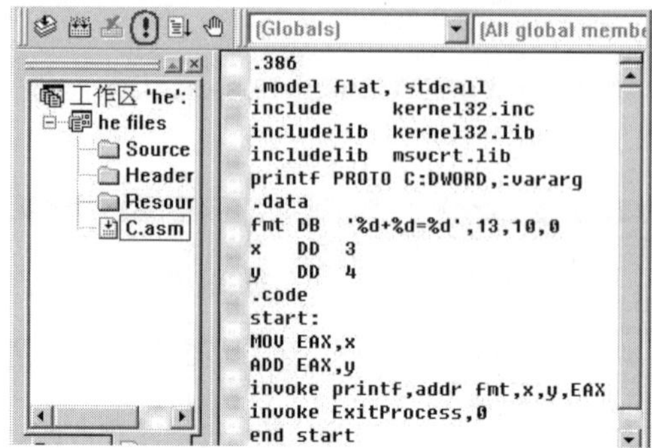

图 3-25　VC 编辑源程序 C.ASM 的界面

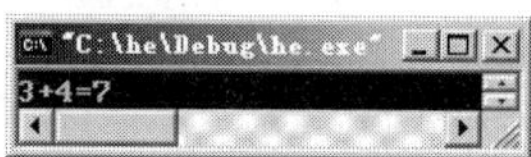

图 3-26　VC 下运行汇编语言控制台应用程序界面

3.4　C/C++嵌入汇编指令

C/C++嵌入汇编指令就是在 C/C++源程序中以如下形式嵌入汇编指令。

```
// C/C++源程序语句
__asm
{
        ;汇编指令，此处可用汇编语言的注释，也可用 C 语言的注释
}
// C/C++源程序语句
```

3.4.1　汇编指令访问 C 整型变量

嵌入的汇编指令可以直接访问 C 语言的整型、浮点型和字符型等变量。

例 3-2　利用嵌入汇编指令直接访问整型变量实现将变量 x 与 y 之和存入变量 z。

用 add 加法指令实现 a+b（计算过程中借用 EAX 寄存器），结果存于 z。

源程序如下：

```
#include "stdio.h"
void main()
{
    int x,y,z;
    scanf("%d %d",&x,&y);
    __asm
    {
        mov eax,x          ;取变量 x 的值存入寄存器 eax
        add eax,y          ;将变量 y 的值加上寄存器 eax 的值存入寄存器 eax
        mov z,eax          ;将寄存器 eax 存入变量 z
```

```
    }
    Printf("%d\n",z);
}
```

运行后输入：

```
4 1
```

则输出结果：

```
5
```

3.4.2 汇编指令读取 C 整型数组元素

对于数组元素，嵌入的汇编指令可用基址变址寻址方式进行访问，取数组首地址作基址，下标作变址，元素字节数作比例因子，例如：

```
MOV EBX,a                ;取数组 a 首地址，不能用“LEA EBX,a”，已知 C 语言定义 int a[80]
MOV ESI,0                ;以 ESI 作为变址寄存器并赋初值 0，相当于 i=0
MOV EAX,[EBX+ESI*4]      ;整型元素字节数 4 作比例因子，相当于 EAX←a[i]
```

例 3-3 利用嵌入汇编指令读取整型数组 a 元素值，实现在函数中求数组 3 个元素之和。

数组 a 首地址存 EBX 作基址，以变址寄存器 esi 值作下标，整型元素字节数 4 作比例因子，因此，访问第 esi+1 个元素的基址变址寻址方式为[EBX+ESI*4]。

源程序如下：

```
#include <stdio.h>
int fun(int d[],int num);
void main()
{
    int a[3]={3,6,9};
    printf("3 个元素和为%d\n",fun(a,3));
}
int fun(int a[],int num)
{
    long temp=0                      ;累加和初值为 0
    __asm
    {
        mov ebx,a                    ;取数组 a 地址，不能用“LEA ebx,a”
        mov esi,0                    ;以 esi 作为变址寄存器并赋初值 0，相当于 i=0
        mov eax,[ebx+esi*4]          ;整型元素字节数 4 作比例因子，相当于 EAX←d[i]
        add temp,eax                 ;相当于“temp=temp+d[i];”
        inc esi                      ;等价于“add esi,1”          ;相当于 i++
        mov eax,[ebx+esi*4]          ;相当于 EAX←d[i]
        add temp,eax                 ;相当于“temp=temp+d[i];”
        inc esi                      ;等价于“add esi,1”          ;相当于 i++
        mov eax,[ebx+esi*4]          ;相当于 EAX←d[i]
        add temp,eax                 ;相当于“temp=temp+d[i];”
    }
    return temp;
}
```

运行后结果输出：

```
3 个元素和为 18
```

3.4.3 汇编指令写入 C 字符数组

例 3-4 利用嵌入汇编指令在函数中将整数 x 转换成二进制数写入字符数组 s 再输出。

若整数 x 的有效二进制数由第 n~0 位组成（n=0~31），则将第 n 位的数值 1 转换成字符'1'存 s[0]（最高位存字符数组的最左边），将第 n−1 位的数值 0 或 1 转换成字符'0'或'1'存 s[1]，依此类推，将第 0 位的数值 0 或 1 转换成字符'0'或'1'存 s[n]（最低位存字符数组的最右边）。执行“BSR ecx,x”指令找到 x 中找到最高位 1 的位置值 n 存 ecx，若未找到（ZF=1），则执行“JZ Done”指令转 Done 位置结束程序执行，否则将 s[0]初值改为字符'1'，然后进入循环处理。首先，将 x 中第 0 位的值传送给进位位 CF；接着，通过带进位 CF 加 30H 存 s[ecx]；最后，将 x 右移一位以便将第 0 位移出。这 3 个操作重复执行 ecx（=n）次，实现将 x 的第 0~n−1 位转换成字符存字符数组 s 中的 s[n]~s[1]。以下循环没有处理 x 中的第 n 位，因为到第 n 位时，ecx 的值等于 0，LOOP 指令退出循环，所以，x 中的第 n 位要通过赋初值完成对 s[0]的赋值，且保证 x 为 0 时 s[0]为字符'0'，x 不为 0 时 s[0]为字符'1'。

源程序如下：

```
#include <stdio.h>
char* d2b(int x,char s[]);
void main()
{
    char s[33]={0};//存二进制数字符串
    int x;
    scanf("%d",&x);
    printf("%dD=%sB\n",x,d2b(x,s));
}
char* d2b(int x,char s[])
{//将数值 x 转换为二进制数，结果以字符串形式存字符数组 s 中
    __asm//数组名 s 存的是其内容首地址，s[i]才是其内容的第 i 个元素
    {//其中涉及 BSR、JZ、BT、ADC、SHR 和 LOOP 指令，详见后续章节
        mov eax,s                ;取 s 首地址，以便用[eax]访问 s[0]，用[eax+ecx]访问 s[ecx]
        mov byte ptr[eax],30H    ;置数组 s 第 0 个元素初值为字符'0'，即 s[0]='0'
        BSR ecx,x                ;在 x 中找到最高位“1”的位置值存 ecx，若找到置 ZF 为 0
        JZ Done                  ;若未找到（ZF=1），则转 Done
        mov byte ptr[eax],31H    ;否则将 s[0]初值改为字符'1'
        next:
        BT x,0                   ;x 中第 0 位的值传送给进位位 CF
        ADC byte ptr[eax+ecx],30H;带进位 CF 加 30H 存 s[ecx]
        SHR x,1                  ;处理完第 0 位后将 x 右移一位
        LOOP next                ;若 ecx 减 1 后 ecx≠0，则转 next 处，ecx=0 由置初值处理
        Done:                    ;返回值保存于 eax 中的数组 s 的首地址
    }
}
```

运行后输入：

```
255
```

则输出结果：

```
255D=11111111B
```

运行后输入：

```
-1
```

则输出结果：

```
-1D=1111 1111 1111 1111 1111 1111 1111 1111B
```

运行后输入：

```
0
```

则输出结果：

```
0D=0B
```

3.5　C 程序反汇编生成汇编源程序

3.5.1　C 程序编译时生成汇编语言源程序

在 VC 集成开发环境 FileView 中，右击 C/C++源程序文件，在弹出的快捷菜单中选择“设置”命令，弹出如图 3-27 所示对话框，在 C/C++选项卡中，设置“分类”为“文件列表”，“列表文件类型”为 Assembly with Source Code，单击“确定”按钮，编译 C/C++源程序文件后会在工程所在文件夹下的 Debug 文件夹中产生相应源程序的汇编语言文件（*.asm）列表。

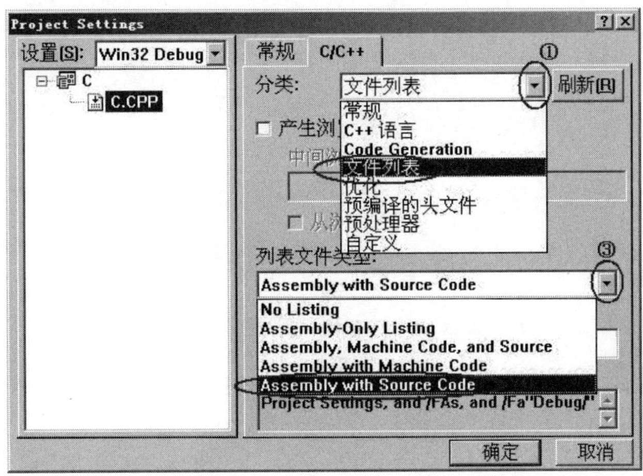

图 3-27　VC 编译 C/C++时生成汇编语言文件（*.asm）

3.5.2 修改 C 程序反汇编生成的汇编源程序

第一步：

例 3-5 用 C 语言编写一个求积的程序。

源程序如下：

```
#include "stdio.h"
void main()
{
    int a,b,c;
    scanf("%d %d",&a,&b);
    c=a*b;
    printf("%d*%d=%d\n",a,b,c);
}
```

运行后输入：

```
2 3
```

则输出结果：

```
2*3=5
```

第二步：生成反汇编程序并按如下步骤修改：

（1）将第 4 行注释，将 else 与 endif 之间的代码注释。

（2）在 endif 之后添加头文件 msvcrt.lib 的包含语句：includelib msvcrt.lib。

（3）将 CONST SEGMENT 和 CONST ENDS 语句注释，并在这些之前添加数据段定义语句：.data。

（4）将_TEXT SEGMENT 和_TEXT ENDS 语句注释，并在这些之前添加代码段定义语句：.code。

（5）在汇编结束语句 END 之后添加标号：_main。

修改后源程序如下：

```
TITLE C:\Documents and Settings\Administrator\Add\C.CPP
.386P
;include listing.inc
;if @Version gt 510
.model FLAT
Comment *
else
_TEXT       SEGMENT PARA USE32 PUBLIC 'CODE'
_TEXT       ENDS
_DATA       SEGMENT DWORD USE32 PUBLIC 'DATA'
_DATA       ENDS
CONST       SEGMENT DWORD USE32 PUBLIC 'CONST'
CONST       ENDS
_BSS   SEGMENT DWORD USE32 PUBLIC 'BSS'
_BSS   ENDS
```

```
$$SYMBOLS      SEGMENT BYTE USE32 'DEBSYM'
$$SYMBOLS      ENDS
$$TYPES    SEGMENT BYTE USE32 'DEBTYP'
$$TYPES    ENDS
_TLS   SEGMENT DWORD USE32 PUBLIC 'TLS'
_TLS   ENDS
; COMDAT ??_C@_05MJGO@?$CFd?5?$CFd?$AA@
CONST        SEGMENT DWORD USE32 PUBLIC 'CONST'
CONST        ENDS
; COMDAT ??_C@_09JKPD@?$CFd?$CL?$CFd?$DN?$CFd?6?$AA@
CONST        SEGMENT DWORD USE32 PUBLIC 'CONST'
CONST        ENDS
; COMDAT _main
_TEXT        SEGMENT PARA USE32 PUBLIC 'CODE'
_TEXT        ENDS
FLAT  GROUP _DATA, CONST, _BSS
  ASSUME  CS: FLAT, DS: FLAT, SS: FLAT
Endif
*
includelib    msvcrt.lib                          ;引用 C 库文件
PUBLIC        _main
PUBLIC        ??_C@_05MJGO@?$CFd?5?$CFd?$AA@                 ; 'string'
PUBLIC        ??_C@_09LEGG@?$CFd?$CK?$CFd?$DN?$CFd?6?$AA@  ; 'string'
EXTRN         _printf:NEAR
EXTRN         _scanf:NEAR
EXTRN         __chkesp:NEAR
; COMDAT ??_C@_05MJGO@?$CFd?5?$CFd?$AA@
; File C:\Documents and Settings\Administrator\Add\C.CPP
.data
;CONST       SEGMENT
??_C@_05MJGO@?$CFd?5?$CFd?$AA@ DB '%d %d', 00H             ; 'string'
;CONST       ENDS
; COMDAT ??_C@_09JKPD@?$CFd?$CL?$CFd?$DN?$CFd?6?$AA@
;CONST       SEGMENT
??_C@_09LEGG@?$CFd?$CK?$CFd?$DN?$CFd?6?$AA@ DB '%d*%d=%d', 0aH, 00H ; 'string'
;CONST       ENDS
; COMDAT _main
.code
;_TEXT       SEGMENT
_a$ = -4
_b$ = -8
_c$ = -12
_main PROC NEAR                            ; COMDAT

; 3      : {
```

```
    push    ebp                  ;保护主程序的堆栈基址 ebp，系统自动添加的代码
    mov     ebp,esp              ;设置子程序的堆栈基址 ebp
    sub     esp, 76              ;76=0000004cH，局部变量存储空间预留 76 字节
    push    ebx                  ;保存相关寄存器值到局部变量以下位置，详见图 8-1
    push    esi
```

```
        push    edi
        lea     edi, DWORD PTR [ebp-76];edi 指向预留的 76 字节存储空间并置初值 0ccH（INT 3）
        mov     ecx, 19                ;00000013H
        mov     eax, -858993460        ;-858993460=ccccccccH
        rep     stosd       ;用 eax 内容（ccccccccH）填充 edi 指定的 76 字节（19 个双字）存储空间

; 4     :       int a,b,c;
; 5     :       scanf("%d %d",&a,&b);

        lea     eax, DWORD PTR _b$[ebp]
        push    eax
        lea     ecx, DWORD PTR _a$[ebp]
        push    ecx
        push    OFFSET FLAT:??_C@_05MJGO@?$CFd?5?$CFd?$AA@; 'string'
        call    _scanf
        add     esp, 12                       ;0000000cH

; 6     :       c=a*b;

        mov     edx, DWORD PTR _a$[ebp]
        imul    edx, DWORD PTR _b$[ebp]
        mov     DWORD PTR _c$[ebp], edx

; 7     :       printf("%d*%d=%d\n",a,b,c);

        mov     eax, DWORD PTR _c$[ebp]
        push    eax
        mov     ecx, DWORD PTR _b$[ebp]
        push    ecx
        mov     edx, DWORD PTR _a$[ebp]
        push    edx
        push    OFFSET FLAT:??_C@_09LEGG@?$CFd?$CK?$CFd?$DN?$CFd?6?$AA@; 'string'
        call    _printf
        add     esp, 16                       ;00000010H

; 8     : }

        pop     edi                           ;还原相关寄存器，系统自动添加的代码
        pop     esi
        pop     ebx
        add     esp, 76                       ;0000004cH
        cmp     ebp, esp
        call    __chkesp
        mov esp,ebp                           ;恢复主程序的堆栈指针 esp
        pop ebp                               ;恢复主程序的堆栈基址 ebp
        ret     0
_main   ENDP
;_TEXT  ENDS
END _main
```

第三步：将修改后的汇编语言源程序编译运行，运行结果同 C 程序。

习题 3

3-1 已知定义变量 a 如下，则执行“inc a”和“add a,1”在时间上有何差别，请根据编译结果说明。

```
a dword      41424344H
```

3-2 利用嵌入汇编指令直接访问整型变量实现 z=x*y（用 IMUL 指令实现乘），请补充程序。

源程序如下：

```
#include "stdio.h"
void main()
{
     int x,y,z;
     scanf("%d %d",&x,&y);
     __asm
     {


     }
     printf("%d\n",z);
}
```

运行后输入：

```
2  3
```

则输出结果：

```
6
```

3-3 利用嵌入汇编指令读取整型数组元素，实现在函数中求数组元素积，请补充程序。

源程序如下：

```
#include <stdio.h>
int fun(int d[],int num);
void main()
{
     int array[10]={1,2,3,4,5,6,7,8,9,10};
     printf"乘积为%d\n",fun(array,10));
}
int fun(int d[],int num)
{
     long temp=0;
     __asm
     {
```

```
	}
	return temp;
}
```

3-4 以下是一个求乘积的 C 程序，用 VC 反汇编得到以下 C 程序的汇编语言源程序，然后进行修改后再在 VC 下运行。

源程序如下：

```
#include "stdio.h"
void main()
{
	double a,b,c;
	scanf("%lf %lf",&a,&b);
	c=a*b;
	printf("%g*%g=%g\n",a,b,c);
}
```

3-5 用吾爱破解软件跟踪运行以下源程序对应的可执行文件，观察每一条指令运行后相关寄存器的值，并说明最终运行结果所代表意义。

源程序如下：

```
#include <stdio.h>
int mean(int d[],int num);
void main()
{
	int a[3]={3,6,9};
	printf("结果为%d\n",mean(a,3));
}
int mean(int d[],int num)
{
	long temp=0;
	__asm
	{
		mov ebx,d                 ;取数组首地址，不能用“LEA ebx,d”
		mov temp,0                ;累加和初值
		mov esi,0                 ;以 esi 作为循环变量，相当于 i=0
mean1:mov eax,[ebx+esi*4]         ;eax<==d[i]
		add temp,eax              ;temp=temp+d[i];
		inc esi                   ;add esi,1          ;i++
		cmp esi,num               ;比较 i（存于 esi）与 num（数组元素个数）
		jb   mean1                ;如果 esi 低于 ecx（即 i<num）则转 mean1
		mov eax,temp              ;累加和 temp 转存 eax
		cdq                       ;扩展 eax，即 edx|eax<==eax
		idiv num                  ;作整数除，即(edx|eax)/num=eax...edx
		mov temp,eax              ;将商部分存 temp
	}
	return temp;
}
```

第 4 章

CPU 指令系统

本章主要介绍 Win32 汇编语言指令系统，包括 80386 及以上系统结构、CPU（中央处理器）指令系统等。指令系统的指令比较多，有些指令是非用不可的，而有些指令用了能使程序更精简，但可以用其他指令代替以实现其功能。如变量 i 加 1 指令“INC i”多数情况下可用“ADD i,1”指令代替；还有些指令要有特定权限才能执行特定功能，如 IN/OUT 等指令。因此，可以选择掌握那些非用不可的指令，了解可替代指令，暂时不学特定权限指令等。通过本章的学习，读者应该完成以下学习目标：

（1）了解计算机系统的组成，熟悉 32 位寄存器组，了解标志寄存器各标志位的作用。

（2）熟悉多字节数值数据和字符串数据的存储原则。

（3）了解 80X86 的 3 种工作模式。

（4）掌握操作数寻址方式和使用场合。

（5）熟悉数据传送指令 MOV 的作用和限制，熟悉填充指令 MOVSX/MOVZX 的使用方法和场合，了解交换指令 XCHG 和 BSWAP 的作用。

（6）掌握字节查表转换指令 XLAT/XLATB 的作用。

（7）掌握出入栈指令 PUSH/POP 的使用方法。

（8）掌握 LEA 取地址和 ADDR/OFFSET 取地址的作用与区别。

（9）掌握进位位 CF 和方向位 DF 相关操作指令。

（10）掌握加减乘除指令 ADD/SUB/IMUL/IDIV 和带进（借）位加减指令 ADC/SBB。

（11）了解加减 1 指令 INC/DEC 的使用方法。

（12）掌握类型转换指令 CDQ 等的使用方法。

（13）掌握比较指令 CMP 和测试指令 TEST 的使用方法，其中涉及转移指令 JNZ 和 JMP 的使用。

（14）结合第 7 章掌握调整指令实现大数运算。

（15）掌握逻辑运算指令以实现复杂逻辑运算。

（16）掌握算术移位指令（SAL/SAR）实现有符号数乘除 2^n。

（17）掌握逻辑移位指令（SHL/SHR）实现无符号数乘除 2^n。

（18）掌握双精度移位指令（SHLD/SHRD）实现二进制位的组合。

（19）结合重复指令（REP/REPE/REPNE）掌握移串（MOVS）、取串（LODS）、存串（STOS）、串比较（CMPS）、串扫描（SCAS）指令的使用方法和场合，其中涉及.IF 伪指令的使用。

（20）了解空操作指令 NOP 的使用场合。

4.1 系统结构

1985 年，Intel 公司推出了 32 位结构（Intel Architecture-32，IA-32）的 80386 微处理器，其数据总线和地址总线都是 32 位的，可寻址 4GB（2^{32}B）的内存空间，其系统结构如图 4-1 所示。

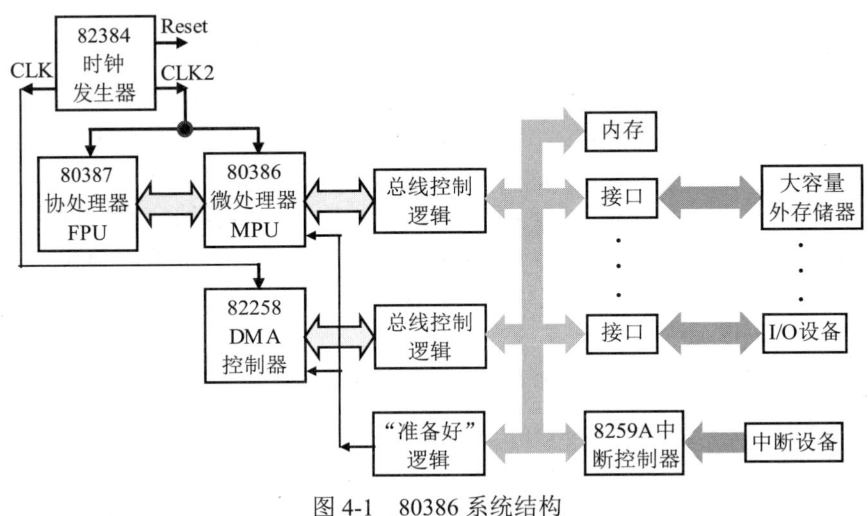

图 4-1　80386 系统结构

1. 80386 微处理器

80386 微处理器简称 MPU，习惯称其为 CPU，是系统的主要控制部件，从存储器中取出的指令主要在 80386 微处理器中执行。

2. 82384 时钟发生器

计算机通电时，首先由 82384 时钟发生器产生整机复位信号（Reset），使计算机各个部件处于初始状态，如设置指令指针寄存器（EIP）的初值为 FFFFFFF0H，使系统通电后首先从该单元开始执行，因此，只要在此单元位置存放一条转移指令，转到引导程序入口，这样就开始了计算机系统的工作。

82384 时钟发生器还为 80386 及其相关芯片提供时钟信号。它输出两种时钟信号：CLK2 和 CLK。CLK2 是 CLK 的倍频，作为微处理器和协处理器的时钟信号；CLK 作为其他电路的时钟信号。

3. 80387 协处理器

协处理器与微处理器并行工作，执行浮点指令，完成浮点数运算和高精度整型数运算。

4. 总线控制逻辑

总线控制逻辑对 80386 输出的总线周期定义信号（$M/\overline{IO}$、$D/\overline{C}$、$W/\overline{R}$）进行译码，产生相应周期的操作命令（如存储器读命令 $\overline{MRDC}$、存储器写命令 $\overline{MWTC}$、I/O 读命令 $\overline{IORC}$、

I/O 写命令 $\overline{IOWC}$ 和中断响应信号 $\overline{INTA}$ 等）以及控制信号（数据收发控制信号 DT/$\overline{R}$、数据传送允许信号 DEN 和地址锁存信号 ALE）。

5. 中断控制器

在 80386 系统中，也采用 8259A 或与之相当的逻辑来管理外部硬件中断。

6. 82258DMA 控制器

早期数据输入输出都要经过 CPU（如“IN AL,DX”和“OUT DX,AL”），效率低，后来采用 DMA 方式。DMA 控制器用来控制内存和 I/O 设备之间的直接数据传输。在 80386 时代采用 DMA 方式进行数据传输的典型 I/O 设备是硬盘和软盘驱动器。

在早期的 80386 系统中，中断控制逻辑、DMA 控制器等控制逻辑采用高集成度的芯片，后来出现了控制芯片组。如 82380，一片高集成度芯片中包括以下逻辑：

- 32 位的 8 通道 DMA 控制器。
- 与 3 片 82C59A 相当的中断控制器。
- 与 4 片 82C54 相当的可编程计数器/定时器。
- DRAM 刷新控制器（含 24 位的刷新地址计数器和判断逻辑）。
- 其他，如可编程的 READY 信号产生器。

因此，图 4-1 所示的中断控制逻辑、DMA 控制器以及 READY 逻辑可用一片 82380 实现。

需要指出的是，图 4-1 所示仅是 80386 系统组成的主要部分，还有一些组成部分没有反映出来，如高速缓冲存储器及其控制器。在早期的 80386 系统中，高速缓存控制器一般采用 82385，它可控制容量为 32KB 的高速缓存。

4.2 80386 微处理器结构

Intel80386 微处理器包括指令部件、执行部件和存储管理部件等。指令部件完成取指及指令译码功能，并产生控制信号；执行部件包括 ALU、乘法部件、寄存器组等；存储管理部件用来确定存储器地址。

80386 微处理器通过引脚与内存储器等部件连接，主要引脚如图 4-2 所示，各引脚功能如下。

- D31~D0：32 位数据总线，是传送数据的双向总线。
- A31~A2、$\overline{BE3}$ ~ $\overline{BE0}$：A31~A0 是 32 位地址总线，其中 A1、A0 在 80386 内部转成“字节使能”信号 $\overline{BE3}$ ~ $\overline{BE0}$，分别作为字节 3~字节 0 的选择信号。

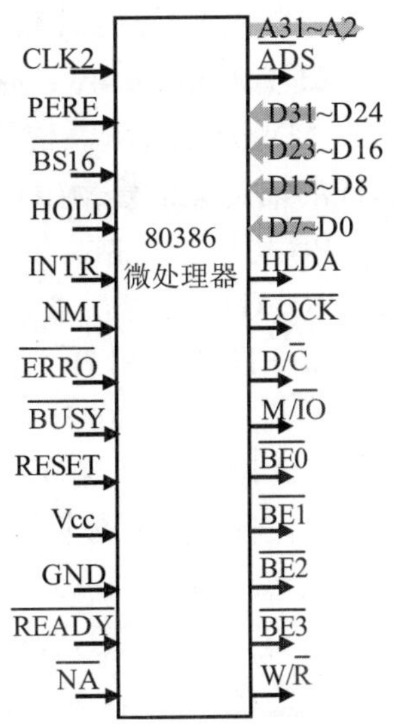

图 4-2 80386 引脚示意图

当 CPU 按字节读写时，A1、A0 两根地址线控制 $\overline{BE3}$ ~ $\overline{BE0}$ 4 根使能信号线使其仅一根有效，即当 A1A0=00 时，仅 $\overline{BE0}$ = 0 有效，而其他 3 根为 1 无效；当 A1A0=01 时，仅 $\overline{BE1}$ = 0 有效，而其他 3 根为 1 无效；当 A1A0=10 时，仅

$\overline{BE2}=0$ 有效，而其他 3 根为 1 无效；当 A1A0=11 时，仅 $\overline{BE3}=0$ 有效，而其他 3 根为 1 无效；相当于一个 2-4 译码器。

当 CPU 按字读写时，A1、A0 两根地址线控制 $\overline{BE3}\sim\overline{BE0}$ 4 根使能信号线使其有两根有效，即当 A1A0=00 时，$\overline{BE0}\sim\overline{BE1}=0$ 有效，而其他两根为 1 无效；当 A1A0=01 时，$\overline{BE1}=\overline{BE2}=0$ 有效，而其他两根为 1 无效；当 A1A0=10 时，$\overline{BE2}=\overline{BE3}=0$ 有效，而其他两根为 1 无效；当 A1A0=11 时，则要分两次使 $\overline{BE3}=0$ 和 $\overline{BE0}=0$（非对齐访问存储单元），而其他 3 根为 1 无效。

当 CPU 按双字读写时，A1、A0 两根地址线控制 $\overline{BE3}\sim\overline{BE0}$ 4 根使能信号线使其有 4 根有效，即当 A1A0=00 时，$\overline{BE3}\sim\overline{BE0}$ 4 根同时全有效，其他情况则分两次使 $\overline{BE3}\sim\overline{BE0}$ 有效，如表 4-1 所示。

表 4-1 80386 末两位地址取不同值时字节使能信号

A1A0	字节访问	字访问	双字访问
00	$\overline{BE0}=0$	$\overline{BE0}=\overline{BE1}=0$	$\overline{BE0}=\overline{BE1}=\overline{BE2}=\overline{BE3}=0$
01	$\overline{BE1}=0$	$\overline{BE1}=\overline{BE2}=0$	$\overline{BE1}=\overline{BE2}=\overline{BE3}=0$ 和 $\overline{BE0}=0$ 分两次
10	$\overline{BE2}=0$	$\overline{BE2}=\overline{BE3}=0$	$\overline{BE2}=\overline{BE3}=0$ 和 $\overline{BE0}=\overline{BE1}=0$ 分两次
11	$\overline{BE3}=0$	$\overline{BE3}=0$ 和 $\overline{BE0}=0$ 分两次	$\overline{BE3}=0$ 和 $\overline{BE0}=\overline{BE1}=\overline{BE2}=0$ 分两次

- CLK2：输入到 80386 的时钟。
- RESET：复位信号，使系统重新从 FFFFFFF0H 单元开始执行。
- $M/\overline{IO}$、$D/\overline{C}$、$W/\overline{R}$、$\overline{LOCK}$：总线周期定义信号。

80386 与存储器或 I/O 设备之间传送（读写）一个数据的时间称为总线周期。最基本的总线定义信号是 $M/\overline{IO}$、$D/\overline{C}$ 和 $W/\overline{R}$，其中 $D/\overline{C}$ 控制是访问数据（$D/\overline{C}=1$）还是取指令（$D/\overline{C}=0$）；$M/\overline{IO}$ 控制是访问存储器（$M/\overline{IO}=1$）还是 I/O 设备（$M/\overline{IO}=0$）；$W/\overline{R}$ 控制是写数据（$W/\overline{R}=1$）还是读数据（$W/\overline{R}=0$）；$\overline{LOCK}$ 为总线锁定信号，当它为低电平时，不允许打断当前总线周期的操作。

- $\overline{ADS}$、$\overline{NA}$、$\overline{BS16}$、$\overline{READY}$：总线控制信号。

$\overline{ADS}$ 是地址状态信号，该信号为低电平时，表示地址 A31~A2、字节使能 $\overline{BE3}\sim\overline{BE0}$、总线周期定义信号 $M/\overline{IO}$、$D/\overline{C}$、$W/\overline{R}$ 已经有效，80386 可以读取数据总线上的数据了，或 CPU 可以向数据总线写数据了，当存储器或 I/O 设备控制器完成读或写操作后，向 80386 发出 $\overline{READY}$ 信号，表示结束本次总线周期，使 80386 进入下一个总线周期或空闲状态。

- HOLD 和 HLDA：总线仲裁信号。

计算机中除 80386 可以控制总线外，其他 I/O 设备也可以控制总线。当 80386 访问内存或 I/O 设备时，由 80386 控制总线，此时称 80386 为主设备，内存或 I/O 设备为从设备；当 I/O 设备要输入数据到内存时，此时称 I/O 设备为主设备，内存为从设备。

当总线上除 80386 请求总线控制权时，如某 I/O 设备请求传送数据，这时该 I/O 设备就会发出占用总线的请求（HOLD），当 80386 允许释放总线时，就发出应答信号 HLDA，并放弃总线控制权，这时 HOLD 信号是唯一送到 80386 引脚上的信号，80386 其余引脚，如 D31~D0、$\overline{BE3}\sim\overline{BE0}$、A31~A2、$M/\overline{IO}$、$D/\overline{C}$、$W/\overline{R}$、$\overline{LOCK}$ 和 $\overline{ADS}$ 都处于三态输出

的高阻状态，从而使请求总线制控权的设备可以占用它们。

- INTR 和 NMI：中断请求信号和不可屏蔽中断请求信号。
- PEREQ、$\overline{\text{BUSY}}$ 和 $\overline{\text{ERROR}}$：协处理器接口信号。

PEREQ 为协处理器请求信号，表示协处理器要求 80386 在存储器与协处理器之间传递一个操作数。

$\overline{\text{BUSY}}$ 为协处理器忙信号，表示协处理器正在执行一条指令，此时不能再接收另一条指令。

$\overline{\text{ERROR}}$ 为协处理器出错信号，表示协处理器在执行过程中产生了某种故障。

除此之外，80386 还有连接电源和接地的引脚。

4.3 CPU 寄存器

CPU 寄存器是 CPU 中的存储单元，大多数有特定的作用。因为要兼容 16 位，所以仍保留 16 位寄存器；同时，为区别于 16 位，扩展为 32 位的寄存器都加前缀字母“E”。

4.3.1 16 位寄存器组

16 位 CPU 所含有的寄存器有（如图 4-3 所示中 16 位寄存器部分）：

4 个数据寄存器（AX、BX、CX 和 DX） 2 个变址和指针寄存器（SI 和 DI）

2 个指针寄存器（SP 和 BP） 4 个段寄存器（ES、CS、SS 和 DS）

1 个指令指针寄存器（IP） 1 个标志寄存器（Flags）

4.3.2 32 位寄存器组

32 位 CPU 除了包含了先前 CPU 的所有寄存器，并把通用寄存器、指令指针和标志寄存器从 16 位扩充成 32 位之外，还增加了两个 16 位的段寄存器：FS 和 GS。

32 位 CPU 所含有的寄存器有（如图 4-3 所示）：

4 个数据寄存器（EAX、EBX、ECX 和 EDX） 2 个变址和指针寄存器（ESI 和 EDI）

2 个指针寄存器（ESP 和 EBP） 6 个段寄存器（ES、CS、SS、DS、FS 和 GS）

1 个指令指针寄存器（EIP） 1 个标志寄存器（EFlags）

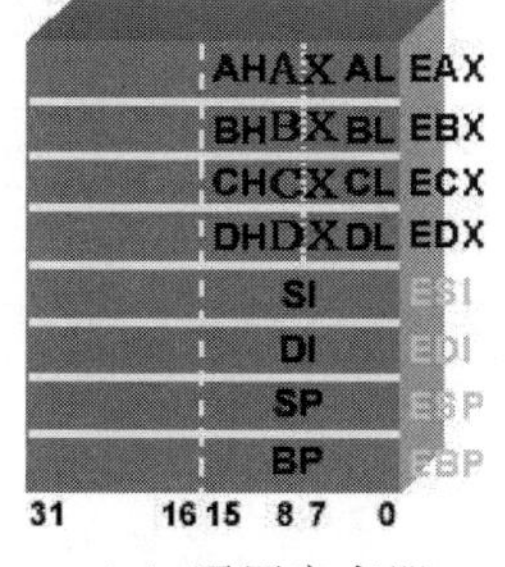

（a）通用寄存器

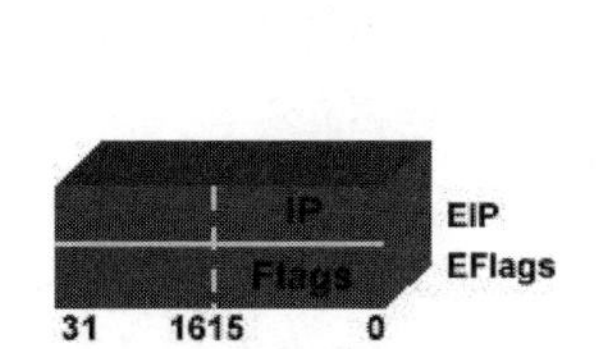

（b）指令指针和标志寄存器

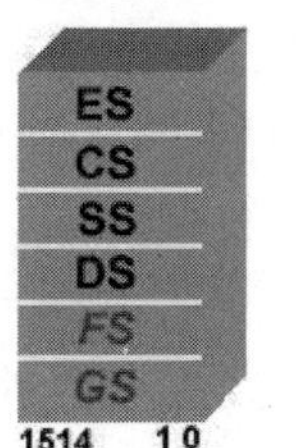

（c）段寄存器

图 4-3 CPU 寄存器

通用寄存器组包括 EAX、EBX、ECX、EDX、ESI、EDI、EBP 和 ESP 等 8 个 32 位寄

存器（字母“E”代表扩展（extended）），这 8 个 32 位寄存器的低两个字节对应由 8 个 16 位寄存器 AX、BX、CX、DX、SI、DI、BP 和 SP 组成，AX、BX、CX 和 DX 又对应由 8 个 8 位寄存器 AH 和 AL、BH 和 BL、CH 和 CL、DH 和 DL 组成。

例如，EAX 的低两个字节是 AX，AX 的高低字节对应 AH 和 AL，若 EAX 的值是 12345678H，则 AX 的值为 5678H，AH 的值为 56H，AL 的值为 78H，如图 4-4 所示。

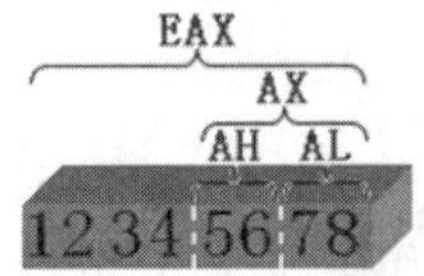

图 4-4　EAX 寄存器值为 12345678H

通用寄存器中，EAX、EBX、ECX 和 EDX 作数据寄存器；ESI 和 EDI 作变址寄存器，用于串操作指令；EBP 和 ESP 作指针寄存器，EBP 是基址指针，用于访问局部变量和形实参数，ESP 是堆栈指针，用于指向栈顶。

4.3.3　标志寄存器 EFlags

16 位 CPU 内部有一个 16 位的标志寄存器，它包含 9 个标志位；32 位 CPU 将标志寄存器扩展为 32 位，增加了 4 个标志位。这些标志位主要用来保存 CPU 运算结果的特征和实现程序运行的控制。各标志位在标志寄存器内的分布如图 4-5 所示。

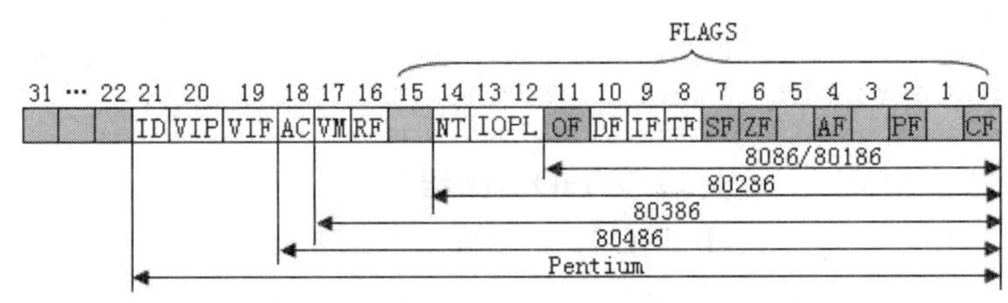

图 4-5　16 位/32 位标志寄存器的示意图

上述标志位可分为 3 组：反映运算结果的状态标志（有背景色的标志位，即 CF、PF、AF、ZF、SF 和 OF）；控制串操作指令下一个源地址或目的地址改变方向的控制标志（DF）；控制操作系统或核心管理程序操作方式的系统标志（TF、IF、IOPL、NT、RF、VM、AC、VIF、VIP 和 ID）。

有些指令的执行会改变标志位（如算逻运算指令等），不同的指令会影响不同的标志位；有些指令的执行不改变任何标志位（如 MOV 指令等）；有些指令的执行会受标志位的影响（如条件转移指令等），也有指令的执行不受其影响。

（1）进（借）位标志 CF（Carry Flag）

进（借）位标志 CF 主要用来反映算术运算是否产生进位（加法）或借位（减法）。若运算结果的最高位产生进位或借位，则 CF 为 1，否则为 0。

使用该标志位的情况有：多字（字节）数的加减运算，无符号数的大小比较运算，移位操作，字（字节）之间移位，专门改变 CF 值的指令等。

（2）奇偶标志 PF（Parity Flag）

奇偶标志 PF 用于反映运算结果中“1”的个数的奇偶性。若“1”的个数为偶数，则

PF 为 1，否则为 0。

利用 PF 可进行奇偶校验检测，或以此产生奇偶校验位。例如，在 ASCII 字符传输过程中，若通信双方事先约定采用偶校验，则发送方在发送之前检测一下字符中“1”的个数，若是偶数个，则直接发送，若是奇数个，则最高位置“1”，然后再发送；接收方接收到一个字符后，若检测到所接收的字符“1”的个数为偶数个，则认为所接收到的字符是正确的，否则认为所接收到的字符是不正确的。

（3）半进（借）位标志 AF（Adjust Flag）

最低字节的低 4 位向高 4 位进位或借位时，半进（借）位标志 AF 为 1，否则为 0。

半进（借）位标志 AF 只用于数字字符加法调整指令 AAA 和数字字符减法调整指令 AAS。

（4）零标志 ZF（Zero Flag）

零标志 ZF 用于反映运算结果是否为 0。若运算结果为 0，则 ZF 为 1，否则为 0；用于判断运算结果是否为 0 或相等的条件转移指令。

（5）符号标志 SF（Sign Flag）

符号标志 SF 用于反映运算结果的符号，它与运算结果的最高位相同。若运算结果为负数，则 SF 为 1，否则为 0。

（6）溢出标志 OF（Overflow Flag）

溢出标志 OF 用于反映有符号数加减运算所得结果是否溢出。若运算结果超过当前运算位数所能表示的范围，则称为溢出，OF 为 1，否则为 0。

（7）方向标志 DF（Direction Flag）

方向标志 DF 用来决定每执行完一次串操作指令后变址指针寄存器 ESI/EDI 是加 1、2 和 4（DF=0 时）还是减 1、2 和 4（DF=1 时），详见串操作指令。执行 STD 指令使 DF 为 1，执行 CLD 指令使 DF 为 0。

（8）追踪标志 TF（Trap Flag）

当追踪标志 TF 为 1 时，CPU 进入单步执行方式，即每执行一条指令，产生一个单步中断请求。这种方式主要用于程序的调试。

指令系统中没有专门指令来改变标志位 TF 的值，但程序员可用其他办法来改变其值。

（9）中断允许标志 IF（Interrupt-enable Flag）

中断允许标志 IF 是用来决定 CPU 是否响应 CPU 外部的可屏蔽中断发出的中断请求。但不管该标志为何值，CPU 都必须响应 CPU 外部的不可屏蔽中断所发出的中断请求，以及 CPU 内部产生的中断请求。具体规定是：

① 若 IF=1，则 CPU 可以响应 CPU 外部的可屏蔽中断发出的中断请求。

② 若 IF=0，则 CPU 不响应 CPU 外部的可屏蔽中断发出的中断请求。

指令系统中用 STI 指令来开中断（使 IF=1），用 CLI 指令来关中断（使 IF=0）。

（10）I/O 特权标志 IOPL（I/O Privilege Level Field）

I/O 特权标志用两位二进制位来表示，也称为 I/O 特权级字段。该字段表明当前运行程序或任务访问 I/O 指令的特权级（IOPL）。

若当前运行程序或任务的特权级别（CPL）在数值上小于等于 IOPL（默认为 00B）的值，则可执行 I/O 指令，否则将发生一个保护异常。

该字段的值只能被运行于 CPL=0 的程序或任务通过 POPF/POPFD 指令或 IRET 指令进

行修改，因此，一般用户程序（CPL=3）是无法执行 I/O 指令的。

（11）嵌套任务标志 NT（Nested Task Flag）

嵌套任务标志 NT 用于指示当前任务是否嵌套于另一任务之内，若 NT 为 1，则表示当前任务嵌套于前一任务，否则表示当前任务不嵌套于其他任务。

当执行 CALL 指令或中断或异常时，CPU 使 NT=1；当任务执行完成返回时，通过 IRET 指令使 NT=0。NT 标志位也可以在应用程序中用 POPF/POPFD 指令显式地对其置位或复位，但这可能会产生无法预料的异常。

（12）恢复标志 RF（Resume Flag）

恢复标志 RF 用来控制 CPU 是否接受指令断点的调试异常。若 RF=0，则表示接受调试异常，否则不接受。

该标志位一般由调试器设置，可以在刚进入调试异常时暂时关闭新调试异常，以避免在调试异常时又立即进入另一次调试异常。

（13）虚拟 8086 模式标志 VM（Virtual-8086 Mode Flag）

若 VM 为 1，则表示 CPU 处于虚拟 8086 模式，否则处于保护模式。

（14）对齐检查标志 AC（Alignment Check Flag）

若 AC 为 1 且控制寄存器 CR0 的 AM 标志位也为 1，则允许对内存地址进行对齐检查，否则不允许进行对齐检查。

当程序特权级为 3 且运行于用户模式时，若地址不对齐（字访问时地址为奇数、双字访问时地址不能被 4 整除），将产生对齐检查异常。

CPU 以非对齐地址访问内存，时间可能较长，若要求必须对齐时，则要进行对齐检查。

（15）虚拟中断标志 VIF（Virtual Interrupt Flag）

VIF 为 IF 标志的虚拟映像，与 VIP 标志配合使用。允许多任务环境下应用程序有虚拟的系统 IF 标志。

（16）虚拟中断挂起标志 VIP（Virtual Interrupt Pending Flag）

若 VIP 为 1 表示有挂起的中断，否则没有挂起的中断。一般由软件对其置位或复位，CPU 仅读取，与 VIF 标志配合使用。

（17）识别标志 ID（Identification Flag）

若 ID 位能被置位或复位，则说明 CPU 支持 CPUID 指令。

CPUID 指令能提供 CPU 的厂商、系列号等信息。

4.4 80X86 处理器工作模式

80X86 指 8086、80286、80386、80486 等，8086/8088、80286 是 16 位 CPU，其工作模式是 8086 模式，不是本书介绍重点，不单独介绍。80386 及以后处理器（如 80486、80586 等）才是 32 位的 CPU。习惯用 80386+表示 80386 及以后处理器。为兼容 8086 模式，在 80386+中虚拟 8086 模式就是用 80386+CPU 运行 8086 指令或程序，即模拟 8086 模式。

80386 及以后处理器有 3 种工作模式：实模式、保护模式和虚拟 8086 模式。纯 DOS 操作系统运行于实模式，Windows 操作系统运行于保护模式，Windows 环境下命令提示方式运行纯 DOS 应用程序属于虚拟 8086 模式。需注意的是，TC 等开发的应用程序属于纯 DOS 应用程序，运行于虚拟 8086 模式，在 Windows 下运行时首先启动 NTVDM（NT Virtual DOS Machine），再通过 NTVDM 加载纯 DOS 应用程序；但 VC 和 Win32 汇编语言等开发的 32 位控制台应用程序在 Windows 下运行时并不启动 NTVDM，而是直接运行于保护模式。

1. 实模式

所有系统在刚启动的时候都是实模式，实模式下存储器的地址由段寄存器的内容乘以 16 作为基地址，再加上段内的偏移地址形成最终的 20 位的物理地址，即使是 32 位环境，也只能使用低 20 位，寻址空间为 1MB。

实模式下不支持多任务，因为纯 DOS；也不支持优先级，相当于所有指令都工作于特权级（ring0），用户程序可以随便修改系统中的数据，包括操作系统和其他应用程序。

2. 保护模式

保护模式（Windows 环境）下，使用 32 位地址，寻址空间可达 4GB，支持多任务和优先级，段寄存器的作用也有所变化，只有操作系统运行于 ring0 上可以修改段寄存器，而用户程序运行于 ring3 是不可修改段寄存器的，因此，Win32 汇编语言一般不再介绍段寄存器的相关知识。

3. 虚拟 8086 模式

虚拟 8086 模式是为了 Windows 环境（保护模式）下运行纯 DOS 程序而设置的。8086 程序中的特权指令在 Windows 环境下运行会产生异常，它们可能被模拟实现，也可能被忽略。

4.5 存 储 器

计算机中当前正在运行的程序和数据都存放在内存中，为了方便操作每个存储单元中的数据，我们给每个存储单元一个编号，这个编号就叫存储单元的地址，而这个存储单元中的数据就叫存储单元的内容。

在 Win32 汇编语言中，地址都用 32 位二进制数表示，为了阅读和书写的方便，一般都用 8 位十六进制数表示。

一个数值数据，有多个字节，需要占用多个存储单元，一般按照“高高低低”的原则进行存储，即高地址存高字节，低地址存低字节，且以低字节所在地址称之为这个数据的地址。

数据 41424344H 存于 00403000H 单元，则表示 44H 存于 00403000H 单元、43H 存于 00403001H 单元、42H 存于 00403002H 单元、41H 存于 00403003H 单元，可用符号表示为 [00403000H]←41424344H，相当于执行如下一条指令：

```
MOV DWORD PTR ds:[00403000H],41424344H
```

也相当于执行如下两条指令：

```
MOV WORD PTR ds:[00403000H],4344H
MOV WORD PTR ds:[00403002H],4142H
```

同样也相当于执行如下 4 条指令：

```
MOV BYTE PTR ds:[00403000H],44H
MOV BYTE PTR ds:[00403001H],43H
MOV BYTE PTR ds:[00403002H],42H
MOV BYTE PTR ds:[00403003H],41H
```

执行过程中 3 大总线的数据如图 4-6 所示，执行结果如图 4-7 所示。

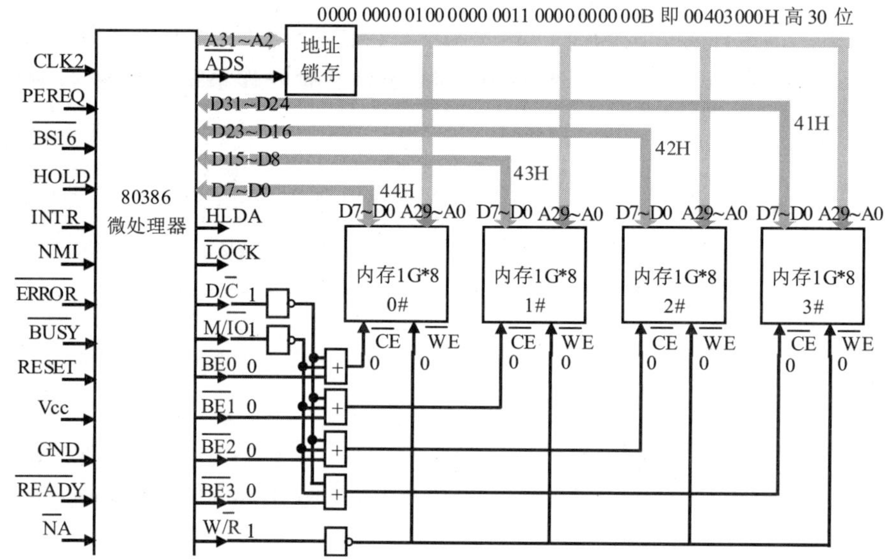

图 4-6 80386CPU 与存储器连接示意图

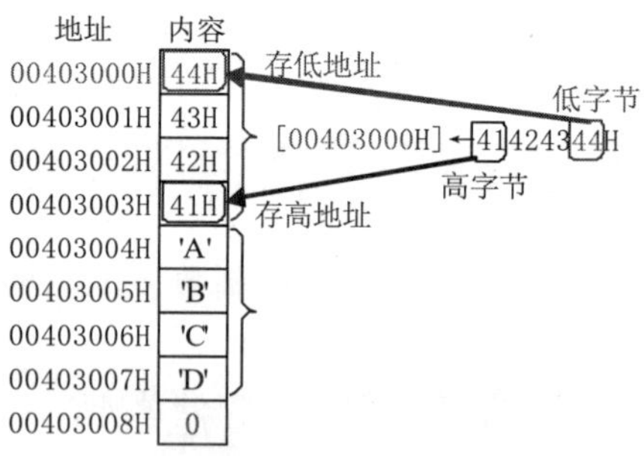

图 4-7 数值数据、字符串存储示意图

数据 41424344H 存 00403000H 单元对应的 4 个地址的二进制数如下：

00403000H=0000 0000 0100 0000 0011 0000 0000 0000B

00403001H=0000 0000 0100 0000 0011 0000 0000 0001B

00403002H=0000 0000 0100 0000 0011 0000 0000 0010B

00403003H=0000 0000 0100 0000 0011 0000 0000 0011B

它们的高 30 位地址都是 0000 0000 0100 0000 0011 0000 0000 00B，执行写数据时，从 CPU 的 A31~A2 这 30 根地址线发出地址信号，用于选择图 4-6 中 4 片存储芯片各一个存储单元，共 4 个字节单元，因为是写双字，即写 4 个字节，所以 4 根字节使能信号线 $\overline{BE3}$ ~ $\overline{BE0}$ 都发出低电平（有效），数据 41424344H 分成 4 个字节分别写入 3#~0# 4 个存储芯片。

若执行的是“MOV BYTE PTR ds:[00403003H],41H”指令，则所要写的存储单元的地址是 00403003H，高 30 位地址仍是 0000 0000 0100 0000 0011 0000 0000 00B，从 CPU 的 A31~A2 这 30 根地址线发出地址信号也是一样，仍是 4 片存储芯片各一个存储单元，但 4 根字节使能信号线 $\overline{BE3}$ ~ $\overline{BE0}$ 所发出的电平不同，因为以上指令只写一个字节数据，且地址 00403003H 低两位的值是 11B，所以只有 $\overline{BE3}$ 发出低电平（有效），而其他 3 根则发出高电平（无效），这样，只有第 3#存储芯片被选中（只有该存储芯片的 $\overline{CE}$ 引脚输入低电平）、允许写入数据。

其他指令的执行过程中情况类似。

下面分析执行“MOV DWORD PTR ds:[00403001H],41424344H”指令的运行情况。因为该指令指定要写数据 41424344H 以双字（DWORD PTR）写入[00403001H]单元，则意味着从[00403001H]开始的 4 个存储单元依次写入 44H、43H、42H 和 41H 4 个字节数据，对应的地址二进制数如下：

00403001H=0000 0000 0100 0000 0011 0000 0000 0001B
00403002H=0000 0000 0100 0000 0011 0000 0000 0010B
00403003H=0000 0000 0100 0000 0011 0000 0000 0011B
00403004H=0000 0000 0100 0000 0011 0000 0000 0100B

由此可知，前 3 个地址的高 30 位地址都是 0000 0000 0100 0000 0011 0000 0000 00B，但第 4 个地址的高 30 位地址却是 0000 0000 0100 0000 0011 0000 0000 01B，意味着执行写数据时，不能在同一时间，从 CPU 的 A31~A2 这 30 根地址线发出两个不同的地址信号，这样只能把一条指令分两次来执行，前一时间段写[00403001H]~[00403003H] 3 个字节数据，后一时间段写[00403004H]一个字节数据，执行时间就要加倍了。我们把这种情况的数据访问称为非对齐数据访问，应尽量避免。

若要对齐访问数据，只需保证双字访问时所访问地址末两位为 00B 即地址能被 4 整除，字访问时所访问地址末位为 0B 即地址为偶数。

如图 4-7 前 4 个字节的数据相当于定义如下变量：

```
Val DWORD 41424344H                    ;数据段默认起始地址为 00403000H
```

对于多个字符数据即字符串，一般按照“从左到右”的原则依次从低到高存储。

字符串'ABCD'存于 00403004H 单元，则表示字符'A'存于 00403004H 单元，字符'B'存于 00403005H 单元，字符'C'存于 00403006H 单元，字符'D'存于 00403007H 单元，字符串结束标志 0 存于 00403008H 单元，相当于图 4-7 再定义如下变量。

```
str BYTE 'ABCD',0
```

4.6 操作数寻址方式

汇编语言中的指令一般由操作码和操作数两部分组成。操作码指该指令所要执行的操作，而操作数则指该指令在执行过程中所要操作的对象。

操作数可以是一个常量、寄存器和存储单元共 3 种类型。

一条指令的操作数个数一般是 1~3 个，可以显式给出某几个操作数，也可以隐含某几个操作数，一般格式是：

```
操作码      操作数 1,…,操作数 n
```

当一条指令的操作数为两个时，则左边的操作数即操作数 1 称为第 1 操作数或目的操作数（destination operand，简称 dest 或 dst），右边的操作数即操作数 2 称为第 2 操作数或源操作数（source operand，简称 src），如

```
MOV  EAX,12345678H
```

表示操作码为 MOV，执行数据传送操作，源操作数为 12345678H，目的操作数为 EAX，实现功能是将源操作数 12345678H 传送给目的操作数 EAX。

1. 寄存器寻址方式

指令所要的操作数存于寄存器中，这种寻址方式称为寄存器寻址方式。

指令中可以引用的寄存器及其符号名称如下：

- 8 位寄存器：主要有 AH、AL、BH、BL、CH、CL、DH 和 DL 等。
- 16 位寄存器：主要有 AX、BX、CX、DX、SI、DI、SP、BP 和段寄存器等。
- 32 位寄存器：主要有 EAX、EBX、ECX、EDX、ESI、EDI、ESP 和 EBP 等。

寄存器寻址方式是一种简单快捷的寻址方式，源或目的操作数都可以是寄存器。

（1）源操作数是寄存器寻址方式

如：

```
VARD DWORD          12345678H       ;VARD 双字内存变量
VARW WORD           1234H           ;VARW 字内存变量
VARB BYTE           12H             ;VARB 字节内存变量
...
ADD VARD,EAX                        ;双字操作
ADD VARW,AX                         ;字操作
MOV VARB,AL                         ;字节操作
```

（2）目的操作数是寄存器寻址方式

如：

```
MOV EAX,12345678H                   ;双字操作
ADD AX,1234H                        ;字操作
ADD AL,12H                          ;字节操作
```

（3）源和目的操作数都是寄存器寻址方式

如：

```
MOV EAX,EBX                         ;双字操作
MOV AX,BX                           ;字操作
MOV AH,AL                           ;字节操作
```

操作数在寄存器中，执行时读/写存储器单元的次数相对较少，执行速度较快，应尽量

使用寄存器寻址方式。当然，汇编语言也不允许两个操作数都在存储单元中。

2. 立即寻址方式

源操作数是常量的寻址方式称立即寻址方式，这个常量称为立即数，因为当该指令被 CPU 读取并执行时，所要操作的数据就已经随指令被读入 CPU 了，不需要再从存储器或寄存器中读取数据了，所以称为立即寻址方式。

立即数可以是 8 位、16 位或 32 位，该数值紧跟在操作码之后。如果立即数为 16 位或 32 位，那么，它将按“高高低低”的原则进行存储（高地址存高字节、低地址存低字节）。如：

```
MOV EAX,12345678H                ;执行后 AX 的值为 5678H，AH 的值为 56H，AL 的值为 78H
```

又如：

```
D1      DWORD   12345678H        ;D1 双字内存变量
…
MOV D1,12345678H                 ;D1+0~D1+3 单元依次存放的值是 78H、56H、34H 和 12H
```

3. 直接寻址方式

指令所要的操作数存于内存中，指令直接给出该操作数的内存地址，这种寻址方式为直接寻址方式，书写时内存地址要加中括号。这种寻址方式用于全局变量，源程序显示的是变量名，编译后是具体的内存地址。如：

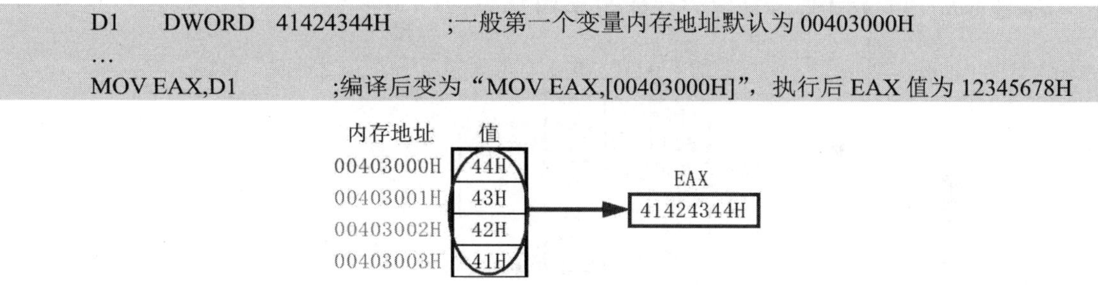

```
D1      DWORD   41424344H        ;一般第一个变量内存地址默认为 00403000H
…
MOV EAX,D1             ;编译后变为“MOV EAX,[00403000H]”，执行后 EAX 值为 12345678H
```


图 4-8 寄存器寻址方式

4. 寄存器间接寻址方式

通过寄存器获得操作数的地址，再通过该地址获得内存单元中的操作数，这种寻址方式称为寄存器间接寻址方式。为区别于寄存器寻址方式，书写时寄存器名要加中括号。如：

```
D1      DWORD   12345678H           ;假设 D1 变量内存地址为 00403000H
…
MOV EAX,OFFSET D1                   ;或“LEA EAX,D1”             ;取变量 D1 的地址
MOV EBX,[EAX]
```

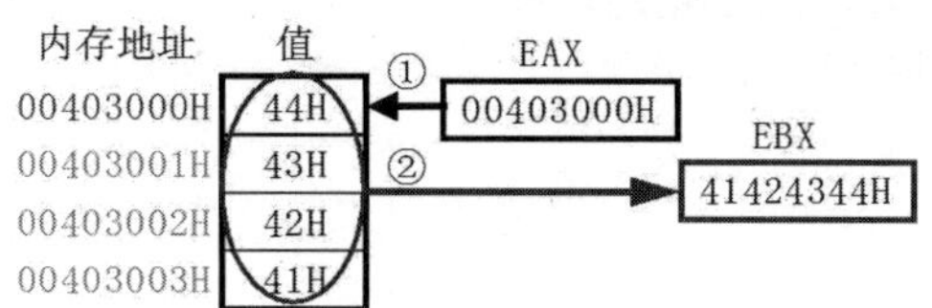

图 4-9 寄存器间接寻址方式

5. 寄存器相对寻址方式

用 32 位通用寄存器值加上偏移量值作为操作数的内存地址，这种寻址方式称为寄存器相对寻址方式。其表示形式如下：

```
偏移量[寄存器]
```

或

```
[寄存器+偏移量]
```

如：

```
_a$ = -4                          ;常量
…
MOV  EAX,DWORD PTR _a$[EBP]      ;EBP 值加_a$值作为内存地址，再将该内存单元内容传送给 EAX
```

局部变量和形式参数一般采用寄存器相对寻址方式，其对应的寄存器为 EBP，当偏移量为-4、-8…-4×n 时，则表示对应第一个局部变量[local.1]到第 n 个局部变量[local.n]；当偏移量为 8、12…4×(n+1)时，则表示对应第一个形式参数[arg.1]到第 n 个形式参数[arg.n]。

6. 基址变址寻址方式

基址变址寻址方式地址计算方法如图 4-10 所示。

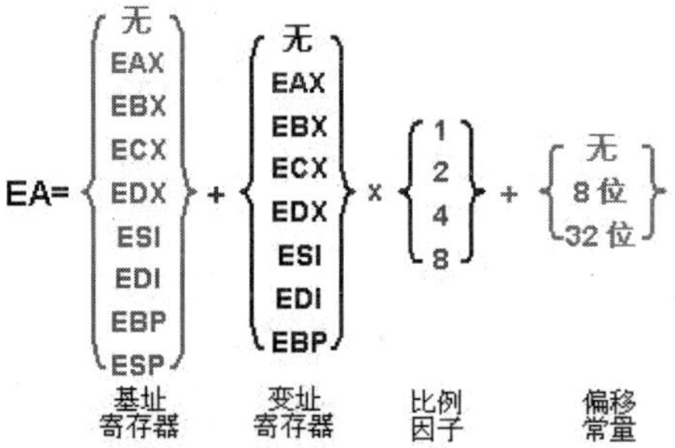

EA= {无, EAX, EBX, ECX, EDX, ESI, EDI, EBP, ESP}（基址寄存器） + {无, EAX, EBX, ECX, EDX, ESI, EDI, EBP}（变址寄存器） x {1, 2, 4, 8}（比例因子） + {无, 8 位, 32 位}（偏移常量）

图 4-10　基址变址寻址方式地址计算方法

基址变址寻址方式语法格式如下：

```
变量[变址寄存器*scale]
变量[变址寄存器*scale+offset]
变量[变址寄存器*scale-offset]
[基址寄存器+变址寄存器*scale]
[基址寄存器+变址寄存器*scale+offset]
[基址寄存器+变址寄存器*scale-offset]
变量[基址寄存器+变址寄存器*scale]
变量[基址寄存器+变址寄存器*scale+offset]
变量[基址寄存器+变址寄存器*scale-offset]
```

基址寄存器是任何一个 32 位通用寄存器，变址寄存器代表除 ESP 外的任何一个 32 位寄存器，比例因子 scale 是个常数，其值是 1、2、4 和 8 中任一个，偏移常量 offset 是一个常数。寻址方式中的变量用其所在地址参加计算。

寻址方式“变量[基址寄存器+变址寄存器*scale-offset]”的含义是：操作数的地址是变量的所在地址加基址寄存器的内容加变址寄存器*scale 的值再减常数 offset 的值。

例 4-1　输出 3×3 数组 a 从左上角到右下角对角线的元素值。

用 EBX 作数组 a 每行的基地址，因每行 3 元素，每元素 4 字节，故每下一行加 12；用 ESI 作数组 a 每行中每个元素的变址，因每元素 4 字节，故每下一元素加 1 后 4。

源程序如下：

```
.386                                    ;①选择的处理器
.model flat,stdcall                     ;②存储模型，Win32 程序只能用平展（flat）模型
option casemap:none                     ;③指明标识符大小写敏感
include         kernel32.inc            ;④要引用的头文件
includelib      kernel32.lib            ;要引用的库文件
includelib  msvcrt.lib                  ;引用 C 库文件
printf PROTO C:DWORD,:vararg;C 语言的 printf 函数原型声明
.data                                   ;⑤数据段
a SDWORD        1, 2, 3,
                4, 5, 6,
                7, 8, 9
i SDWORD        0
fmt     DB      '%d ',0
.code                                   ;⑥代码段
start:                                  ;⑦定义标号 start
MOV EBX,0     ;EBX 作数组 a 每行的基地址，因每行 3 元素，每元素 4 字节，故每下一行加 12
MOV ESI,0        ;ESI 作数组 a 每行中每个元素的变址，因每元素 4 字节，故每下一元素加 4
invoke printf,ADDR fmt,a[EBX+ESI*4];输出 a[EBX][ESI]，即 a[0][0]元素
Add EBX,12                              ;EBX 指向下一行，即 a[1]行
INC ESI                                 ;ESI 指向下一元素
invoke printf,ADDR fmt,a[EBX+ESI*4];输出 a[EBX][ESI]，即 a[1][1]元素
Add EBX,12                              ;EBX 指向下一行，即 a[2]行
INC ESI                                 ;ESI 指向下一元素
invoke printf,ADDR fmt,a[EBX+ESI*4] ;输出 a[EBX][ESI]即 a[2][2]元素
invoke ExitProcess,0                    ;⑧退出进程，返回值为 0
end     start                           ;⑨指明程序入口点 start
```

运行后输出：

```
1 5 9
```

4.7　数据传送类指令

4.7.1　通用数据传送 MOV/MOV[SZ]X

1. 传送指令 MOV（Move Instruction）

MOV 指令相当于高级语言里的赋值语句。语法格式如下：

```
mov Reg/Mem,Reg/Mem/Imm                 ;Reg/Mem←Reg/Mem/Imm
```

其中，Reg 表示 Register（寄存器），Mem 表示 Memory（存储器），Imm 表示 Immediate（立即数），它们可以是 8 位、16 位或 32 位（特别指出其位数的除外），Reg/Mem/Imm 都表示源操作数可以是寄存器、存储器、立即数 3 种类型的操作数，Reg/Mem 表示目的操作数可以是寄存器和存储器两种类型的操作数。

指令的功能是把源操作数的值传给目的操作数。指令执行后，目的操作数的值被改变，而源操作数的值不变，也不影响标志寄存器。

下面列举几组指令的例子：

（1）源操作数是寄存器

```
mov edx,ecx                      ;寄存器 ecx 的值存入寄存器 edx
mov x,ebx                        ;寄存器 ebx 的值存入变量 x 位置（一般是全局变量）
mov DWORD PTR _x$[ebp],eax       ;寄存器 eax 的值存入[ebp+_x$]位置（一般是局部变量）
```

（2）源操作数是存储单元

```
mov eax,x+4                      ;变量 x 加 4 字节位置的值存入寄存器 eax
mov eax,DWORD PTR _x$[ebp]       ;[ebp+_x$]位置的值存入寄存器 eax
```

（3）源操作数是立即数

```
mov eax,12345678H+4              ;十六进制数 12345678 加 4 的值存入寄存器 ecx
mov DWORD PTR _x$[ebp],0100 0001B;二进制数 0100 0001 存入[ebp+_x$]位置
mov DWORD PTR [esp],17O          ;八进制数 17 存入[esp]位置（相当于改栈顶元素的值）
```

在汇编语言中，寄存器、存储器、立即数之间 MOV 指令允许的数据传送如图 4-11 所示。

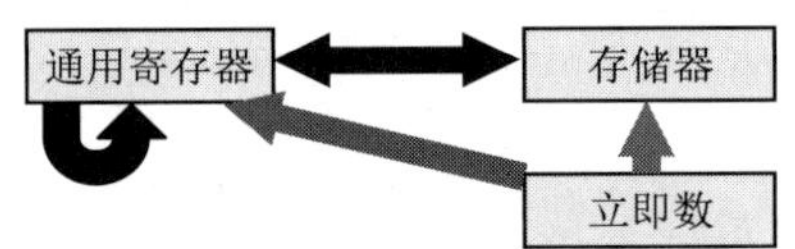

图 4-11　MOV 指令允许的数据传送

对 MOV 指令有以下 3 条规定（这些规定对其他指令同样有效）：

- 两个操作数的数据类型要相同，要同为 8 位、16 位或 32 位，如“MOV BL,AX”是不正确的。
- 立即数不能作为目的操作数，如“mov 100h,eax”是错误的。
- 两个操作数不能同时为存储单元，如“mov y,x”是不正确的，其中 x 和 y 是同数据类型的内存变量。

对于不正确的指令“mov y,x”，可以用通用寄存器作为中转来达到最终目的，如：

```
mov eax,x
mov y,eax
```

对于不同位数数据之间的传送问题，在 80386+以后，增加了一组新指令 MOVSX/MOVZX，它可把位数少的源操作数传送给位数多的目的操作数，多出的部分按规定填充。

2. 传送填充指令（MOV[SZ]X）

传送填充指令是把 8 位或 16 位的源操作数传送给 16 位或 32 位的目的操作数。指令格

式如下：

```
MOVSX   Reg/Mem,Reg/Mem/Imm    ;80386+
MOVZX   Reg/Mem,Reg/Mem/Imm    ;80386+
```

其中，80386+表示 80386 及其之后的 CPU，其他类似符号含义类似。

指令的主要功能和限制与 MOV 指令类似，不同之处是，在传送时对目的操作数的高位用符号位或 0 进行填充，具体功能如图 4-12 所示。

（a）符号填充指令 MOVSX 的执行效果

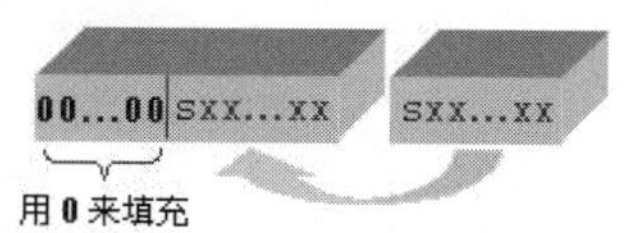

（b）零填充指令 MOVZX 的执行效果

图 4-12　传送填充指令执行过程示意图

（1）符号填充指令 MOVSX（Move with Sign-Extend）

MOVSX 的填充方式是：用源操作数的符号位来填充目的操作数的高位。

（2）零填充指令 MOVZX（Move with Zero-Extend）

MOVZX 的填充方式是：用 0 来填充目的操作数的高位。

例 4-2　字节数据-1 用符号填充指令和零填充指令分别给 EBX 和 ECX 赋值后的结果。

字义字节（BYTE）变量 x，并赋初值为-1，然后分别用 MOVSX 和 MOVZX 给 EBX 和 ECX 赋值，最后输出结果。

源程序如下：

```
.386                                      ;①选择的处理器
.model flat,stdcall                       ;②存储模型，Win32 程序只能用平展（flat）模型
option casemap:none                       ;③指明标识符大小写敏感
include     kernel32.inc                  ;④要引用的头文件
includelib  kernel32.lib                  ;要引用的库文件
includelib  msvcrt.lib                    ;引用 C 库文件
printf PROTO C:ptr sbyte,:vararg          ;C 语言的 printf 函数原型声明
.data                                     ;⑤数据段
x           BYTE      -1
fmt         BYTE      '%d %d',0
.code                                     ;⑥代码段
start:                                    ;⑦定义标号 start
MOVSX       EBX,x     ;EBX←1111 1111 1111 1111 1111 1111 1111 1111B，左边 24 位用符号填充
MOVZX       ECX,x     ;ECX←0000 0000 0000 0000 0000 0000 1111 1111B，左边 24 位用 0 填充
invoke printf,ADDR fmt,EBX,ECX
invoke ExitProcess,0                      ;⑧退出进程，返回值为 0
end     start                             ;⑨指明程序入口点 start
```

运行后输出：

```
-1 255
```

4.7.2　数据交换 XCHG

数据交换指令 XCHG（Exchange Instruction）是实现两个寄存器之间或寄存器和内存变

量之间内容相互交换的指令，指令格式如下：

```
XCHG   Reg/Mem,Reg/Mem          ;Reg/Mem←→Reg/Mem
```

该指令与 MOV 指令不同之处在于，MOV 指令只有一个操作数的内容发生改变，而 XCHG 指令两个操作数的内容都发生改变，XCHG 指令功能如图 4-13 所示。

图 4-13　XCHG 指令的执行功能示意图

例如，执行以下 3 条指令后，EAX 的值为 78563412H，EBX 的值为 12345678H。

```
MOV EAX,12345678H        ;EAX←12345678H
MOV EBX,78563412H        ;EBX←78563412H
XCHG EAX,EBX             ;EAX←→EBX，即 EAX←78563412H，EBX←12345678H
```

例 4-3　编程实现两个整型变量 x 和 y 的内容相互交换。

由于 XCHG 指令必须借助寄存器才能实现两个数据的相互交换，所以可以先将变量 x 的值存 EAX 寄存器，然后再用 EAX 寄存器与变量 y 进行交换，这样，就把原来 x 的值换到 y，把原来 y 的值换到 EAX，此时只需再将 EAX 的值存到 x 即可，如图 4-14 所示。

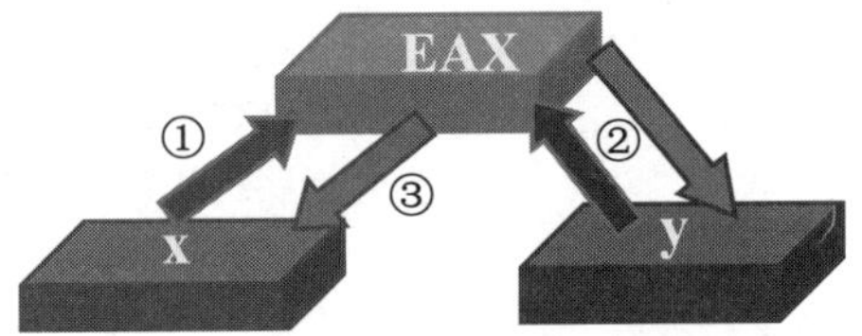

图 4-14　两个内存变量数据交换过程

源程序如下：

```
.486                                  ;①选择的处理器
.model flat,stdcall                   ;②存储模型，Win32 程序只能用平展（flat）模型
option casemap:none                   ;③指明标识符大小写敏感
include     kernel32.inc              ;④要引用的头文件
includelib  kernel32.lib              ;要引用的库文件
includelib  msvcrt.lib                ;引用 C 库文件
scanf PROTO C:DWORD,:vararg           ;C 语言的 scanf 函数原型声明
printf PROTO C:DWORD,:vararg          ;C 语言的 printf 函数原型声明
.data                                 ;⑤数据段
fmt     BYTE '%d %d',0
x       DWORD ?
y       DWORD ?
.code                                 ;⑥代码段
start:                                ;⑦定义标号 start
invoke scanf,ADDR fmt,ADDR x,ADDR y   ;输入 x 和 y 的值
```

```
MOV EAX,x
XCHG EAX,y
MOV x,EAX
invoke printf,ADDR fmt,x,y            ;输出 x 和 y 的值
invoke ExitProcess,0                  ;⑧退出进程，返回值为 0
end    start                          ;⑨指明程序入口点 start
```

运行后输入：

```
3  4
```

则输出结果：

```
4  3
```

4.7.3　字节查表转换 XLAT[B]

字节查表转换指令隐含两个操作数：EBX（16 位隐含 BX）和 AL，语法格式如下：

```
XLAT/XLATB    OPR ;AL←[EBX+AL]，XLAT 与 XLATB 无区别，OPR 只是为提高程序的可读性而设置的
```

字节查表转换的功能是把以 EBX 的值为字符数组首地址、以 AL 的值为下标的元素的值传送给 AL，功能描述表达式是：AL←[EBX+AL]，功能示意图如图 4-15 所示。该指令常用功能有：将数字 0~9 转换成字符'0'~'9'、将数字 0~9 转换成 LED 7 段发光二极管字形码、字符映射加密等。XLAT 指令在 16 位系统中有不可替代的作用，但在 32 位系统中完全可以用基址变址寻址方式实现它，如可用“MOV AL,[EBX+EAX]”代替 XLAT 指令。

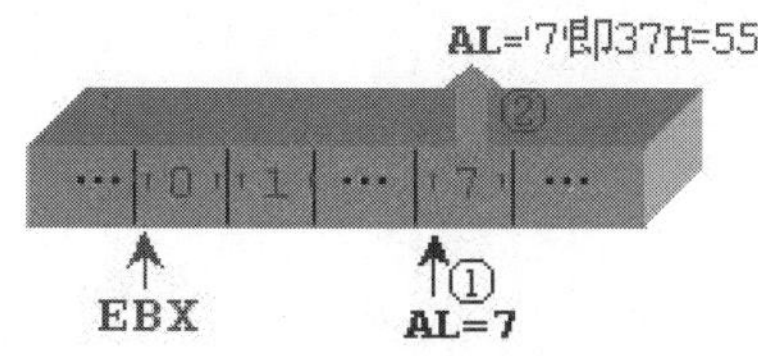

（a）将数字 0~9 转换成字符'0'~'9'

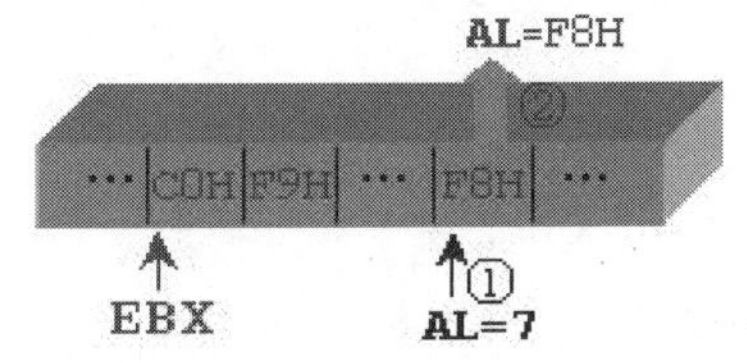

（b）将数字 0~9 转换成 LED 7 段发光二极管字形码

图 4-15　XLAT/XLATB 指令的功能示意图

例 4-4　编程实现一简易加密算法，规则是：将大写字母循环后移 4 个位置，即 A→E，B→F，C→G…V→Z，W→A，X→B，Y→C，Z→D（减法用 Sub 指令）。

由以上加密规则可知，'A'~'Z'中 26 个字母对应密码表'EFGHIJKLMNOPQRSTUVWXYZABCD'中第 0~25 个字符，因此，可以定义字符数组 mima 存密码表，取数组首地址存 EBX，输入的明文存字符变量 ming，取出后转存 AL 寄存器并减'A'或 65，将字母'A'~'Z'转换为密码表下标 0~25，执行 XLAT 指令取出 EBX 指定的密码表中第 AL 个字符存 AL，最后输出密文。

源程序如下：

```
.486                                  ;①选择的处理器
.model flat,stdcall                   ;②存储模型，Win32 程序只能用平展（flat）模型
option casemap:none                   ;③指明标识符大小写敏感
include      kernel32.inc             ;④要引用的头文件
includelib   kernel32.lib             ;要引用的库文件
```

```
includelib  msvcrt.lib                    ;引用 C 库文件
scanf PROTO C:DWORD,:vararg               ;C 语言的 scanf 函数原型声明
printf PROTO C:DWORD,:vararg              ;C 语言的 printf 函数原型声明
.data                                     ;⑤数据段
fmt     BYTE '%c',0
ming    BYTE ?                            ;存明文
mima    BYTE 'EFGHIJKLMNOPQRSTUVWXYZABCD';存密码表
.code                                     ;⑥代码段
start:                                    ;⑦定义标号 start
invoke scanf,ADDR fmt,ADDR ming           ;输入明文
LEA EBX,mima                ;取密码表首地址存 EBX，也可以用“MOV EBX,offset mima”指令
MOV AL,ming                               ;取明文字符
SUB AL,'A'                        ;将明文字符转换成密码表下标，'A'→0,'A'→1…'Z'→25
XLAT mima    MOV AL,[EBX+EAX]             ;将字符序号转换成密文字符，0→'E',1→'F'…25→'D'
MOVZX EAX,AL                ;8 位扩展成 32 位，否则直接用 8 位 AL 在 Win7 环境输出会出错
invoke printf,ADDR fmt,EAX                ;输出密文
invoke ExitProcess,0                      ;⑧退出进程，返回值为 0
end     start                             ;⑨指明程序入口点 start
```

运行后输入明文：

```
A
```

则输出密文：

```
E
```

运行后输入明文：

```
Z
```

则输出密文：

```
D
```

4.7.4 字节反向存储 BSWAP

字节反向存储指令 BSWAP 就是将 32 位寄存器中数据按字节反向存储，语法格式如下：

```
BSWAP R32                                 ;将 1、4 字节交换，2、3 字节交换
```

例如，执行以下两条指令后，EAX 的值为 78563412H。

```
MOV EAX,12345678H                         ;EAX←12345678H
BSWAP EAX                                 ;EAX←78563412H
```

4.7.5 入栈 PUSH/PUSHA[D]

堆栈是一个按“先进后出”或“后进先出”原则进行数据访问的数据结构，常用来保存函数形参、局部变量、返回地址等。它主要有两类操作：进栈（入栈）操作和出栈（弹出）操作，入栈操作有如下两条指令：

（1）PUSH（Push Word or DoubleWord onto Stack）

PUSH 功能是将一个 16 位或 32 位操作数入栈，语法格式如下：

```
PUSH   Reg/Mem/Imm        ;先 ESP←ESP-4（若字入栈则 ESP←ESP-2），再将操作数存栈顶
```

注意

立即数按四字节入栈，如“PUSH 0”，实际入栈的是“PUSH 00000000H”。

（2）PUSHA/PUSHAD（Push All General Registers）

PUSHA/PUSHAD 功能是依次将 EAX、ECX、EDX、EBX、ESP（入栈的是指令执行前的栈顶指针值）、EBP、ESI 和 EDI 的值入栈，PUSHA 和 PUSHAD 两条指令操作码相同，语法格式如下：

```
PUSHA/PUSHAD        ;先 ESP←ESP-32，再将 8 个 32 位通用寄存器值存栈顶
```

4.7.6 出栈 POP/POPA[D]

出栈操作也有如下两条指令：

（1）POP（Pop Word or Doubleword off Stack）

POP 功能是将栈顶上的一个 16 位或 32 位数据出栈并存入操作数，语法格式如下：

```
POP   Reg/Mem        ;先将栈顶数据存指定操作数，再 ESP←ESP+4（若字出栈则 ESP←ESP+2）
```

（2）POPA[D]（Pop All General Registers）

POPA[D]功能是将栈顶数据弹出并依次存入 EDI、ESI、EBP、ESP（存 ESP+4 的值）、EBX、EDX、ECX 和 EAX，POPA 和 POPAD 两条指令操作码相同，语法格式如下：

```
POPA/POPAD        ;先将栈顶数据存 8 个 32 位通用寄存器，再 ESP←ESP+32
```

4.7.7 取地址 LEA/L[DEFGS]S

1. 取地址指令 LEA（Load Effective Address）

LEA 指令是把访问内存单元的操作数的地址送给指定的寄存器，语法格式如下：

```
LEA   Reg,Mem  ;Mem 可以是变量，也可以是直接寻址、间接寻址、相对寻址、基址变址的操
作数
```

例 4-5 分别用 LEA 指令和 OFFSET 操作符获取变量 x 的地址存 EAX，再分别用它们获取[EAX]单元的地址，并以所获得的地址输出单元内容，观察运行结果的差别。

判断：

（1）指令“LEA EAX,**x**”和“MOV EAX,**OFFSET x**”的执行结果是否一样。

（2）指令“LEA EBX,[EAX]”和“MOV EBX,**OFFSET**[EAX]”的执行结果是否一样。

源程序如下：

```
.386                        ;①选择的处理器
.model flat,stdcall         ;②存储模型，Win32 程序只能用平展（flat）模型
```

```
option casemap:none                    ;③指明标识符大小写敏感
include    kernel32.inc                ;④要引用的头文件
includelib  kernel32.lib               ;要引用的库文件
includelib  msvcrt.lib                 ;引用 C 库文件
scanf PROTO C:DWORD,:vararg            ;C 语言的 scanf 函数原型声明
printf PROTO C:DWORD,:vararg           ;C 语言的 printf 函数原型声明
.data                                  ;⑤数据段
x BYTE 'EFGHIJKLMNOPQRSTUVWXYZABCD'
fmt    BYTE '%c %c',0
.code                                  ;⑥代码段
start:                                 ;⑦定义标号 start
LEA EAX,x                              ;取变量 x 地址，可以用“MOV EAX,OFFSET x”
LEA EBX,[EAX]   ;取操作数[EAX]地址，也是变量 x 地址，不可用“MOV EBX,OFFSET [EAX]”
movsx ecx,byte ptr[eax]                ;用两种方式获得的地址取内存单元内容
movsx edx,byte ptr[ebx]
invoke printf,ADDR fmt,ECX,EDX         ;输出
invoke ExitProcess,0                   ;⑧退出进程，返回值为 0
end    start                           ;⑨指明程序入口点 start
```

运行后输出：

```
E E
```

根据运行结果可知，指令“LEA EBX,x”和“MOV EBX,**OFFSET x**”的执行结果一样，但指令“LEA EBX,[EAX]”可执行，而“MOV EBX,**OFFSET**[EAX]”不可执行。

LEA 和 OFFSET 都可以取地址，OFFSET 是伪指令，编译时完成；LEA 是指令，运行时完成。区别如下：

（1）LEA 是汇编指令，对应一个机器码，OFFSET 是伪指令，没有专门的机器码。

（2）LEA 可以取各种存储器寻址方式的地址，OFFSET 只能取变量或标号的地址。

（3）LEA 在运行时才能确定操作数的地址，OFFSET 在编译时由编译器计算出操作数的地址并以立即数回送给指令（也就是把立即数放入编译出的机器指令中）。

（4）LEA 用来确定局部变量的地址，OFFSET 用来确定全局变量的地址，因为全局变量的地址在编译时就能确定，而局部变量的地址受运行环境的影响，编译时是不确定的，只能在指令执行时才能确定出地址。

2. 取段寄存器指令（Load Segment Instruction）

该组指令的功能是把内存单元的偏移地址传给指令中指定的 16 位寄存器，把段地址传给相应的段寄存器（DS、ES、FS、GS 和 SS）。语法格式如下：

```
LDS/LES/LFS/LGS/LSS    Reg,Mem
```

由于当前任务没有相应权限，这些指令在保护模式下执行将产生异常。

4.7.8 EFlags 低 8 位与 AH 传送 LAHF/SAHF

（1）LAHF（Load AH from Flags）：AH←Flags 的低 8 位。

（2）SAHF（Store AH in Flags）：Flags 的低 8 位←AH。

4.7.9　EFlags 出入栈 PUSHF[D]/POPF[D]

（1）PUSHF/PUSHFD（Push Flags onto Stack）：把 16 位或 32 位标志寄存器值压入栈。

（2）POPF/POPFD（Pop Flags off Stack）：把栈中值压入 16 位或 32 位标志寄存器。

4.7.10　进位位 CF 操作 CLC/STC/CMC

标志寄存器的进位位 CF 操作包括对进位位进行复位、置位和取反等，指令没有操作数，隐含进位位 CF。

（1）清进位指令 CLC（Clear Carry Flag）：CF←0。

（2）置进位指令 STC（Set Carry Flag）：CF←1。

（3）进位取反指令 CMC（Complement Carry Flag）：CF←not CF。

4.7.11　方向位 DF 操作 CLD/STD

标志寄存器的方向位 DF 操作包括对方向位进行复位和置位等，指令没有操作数，隐含方向位 DF。

（1）清方向位指令 CLD（Clear Direction Flag）：DF←0。

（2）置方向位指令 STD（Set Direction Flag）：DF←1。

方向位 DF 决定串操作指令处理下一个操作数的方向，当 DF=0（默认）时，往操作数地址增大方向继续处理数据；当 DF=1 时，往操作数地址减小方向继续处理数据。因默认的数据处理方向是地址增大方向，若数据处理需要改为按地址减小方向，则要执行 STD 指令，数据处理完成后要恢复为默认方向，要执行 CLD 指令；否则，有可能导致其他程序执行异常。

4.7.12　中断允许位 IF 操作 CLI/STI

标志寄存器的中断允许位 IF 操作包括开中断和关中断等，指令没有操作数，隐含中断允许位 IF。

（1）清中断允许位指令即关中断指令 CLI（Clear Interrupt Flag）：IF←0。

其功能是不允许可屏蔽的外部中断来中断其后程序段的执行。

（2）置中断允许位指令即开中断指令 STI（Set Interrupt Flag）：IF←1。

其功能是恢复可屏蔽的外部中断的中断响应功能，通常是与 CLI 成对使用的。

4.8　整数算术运算指令

CPU 整数算术运算指令包括加、减、乘、除及其相关的辅助指令，操作数可以是 8 位、16 位和 32 位。

由于指令比较多，一般掌握 ADD 加法指令、SUB 减法指令、IMUL 乘法指令、IDIV 除法指令等 4 条指令，就基本可以解决大多数算术运算了。若要实现大数运算，一般还要掌握带进位加法指令 ADC 和带借位减法指令 SBB。

4.8.1 加法 ADD/ADC/INC/XADD

（1）加法指令 ADD（ADD Binary Numbers Instruction）

语法格式如下：

```
ADD   Reg/Mem,Reg/Mem/Imm      ; Reg/Mem←Reg/Mem+Reg/Mem/Imm
```

受影响的标志位为 AF、CF、OF、PF、SF 和 ZF。

指令的功能是源操作数加上目的操作数，结果存回源操作数。

例如，执行以下两条指令后，EAX=11223344H，EBX 的值不变。

```
MOV EAX,10203040H              ;EAX←10203040H
MOV EBX,01020304H              ;EBX←01020304H
ADD EAX,EBX                    ;EAX←10203040H+01020304H=11223344H，EBX 的值不变
```

（2）带进位加指令 ADC（ADD With Carry Instruction）

语法格式如下：

```
ADC   Reg/Mem,Reg/Mem/Imm      ;Reg/Mem←Reg/Mem+Reg/Mem/Imm+CF
```

受影响的标志位为 AF、CF、OF、PF、SF 和 ZF。

指令的功能是源操作数加上目的操作数和进位标志 CF 的值，结果存回源操作数。

（3）加 1 指令 INC（Increment by 1 Instruction）

语法格式如下：

```
INC   Reg/Mem                  ;Reg/Mem←Reg/Mem+1
```

受影响的标志位为 AF、OF、PF、SF 和 ZF，不影响 CF。

指令的功能是操作数的值加 1，结果存回操作数。该指令常用于循环计数器的加 1，不同于用 ADD 实现加 1，INC 实现加 1 不影响 CF 标志位，可用于对进位或借位标志 CF 有要求的场合。

（4）交换加指令 XADD（Exchange and Add）

语法格式如下：

```
XADD Reg/M32,Reg               ;80486+
```

受影响的标志位为 AF、CF、OF、PF、SF 和 ZF。

指令的功能是先执行源操作数与目标操作数交换数据，再将两操作数求和存为目的操作数。如，执行以下两条指令后，EAX=11223344H，EBX=10203040H。

```
MOV EAX,10203040H         ;EAX←10203040H
MOV EBX,01020304H         ;EBX←01020304H
XADD EAX,EBX              ;EAX←→EBX，然后 EAX←01020304H+10203040H=11223344H
```

例 4-6 输入两个 16 位十六进制数（QWORD 类型），编程求和并输出。

按以下 10 步实现要求：

① 定义 QWORD 类型变量 d1 和 d2 分别作为被加数和加数。

② 输入 8 位十六进制数作为被加数高 8 位存 d1+4 位置。

③ 输入 8 位十六进制数作为被加数低 8 位存 d1 位置。

④ 输入 8 位十六进制数作为加数高 8 位存 d2+4 位置。

⑤ 输入 8 位十六进制数作为加数低 8 位存 d2 位置。

⑥ 取加数 d2 低 8 位存 EAX。

⑦ 取 EAX 中加数低 8 位加 d1 低 8 位，存 d1，产生的进位存 CF。

⑧ 取 d2 高 8 位（d2+4 位置）存 EDX。

⑨ 取 EDX 中加数高 8 位加 d1 高 8 位（d1+4 位置），同时加低 8 位产生的进位 CF，存 d1 高 8 位。

⑩ 输出 d1 中结果，高 8 位在 d1+4 位置，低 8 位在 d1 位置。

源程序如下：

```
.386                                        ;①选择的处理器
.model flat,stdcall                         ;②存储模型，Win32 程序只能用平展（flat）模型
option casemap:none                         ;③指明标识符大小写敏感
include      kernel32.inc                   ;④要引用的头文件
includelib   kernel32.lib                   ;要引用的库文件
includelib   msvcrt.lib                     ;引用 C 库文件
scanf PROTO C:DWORD,:vararg                 ;C 语言的 scanf 函数原型声明
printf PROTO C:DWORD,:vararg                ;C 语言的 printf 函数原型声明
.data                                       ;⑤数据段
d1           QWORD  ?
d2           QWORD  ?
fmt     BYTE      '%8x%8x',0
.code                                       ;⑥代码段
start:                                      ;⑦定义标号 start
invoke scanf,addr fmt,addr d1+4,addr d1     ;输入第一个十六进制数
invoke scanf,addr fmt,addr d2+4,addr d2     ;输入第二个十六进制数
MOV  EAX,dword ptr d2    ;取 d2 低 8 位存 EAX，由于 d2 是 QWORD 类型，必须强制类型转换，以下同
ADD  dword ptr d1,EAX    ;取 EAX 中加数低 8 位加 d1 低 8 位，存 d1，产生的进位存 CF
MOV  EDX,dword ptr d2+4 ;取 d2 高 8 位（d2+4 位置）存 EDX
ADC  dword ptr d1+4,EDX ;取 EDX 中加数高 8 位加 d1 高 8 位，同时加低 8 位的进位 CF，存 d1 高 8 位
invoke printf,addr fmt,dword ptr d1+4,dword ptr d1;输出和
invoke ExitProcess,0           ;⑧退出进程，返回值为 0
end     start                  ;⑨指明程序入口点 start
```

运行后输入：

```
ffffffffffffffff
1020304050607080
```

则输出结果：

```
102030405060707f
```

4.8.2 减法 SUB/SBB/DEC/NEG

（1）减法指令 SUB（Subtract Binary Values Instruction）

语法格式如下：

```
SUB  Reg/Mem,Reg/Mem/Imm        ;Reg/Mem←Reg/Mem-Reg/Mem/Imm
```

受影响的标志位为 AF、CF、OF、PF、SF 和 ZF。

指令的功能是源操作数减去目的操作数，结果存回源操作数。

（2）带借位减 SBB（Subtract with Borrow Instruction）

语法格式如下：

```
SBB  Reg/Mem,Reg/Mem/Imm        ;Reg/Mem←Reg/Mem-Reg/Mem/Imm-CF
```

受影响的标志位为 AF、CF、OF、PF、SF 和 ZF。

指令的功能是源操作数减去目的操作数和借位标志 CF 的值，结果存回源操作数。

（3）减 1 指令 DEC（Decrement by 1 Instruction）

语法格式如下：

```
DEC  Reg/Mem                    ;Reg/Mem←Reg/Mem-1
```

受影响的标志位为 AF、OF、PF、SF 和 ZF，不影响 CF。

指令的功能是操作数的值减 1 存回操作数。该指令常用于循环计数器的减 1，不同于用 SUB 实现减 1，DEC 实现减 1 不影响 CF 标志位，可用于对进位或借位标志 CF 有要求的场合。

（4）求补指令 NEG（Negate Instruction）

语法格式如下：

```
NEG  Reg/Mem                    ;Reg/Mem←0-Reg/Mem
```

受影响的标志位为 AF、CF、OF、PF、SF 和 ZF。

指令的功能：操作数=0-操作数，即改变操作数的正负号。该指令可用以下 3 条指令实现：

```
MOV  EAX,0                      ;EAX←0
SUB  EAX,Reg/Mem                ;EAX←0-Reg/Mem
MOV  Reg/Mem,EAX                ;Reg/Mem←EAX
```

4.8.3 乘法 MUL/IMUL

汇编语言的乘法指令分为无符号乘法指令 MUL 和有符号乘法指令 IMUL，无符号乘法指令数据的最高位是作为“数值”参与运算，有符号乘法指令数据的最高位是作为“符号位”参与运算。

乘法指令一般仅乘数在指令中显式地写出来，而被乘数在指令中不写出来，隐含（固定）用 EAX，结果存于 EDX|EAX 中。

若乘数是 8 位或 16 位操作数，被乘数自动改为 AL 或 AX，结果改为 AX 或 DX|AX。

（1）无符号数乘法指令 MUL（Unsigned Multiply Instruction）

语法格式如下：

```
MUL  Reg/Mem          ;一般 EDX|EAX←EAX*(Reg/Mem)
```

受影响的标志位为 CF 和 OF（AF、PF、SF 和 ZF 无定义）。

指令的功能如表 4-2 所示。

表 4-2　乘法指令中乘数、被乘数和乘积的对应关系

乘 数 位 数	隐含的被乘数	结果存放位置	举　　例
8 位	AL	AX	MUL BL　　;AX←AL*BL
16 位	AX	DX|AX	MUL BX　　;DX|AX←AX*BX
32 位	EAX	EDX|EAX	MUL ECX　　;EDX|EAX←EAX*ECX

（2）有符号数乘法指令 IMUL（Signed Integer Multiply Instruction）

语法格式如下：

```
IMUL  Reg/Mem              ;该指令的功能如表 4-2 所示
IMUL  Reg,Imm              ;Reg←Reg×Imm，寄存器必须是 16/32 位寄存器
IMUL  Reg,Reg/Mem,Imm      ;Reg1←Reg2×Imm 或 Reg1←Mem×Imm，寄存器只能是 16 位寄存器
IMUL  Reg,Reg/Mem          ;Reg1←Reg1×Reg2 或 Reg1←Reg1×Mem，寄存器必须是 16/32 位寄存器
```

受影响的标志位为 CF 和 OF（AF、PF、SF 和 ZF 无定义）。

在指令格式 2~4 中各操作数位数要一致，若乘积超过目标寄存器位数，则将溢出标志位 OF 置为 1。

4.8.4　除法 DIV/IDIV

除法指令仅除数在指令中显式地写出来，而被除数在指令中不写出来，隐含（固定）用 EDX|EAX，商存于 EAX 中，余数存于 EDX 中。若除数是 8 位或 16 位操作数，被除数自动改为 AX 或 DX|AX，商改为 AL 或 AX，余数改为 AH 或 DX，如表 4-3 所示。

表 4-3　除法指令除数、被除数、商和余数的对应关系

除 数 位 数	隐含的被除数	商	余　　数	举　　例
8 位	AX	AL	AH	DIV BH　　;AX/BH=AL…AH
16 位	DX|AX	AX	DX	DIV BX　　;DX|AX/BX=AX…DX
32 位	EDX|EAX	EAX	EDX	DIV ECX　;EDX|EAX/ECX=EAX…EDX

由此可知，汇编语言中求商和求余使用的是同一条指令（DIV/IDIV）。

当除数为 0 或商超出数据类型所能表示的范围时，系统会自动产生 0 号中断。

（1）无符号数除法指令 DIV（Unsigned Divide Instruction）

语法格式如下：

```
DIV  Reg/Mem          ;一般(EDX|EAX)/(Reg/Mem)=EAX…EDX
```

指令的功能是用显式操作数去除隐含操作数（都作为无符号数），所得商和余数按

表 4-3 所示的对应关系存放。指令对标志位的影响无定义。

（2）有符号数除法指令 IDIV（Signed Integer Divide Instruction）

语法格式如下：

```
IDIV   Reg/Mem          ;一般(EDX|EAX)/(Reg/Mem)=EAX…EDX
```

受影响的标志位为 AF、CF、OF、PF、SF 和 ZF。

指令的功能是用显式操作数去除隐含操作数（都作为有符号数），所得商和余数的对应关系如表 4-3 所示。

例 4-7　编程实现有符号数 x 和 y 相除即 x/y，结果的商和余数存于 a 和 b 并输出。

按以下 7 个步骤实现要求：

① 定义 DWORD 类型变量 x 和 y 分别作为被除数和除数，变量 a 和 b 分别用于存商和余数。

② 输入两个十进制数分别作为被除数和除数存于变量 x 和 y。

③ 因为 32 位除法运算被除数只能是 EDX|EAX，所以将存于变量 x 中转存 EAX。

④ 因为有符号除，所以被除数高 32 位 EDX 用 EAX 符号位填充；若是无符号除，则让 EDX=0。

⑤ 执行有符号除，将 EDX 与 EAX 合起来构成一个 64 位（二进制）的大整数，再除以 y，即 EDX|EAX/**y**。

⑥ 存于 EAX 的商转存变量 a，存于 EDX 的余数转存变量 b。

⑦ 输出结果表达式。

源程序如下：

```
.386                                    ;①选择的处理器
.model flat, stdcall                    ;②存储模型，Win32 程序只能用平展（flat）模型
                                        ;stdcall 为函数调用方式：右边的参数先入栈
option casemap:none                     ;③指明标识符大小写敏感
include      kernel32.inc               ;④要引用的头文件
includelib   kernel32.lib               ;要引用的库文件
includelib   msvcrt.lib                 ;引用 C 库文件
scanf PROTO C:DWORD,:vararg             ;C 语言的 scanf 函数原型声明
printf PROTO C:DWORD,:vararg            ;C 语言的 printf 函数原型声明
.data                                   ;⑤数据段
Infmt        BYTE     '%d %d',0
Outfmt       BYTE     '%d/%d=%d...%d',0
x            DWORD  ?                   ;定义变量
y            DWORD  ?
a            DWORD  ?
b            DWORD  ?
.code                                   ;⑥代码段
start:                                  ;定义标号 start
invoke scanf,ADDR Infmt,ADDR x,ADDR y;输入值
mov EAX,x
CDQ                                     ;EAX 符号扩展到 EDX，详见下一小节
IDIV y                                  ;执行有符号除，即 EDX|EAX/y
mov a,EAX                               ;存于 EAX 的商转存变量 a
```

```
        mov b,EDX                           ;存于 EDX 的余数转存变量 b
        invoke printf,ADDR Outfmt,x,y,a,b   ;输出商表达式
        invoke ExitProcess,0                ;退出进程，返回值为 0
        end    start                        ;指明程序入口点 start
```

运行后输入：

```
-18 4
```

则输出结果：

```
-18/4=-4…-2
```

4.8.5　符号扩展 CBW/CWD/CDQ

根据除法运算的规定：做 8 位除时，被除数必须 16 位（存于 AX）；做 16 位除时，被除数必须 32 位（存于 DX|AX）；做 32 位除时，被除数必须 64 位（存于 EDX|EAX）。它们有一个共同特点，位数都扩展了一倍，现在的问题是，扩展部分用什么数去填充（若置之不理，扩展部分将是随机数），才能使计算的结果如我们所愿。

根据常识可知，做无符号除时，扩展部分用 0 去填充，被除数的值不变；根据第 1 章补码知识可知，做有符号除时，扩展部分用符号位去填充，被除数的值不变，这就是符号扩展问题。

需要特别强调的是，当被除数是无符号数且最高位是 1 时，若用扩展指令去执行，则扩展部分填充的是 1，被除数的值变大，再用无符号除指令 DIV 去执行，将导致溢出异常。

符号扩展指令主要有 CBW、CWD 和 CDQ，它们的执行都不影响任何标志位。

（1）字节转换为字指令 CBW（Convent Byte to Word）

语法格式如下：

```
        CBW                                 ;AL 符号位填充 AH
```

该指令的隐含操作数为 AH 和 AL，功能是用 AL 的符号位去填充 AH。

若 AX 为 78H，则执行 CBW 后 AX=78H（因 AL 符号位为 0）；若 AX 为 87H，则执行 CBW 后 AX=FF87H（因 AL 符号位为 1）。

（2）字转换为双字指令 CWD（Convent Word to Doubleword）

语法格式如下：

```
        CWD                                 ;AX 符号位填充 DX
```

该指令的隐含操作数为 DX 和 AX，功能是用 AX 的符号位去填充 DX。

若 AX 为 5678H，DX 为 3456H，则执行 CWD 后 AX 为 5678H，DX 为 0000H；若 AX 为 8765H，DX 为 3456H，则执行 CWD 后 AX 为 8765H，DX 为 FFFFH。

（3）双字转换为四字指令 CDQ（Convent Doubleword to Quadword）

语法格式如下：

```
        CDQ                                 ;EAX 符号位填充 EDX
```

该指令的隐含操作数为 EDX 和 EAX，功能是用 EAX 的符号位填充 EDX。

若 EAX 为 1234 5678H，EDX 为 1122 3456H，则执行 CDQ 后 EAX 值不变，EDX 为 0000 0000H；若 EAX 为 87654321H，EDX 为 3456H，则执行 CDQ 后 EAX 值不变，EDX 为 FFFF FFFFH。

4.8.6 整数比较 CMP/CMPXCHG[8B]

汇编语言中，比较指令用于将两个数据之间的大小等关系以标志位形式存储于标志寄存器，条件转移指令或循环指令再根据这些标志位实现转移到不同的位置去执行。

（1）比较指令 CMP（Compare Instruction）

语法格式如下：

```
CMP   Reg/Mem,Reg/Mem/Imm ;执行 Dst 减 Src，并按减法运算设置标志位，但不保存相减结果
```

受影响的标志位为 AF、CF、OF、PF、SF 和 ZF。

功能是用第二个操作数去减第一个操作数，并根据所得的差设置相关标志位，但并不保存相减结果，仅为其后条件转移指令或循环指令提供转移依据（详见第 6 章）。

（2）比较交换指令 CMPXCHG（Compare And Exchange Instruction）

语法格式如下：

```
CMPXCHG reg/mem,reg;if(AL/AX/EAX==DST){ZF←1;DST←SRC;}else{ZF←0;AL/AX/EAX←DST;}
```

受影响的标志位为 AF、CF、OF、PF、SF 和 ZF。

功能是将累加器 AL/AX/EAX 中的值与首操作数（目的操作数）比较。若相等，第二操作数（源操作数）的值装载到首操作数，ZF 置 1；若不等，首操作数的值装载到 AL/AX/EAX 并将 ZF 清 0。

例 4-8 分析以下比较并交换指令 CMPXCHG 运行结果。

源程序如下：

```
.486                                   ;①选择的处理器
.model flat,stdcall                    ;②存储模型，Win32 程序只能用平展（flat）模型
option casemap:none                    ;③指明标识符大小写敏感
include      kernel32.inc              ;④要引用的头文件
includelib   kernel32.lib              ;要引用的库文件
includelib   msvcrt.lib                ;引用 C 库文件
printf PROTO C:ptr sbyte,:vararg;C 语言的 printf 函数原型声明
.data                                  ;⑤数据段
fmt BYTE 'EAX=%xH x=%xH EBX=%xH',10,0
x     DWORD ?
.code                                  ;⑥代码段
start:                                 ;⑦定义标号 start
MOV EAX,12345678H
MOV     x,12345678H
MOV EBX,22446688H
CMPXCHG x,EBX                          ;if（EAX==x）{ZF←1;x←EBX;}else{ZF←0;EAX←x;}
invoke printf,ADDR fmt,EAX,x,EBX;
MOV EAX,12345678H
MOV     x,11223344H
```

```
MOV EBX,22446688H
CMPXCHG x,EBX                  ;if（EAX==x）{ZF←1;x←EBX;}else{ZF←0;EAX←x;}
invoke printf,ADDR fmt,EAX,x,EBX;
invoke ExitProcess,0           ;⑧退出进程，返回值为 0
end    start                   ;⑨指明程序入口点 start
```

运行后输出：

```
EAX=12345678H x=22446688H EBX=22446688H
EAX=11223344H x=11223344H EBX=22446688H
```

（3）64 位比较交换指令

语法格式如下：

```
CMPXCHG8B   Reg/Mem            ;Pentium+
```

受影响的标志位为 ZF。

该指令只有一个操作数，第二个操作数 EDX|EAX 是隐含的。

4.9 调整指令（实现大数运算）

前述算术运算指令是按十六进制（在底层都是按二进制）操作的，但现实中十进制是最直观的。为了实现仍按前述算术运算指令进行算术运算，而实际参与运算的数却是十进制数，将导致运算结果不正确，这就需要用专门的指令将不正确的运算结果调整成正确的，这就是十进制运算调整指令。

根据所调整的十进制数的不同分为数字字符运算后调整指令和压缩 BCD 码运算后调整指令。

这些调整指令常用于多字节算术运算，本小节仅给出多字节运算的示范，要真正实现大数运算，要结合循环指令。

4.9.1 数字字符加法调整 AAA

数字字符加法调整指令又称为 ASCII 码加法调整指令（ASCII Adjust After Addition），用于调整 AL 寄存器之值，该值原是两个数字字符（数字 ASCII 码字符）相加之和，调整为非压缩 BCD 码数值和，并将进位存于 AH 寄存器和相应标志位（AF 和 CF）。

具体的调整规则如下（如图 4-16 所示）：

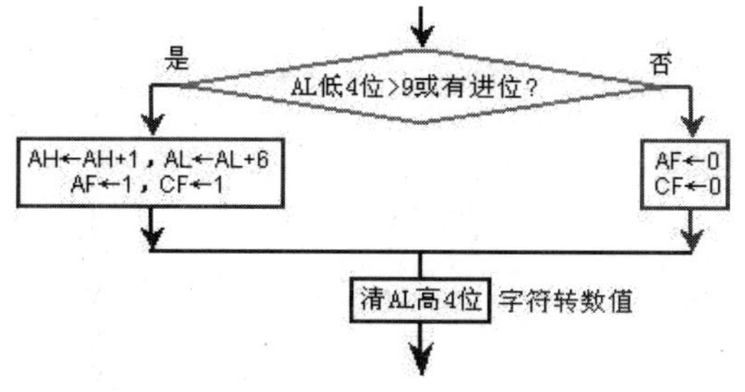

图 4-16 AAA 指令执行过程示意图

（1）若 AL 的低 4 位大于 9 或低 4 位有进位（标志位 AF=1），则 AH=AH+1，AL=AL+6，并置 AF 和 CF 为 1；否则，只置 AF 和 CF 为 0。

（2）清除 AL 的高 4 位（将字符转换为数值，非压缩 BCD 码）。

语法格式如下：

```
AAA                          ;必须是加法指令 ADD 或 ADC 之后，且加的是两个数字字符
```

受影响的标志位包括 AF 和 CF（OF、PF、SF 和 ZF 等都是无定义）。

例如，若 AL 存的是'6'+'9'之和 6FH，则执行完 AAA 之后，AL 的值为 5，向 AH 进 1，AF=CF=1；若 AL 存的是'7'+'9'之和 71H，则执行完 AAA 之后，AL 的值为 6，向 AH 进 1，AF=CF=1；若 AL 存的是'7'+'2'之和 69H，则执行完 AAA 之后，AL 的值为 9，向 AH 进 0，AF=CF=0。

例 4-9 编程完成求两个两位数字字符之和。

按以下 7 个步骤实现要求：

① 定义 BYTE 类型变量 X1 和 X2 分别存被加数的个位和十位数字字符，变量 Y1 和 Y2 分别存加数的个位和十位数字字符，变量 Z1 和 Z2 分别存和的个位和十位数值。

② 输入两个数字字符分别作为被加数的十位和个位存于变量 X2 和 X1。

③ 输入两个数字字符分别作为加数的十位和个位存于变量 Y2 和 Y1。

④ 取变量 X1 中的被加数个位字符，加上变量 Y1 中的加数的个位字符，经 AAA 指令调整后，将个位和存变量 Z1 中，进位存 CF 中。

⑤ 取变量 X2 中的被加数十位字符，带进位加上变量 Y2 中的加数的十位字符，经 AAA 指令调整后，将十位和存变量 Z2 中，进位存 CF 中。

⑥ 从内存变量 Z1 中取出个位数值和存 EAX，从内存变量 Z2 中取出十位数值和存 EBX。

⑦ 输出结果。

源程序如下：

```
.486                              ;①选择的处理器
.model flat,stdcall               ;②存储模型，Win32 程序只能用平展（flat）模型
option casemap:none               ;③指明标识符大小写敏感
include      kernel32.inc         ;④要引用的头文件
includelib   kernel32.lib         ;要引用的库文件
includelib   msvcrt.lib           ;引用 C 库文件
scanf PROTO C:ptr sbyte,:vararg;C 语言的 scanf 函数原型声明
printf PROTO C:ptr sbyte,:vararg;C 语言的 printf 函数原型声明
.data                             ;⑤数据段
X1           BYTE ?               ;被加数个位数字字符
X2           BYTE ?               ;被加数十位数字字符
Y1           BYTE ?               ;加数个位数字字符
Y2           BYTE ?               ;加数十位数字字符
Z1           BYTE ?               ;个位数值和
Z2           BYTE ?               ;十位数值和
Infmt  BYTE '%c %c',10,0          ;每输入两个字符后加一个回车（即 10），这个 10 很重要
Outfmt       BYTE '%d %d',0
.code                             ;⑥代码段
```

```
start:                        ;⑦定义标号 start
invoke scanf,ADDR Infmt,ADDR X2,ADDR X1;以字符形式输入两数字字符作为被加数
invoke scanf,ADDR Infmt,ADDR Y2,ADDR Y1;以字符形式输入两数字字符作为加数
MOV AL,X1                     ;取个位字符作为被加数
ADD   AL,Y1                   ;不带进位加个位字符加数
AAA                           ;将数字字符相加的和调整为数值和，并将进位存 AH、CF 和 AF
MOV Z1,AL                     ;个位数值和存内存变量 Z1
MOV AL,X2                     ;取十位字符作为被加数
ADC   AL,Y2                   ;不带进位加十位字符加数
AAA                           ;将数字字符相加的和调整为数值和，并将进位存 AH、CF 和 AF
MOV Z2,AL                     ;十位数值和存内存变量 Z2
MOVSX EAX,Z1                  ;从内存变量 Z1 中取出个位数值和存 EAX
MOVSX EBX,Z2                  ;从内存变量 Z2 中取出十位数值和存 EBX
invoke printf,ADDR Outfmt,EBX,EAX;输出两位和
invoke ExitProcess,0          ;⑧退出进程，返回值为 0
end    start                  ;⑨指明程序入口点 start
```

运行后输入：

```
3 5
3 6
```

则输出结果：

```
7 1
```

从以上程序可知，只需将求和部分改为用循环指令实现，就可以求任意位数的和。

4.9.2 数字字符减法调整 AAS

数字字符减法调整指令又称为 ASCII 码减法调整指令（ASCII Adjust After Subtraction），用于调整 AL 寄存器之值，该值原是两个数字字符（数字 ASCII 码字符）相加之差，调整为非压缩 BCD 码数值差，并将借位存 AH 寄存器和相应标志位。

具体的调整规则如下（如图 4-17 所示）：

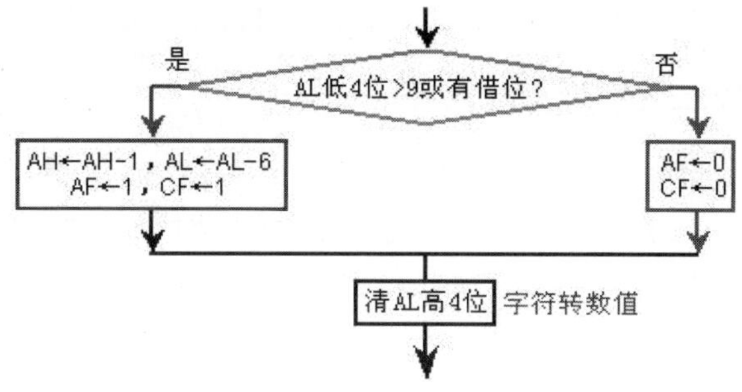

图 4-17　AAS 指令执行过程示意图

（1）若 AL 的低 4 位大于 9 或低 4 位有借位（标志位 AF=1），则 AH=AH-1，AL=AL-6，并置 AF 和 CF 为 1，否则，只置 AF 和 CF 为 0。

（2）清除 AL 的高 4 位（将字符转换为数值，非压缩 BCD 码）。

语法格式如下：

```
AAS                    ;必须是加法指令 ADD 或 ADC 之后，且加的是两个数字字符
```

受影响的标志位包括 AF 和 CF（OF、PF、SF 和 ZF 等都是无定义）。

例如，若 AL 存的是'8'−'9'之差 FFH，则执行完 AAS 之后，向 AH 借 1，AL 的值为 9，AF=CF=1；若 AL 存的是'1'−'9'之差 F8H，则执行完 AAS 之后，向 AH 借 1，AL 的值为 2，AF=CF=1；若 AL 存的是'7'−'2'之差 05H，则执行完 AAS 之后，向 AH 借 0，AL 的值为 5，AF=CF=0。

4.9.3 二进制编码调整为 BCD 码 AAM

二进制编码调整为 BCD 码指令又称为 ASCII 码乘调整指令（ASCII Adjust After Multiplication），是用于调整 AL 寄存器之值，该值原是一个二进制数（00~99 才有意义），调整为两位非压缩 BCD 码存于 AX，相当于将个位数存于 AL、十位数存于 AH，并设置相应标志位。

其调整规则如下：

AH←AL/10（商，十位数）

AL←AL%10（余数，个位数）

语法格式如下：

```
AAM
```

受影响的标志位包括 PF、SF 和 ZF（AF、CF 和 OF 等都是无定义）。

AAM 指令相当于“IDIV x”（设 x 为 byte 类型且值为 10）和“XCHG AH,AL”两条指令。

AAM 指令本质上与乘法无关，但其执行功能上相当于将 AL 中两个一位十进制数的乘积（二进制数）调整为两位非压缩 BCD 码存于 AX。若调整前 AL 的值超过 99，则调整后 AH 的值将超过 9，就不是十位数了，而是原值的十位和百位了。

例如，若 AL 的值是 98 即 62H，则执行完 AAM 之后，AH=09H，AL=08H，即 AX=0908H；若 AL 的值是 06 即 06H，则执行完 AAM 之后，AH=00H，AL=06H，即 AX=0006H；若 AL 的值是 125 即 7DH，则执行完 AAM 之后，AH=12H，AL=05H，即 AX=1205H。

4.9.4 BCD 码调整为二进制编码 AAD

BCD 码调整为二进制编码指令又称为 ASCII 码除调整指令（Ascii Adjust After Division），是用于调整 AX 寄存器之值，该值原是一个两位非压缩 BCD 码，其中 AL 存个位数、AH 存十位数，调整为一个二进制数存于 AL，并设置相应标志位。

其调整规则如下：

AL←AH*10+AL

AH←0

语法格式如下：

```
AAD
```

受影响的标志位包括 PF、SF 和 ZF（AF、CF 和 OF 等都是无定义）。

AAD 指令本质上与除法无关，但其执行功能上相当于将 AX 中两位非压缩 BCD 码调整为存于一个二进制数存于 AL。若调整前 AX 的值不是两位非压缩 BCD 码，则调整后 AL 的值就大了。

例如，若 AX 的值是 0908H，则执行完 AAD 之后，AH=00H，AL=62H=98；若 AX 的值是 0006H，则执行完 AAD 之后，AH=00H，AL=06H=6；若 AX 的值是 1205H，则执行完 AAD 之后，AH=00H，AL=B9H=185。

4.9.5　BCD 码加法调整 DAA

DAA（Decimal Adjust After Addition）指令是用于调整 AL 的值，该值是由加法指令求两个压缩 BCD 码之和所得到的二进制编码，执行 DAA 后调整为压缩 BCD 码。

其调整规则如下：

（1）若 AL 的低 4 位大于 9 或低 4 位有进位（AF=1），则 AL=AL+6，并置 AF=1。

（2）若 AL 的高 4 位大于 9 或高 4 位有进位（CF=1），则 AL=AL+60H，并置 CF=1。

（3）若以上两点都不成立，则清除标志位 AF 和 CF。

语法格式如下：

```
DAA
```

受影响的标志位包括 AF、CF、PF、SF 和 ZF（OF 无定义）。

例如：

```
MOV EAX,44H
ADD AL,39H                  ;相加后 AL=7DH，这不是压缩 BCD 码，因为低 4 位'D'不是 BCD 码
DAA                         ;调整后 AL=83H，这是压缩 BCD 码，也满足 44+39=83
```

例 4-10　输入两个压缩 BCD 码作被加数，再输入两个压缩 BCD 码作加数，编程求和并输出。

运行后输入：

```
13 87
24 98
```

则输出结果：

```
38 85
```

按以下 7 个步骤实现要求：

① 定义 BYTE 类型变量 X1 和 X2 分别存被加数的低两位和高两位压缩 BCD 码，变量 Y1 和 Y2 分别存加数的低两位和高两位压缩 BCD 码，变量 Z1 和 Z2 分别存和的低两位和高两位压缩 BCD 码。

需要特别注意的是，变量 X1、X2、Y1 和 Y2 不能只预留一个字节的存储空间，因为 scanf 函数输入时每个变量都按 4 个字节的整数存储，若定义成单个字节的变量，将产生互相覆盖。

② 输入两个压缩 BCD 码分别作为被加数的高两位和低两位存于变量 X2 和 X1。

③ 输入两个压缩 BCD 码分别作为加数的高两位和低两位存于变量 Y2 和 Y1。

④ 取变量 X1 中的被加数低两位压缩 BCD 码，加上变量 Y1 中的加数的低两位压缩 BCD 码，经 DAA 指令调整后，将低两位压缩 BCD 码和存变量 Z1 中，进位存 CF 中。

⑤ 取变量 X2 中的被加数高两位压缩 BCD 码，带进位加上变量 Y2 中的加数的高两位压缩 BCD 码，经 DAA 指令调整后，将高两位压缩 BCD 码和存变量 Z2 中，进位存 CF 中。

⑥ 从内存变量 Z1 中取出低两位压缩 BCD 码和存 EAX，从内存变量 Z2 中取出高两位压缩 BCD 码和存 EBX。

⑦ 输出结果。

源程序如下：

```
.486                              ;①选择的处理器
.model flat,stdcall               ;②存储模型，Win32 程序只能用平展（flat）模型
option casemap:none               ;③指明标识符大小写敏感
include     kernel32.inc          ;④要引用的头文件
includelib  kernel32.lib          ;要引用的库文件
includelib  msvcrt.lib            ;引用 C 库文件
scanf PROTO C:ptr sbyte,:vararg;C 语言的 scanf 函数原型声明
printf PROTO C:ptr sbyte,:vararg;C 语言的 printf 函数原型声明
.data                             ;⑤数据段
X1          BYTE 4 DUP(0)         ;被加数低两位压缩 BCD 码
X2          BYTE 4 DUP(0)         ;被加数高两位压缩 BCD 码
Y1          BYTE 4 DUP(0)         ;加数低两位压缩 BCD 码
Y2          BYTE 4 DUP(0)         ;加数高两位压缩 BCD 码
Z1          BYTE 4 DUP(0)         ;低两位压缩 BCD 码和
Z2          BYTE 4 DUP(0)         ;高两位压缩 BCD 码和
fmt         BYTE '%2x %2x', 0     ;每输入一个两位压缩 BCD 码后加一个空格
.code                             ;⑥代码段
start:                            ;⑦定义标号 start
invoke scanf,ADDR fmt,ADDR X2,ADDR X1;以十六进制形式输入两个压缩 BCD 码作为被加数
invoke scanf,ADDR fmt,ADDR Y2,ADDR Y1;以十六进制形式输入两个压缩 BCD 码作为加数
MOV AL,X1                         ;取低两位压缩 BCD 码作为被加数
ADD   AL,Y1                       ;不带进位加低两位压缩 BCD 码加数
DAA                    ;将压缩 BCD 码相加的和调整为压缩 BCD 码，并将进位存 AH、CF 和 AF
MOV Z1,AL                         ;低两位压缩 BCD 码数值和存内存变量 Z1
MOV AL,X2                         ;取高两位压缩 BCD 码作为被加数
ADC   AL,Y2                       ;不带进位加高两位压缩 BCD 码加数
DAA                    ;将压缩 BCD 码相加的和调整为压缩 BCD 码，并将进位存 AH、CF 和 AF
MOV Z2,AL                         ;高两位压缩 BCD 码和存内存变量 Z2
MOVZX EAX,Z1           ;从内存变量 Z1 中取出低两位压缩 BCD 码和存 EAX，高位用 0 填充
MOVZX EBX,Z2           ;从内存变量 Z2 中取出高两位压缩 BCD 码和存 EBX，高位用 0 填充
invoke printf,ADDR fmt,EBX,EAX;输出两压缩 BCD 码和
invoke ExitProcess,0              ;⑧退出进程，返回值为 0
end    start                      ;⑨指明程序入口点 start
```

4.9.6 BCD 码减法调整 DAS

DAS（Decimal Adjust After Subtraction）指令是用于调整 AL 的值，该值是由减法指令求两个压缩 BCD 码之差所得到的二进制编码，执行 DAS 后调整为压缩 BCD 码。

其调整规则如下：

（1）若 AL 的低 4 位大于 9 或低 4 位有借位（AF=1），则 AL=AL−6，并置 AF=1。

（2）若 AL 的高 4 位大于 9 或高 4 位有借位（CF=1），则 AL=AL−60H，并置 CF=1。

（3）若以上两点都不成立，则清除标志位 AF 和 CF。

语法格式如下：

```
DAS
```

受影响的标志位包括 AF、CF、PF、SF 和 ZF（OF 无定义）。

例如：

```
MOV EAX,45H
SUB   AL,19H              ;相减后 AL=2CH，这不是压缩 BCD 码，因为低 4 位'C'不是 BCD 码
DAS                       ;调整后 AL=26H，这是压缩 BCD 码，也满足 45−19=26
```

4.10 逻辑运算指令

逻辑运算指令包括逻辑与（AND）、或（OR）、非（NOT）和异或（XOR）指令，逻辑运算真值表如表 4-4 所示。

表 4-4 逻辑运算真值表

A	B	A AND B	A OR B	NOT A	A XOR B
0	0	0	0	1	0
0	1	0	1	1	1
1	0	0	1	0	1
1	1	1	1	0	0

4.10.1 逻辑与操作 AND

逻辑与指令 AND（Logical AND Instruction）的语法格式如下：

```
AND   Reg/Mem,Reg/Mem/Imm
```

受影响的标志位包括 CF（0）、OF（0）、PF、SF 和 ZF（AF 无定义）。

指令的功能是源操作数中的每位二进制数与目的操作数中的相应位二进制数进行逻辑与操作，结果存入目的操作数。

因为跟 0 与的结果都是 0，所以逻辑与指令常用于将某些位清 0。

例 4-11 已知 AL 的值为数字字符，现要将其转换为数值，请写一条指令实现它。

因为数字字符的 ASCII 码值为 30H~39H（即 00110000B~00111001B），而数值 0~9 的二进制编码为 00000000B~00001001B，所以可以构造一个立即数，其高 4 位的值为 0，其他位的值为 1，即 00001111B，然后用该值与 AL 值作逻辑与运算以将其高 4 位清 0，写成指令为

```
AND AL,00001111B
```

若 AL 的值为数字字符'7'（即 37H），则其计算过程如图 4-18 所示，运算后 AL=07H（即数值 7）。

```
    00110111
AND 00001111
    --------
    00000111
```

图 4-18　逻辑与执行过程示意图

4.10.2　逻辑或操作 OR

逻辑或操作指令 OR（Logical OR Instruction）的语法格式如下：

```
OR    Reg/Mem,Reg/Mem/Imm
```

受影响的标志位包括 CF（0）、OF（0）、PF、SF 和 ZF（AF 无定义）。

指令的功能是源操作数中的每位二进制数与目的操作数中的相应位二进制数进行逻辑或操作，结果存入目标操作数。

因为与 1 或的结果都是 1，所以逻辑或指令常用于将某些位置 1。

例 4-12　已知 AL 的值为数值 0~9，现要将其转换为数字字符，请写一条指令实现它。

因为数值 0~9 的二进制编码为 00000000B~00001001B，而数字字符的 ASCII 码值为 30H~39H（即 00110000B~00111001B），所以可以构造一个立即数，其第 4、5 位的值为 1，其他位的值为 0，即 00110000B，然后用该值与 AL 值作逻辑或运算以将其第 4、5 位置 1，写成指令为：

```
OR AL,00110000B
```

若 AL 的值为数值 7，即 07H，则其计算过程如图 4-19 所示，运算后 AL=37H，即数字字符'7'。

```
    00000111
OR  00110000
    --------
    00110111
```

图 4-19　逻辑或执行过程示意图

4.10.3　逻辑非操作 NOT

逻辑非操作指令 NOT（Logical NOT Instruction）的语法格式如下：

```
NOT    Reg/Mem
```

其功能是把操作数中的每一位取反，即 1←0，0←1，指令的执行不影响任何标志位。

例 4-13　已知 AL=37H，执行指令“NOT AL”指令后，AL 的值是什么？

执行该指令后，AL=C8H，其计算过程如图 4-20 所示。

```
NOT 00110111
    --------
    11001000
```

图 4-20　逻辑非执行过程示意图

4.10.4　逻辑异或操作 XOR

逻辑异或操作指令 XOR（Exclusive OR Instruction）的语法格式如下：

```
XOR    Reg/Mem,Reg/Mem/Imm
```

受影响的标志位包括 CF（0）、OF（0）、PF、SF 和 ZF（AF 无定义）。

指令的功能是源操作数中的每位二进制数与目的操作数中的相应位二进制数进行逻辑异或操作，结果存入目标操作数中。

因为 0 与 1 异或为 1，1 与 1 异或为 0，所以逻辑异或指令常用于将某些位取反。

例 4-14　已知 AL=37H，现要将其高 4 位取反，请写一条指令实现它。

NOT 指令只能将整个数取反，若要将某些位取反，只能用 XOR 指令，可以构造一个立即数，其高 4 位的值为 1，低 4 位的值为 0（即 11110000B），然后用该值与 AL 值作逻辑异或运算以将其高 4 位取反，写成指令为：

```
XOR AL,11110000B
```

若 AL 的值为 37H（即 00110111B），则其计算过程如图 4-21 所示，运算后 AL=C7H。

```
    00110111
XOR 11110000
------------
    11000111
```

图 4-21　逻辑异或执行过程示意图

4.10.5　逻辑比较测试 TEST

逻辑比较测试指令 TEST（Logical Compare）的语法格式如下：

```
TEST  Reg/Mem,Reg/Mem/Imm
```

受影响的标志位包括 CF（0）、OF（0）、PF、SF 和 ZF（AF 无定义）。

指令的功能是源操作数中的每位二进制数与目的操作数中的相应位二进制数进行逻辑与操作，但结果不存入目的操作数中，这也是与 AND 指令不同之处。在该指令后，通常紧跟 JZ、JNZ 等条件转移指令（详见“6.3　JMP 和 Jcc 转移指令”一节）。

例 4-15　输入最近几年的年份，判断是否是闰年，请编程实现它（使用 JNZ 和 JMP 等转移指令）。

运行后输入：

```
2015
```

则输出结果：

```
2015 不是闰年
```

运行后输入：

```
2016
```

则输出结果：

```
2016 是闰年
```

闰年的判断条件是能被 4 整除但不能被 100 整除或能被 400 整除，因此，从 1901 年到 2099 年间，只要能被 4 整除的都是闰年。数值能被 4 整除就意味着其二进制末两位为 0，所以可以构造一个立即数，其末两位的值为 1，其他位的值为 0，即 0…011B，然后用该值跟年份做位测试，即按位与运算（年份高位与立即数 0…0 进行逻辑与，结果为 0；年份末两位与立即数 11 逻辑与，若年份末两位为 00，则结果为 0，否则不为 0），若运算结果为 0 则能被 4 整除，否则不能被 4 整除。

源程序如下：

```
.386                              ;①选择的处理器
.model flat,stdcall               ;②存储模型，Win32 程序只能用平展（flat）模型
option casemap:none               ;③指明标识符大小写敏感
include      kernel32.inc         ;④要引用的头文件
includelib   kernel32.lib         ;要引用的库文件
includelib   msvcrt.lib           ;引用 C 库文件
scanf PROTO C:DWORD,:vararg       ;C 语言的 scanf 函数原型声明
printf PROTO C:DWORD,:vararg      ;C 语言的 printf 函数原型声明
.data                             ;⑤数据段
x           DWORD ?
infmt       BYTE '%d',0
outfmt1     BYTE '%d 是闰年',0
outfmt2     BYTE '%d 不是闰年',0
.code                             ;⑥代码段
start:                            ;⑦定义标号 start
invoke scanf,addr infmt,addr x    ;输入年份
TEST x,11B                        ;年份高位清 0，低两位跟 11B 逻辑与，若为 0，则能被 4 整除
JNZ NotLeap                       ;若不为 0，则不能被 4 整除，转不是闰年处（NotLeap）执行
invoke printf,addr outfmt1,x      ;否则顺序执行，输出 x 是闰年
JMP Done                          ;执行完输出“x 是闰年”后转结束
NotLeap:                          ;以下进行不是闰年处理
invoke printf,addr outfmt2,x      ;输出“x 不是闰年”
Done:
invoke ExitProcess,0              ;⑧退出进程，返回值为 0
end     start                     ;⑨指明程序入口点 start
```

4.11 位操作指令

位操作指令包括算术移位、逻辑移位、双精度移位、循环移位、带进位的循环移位、位扫描、第 i 位操作等 7 大类指令，前 5 类统称移位指令。移位指令将目的操作数所有位向左或右移动 n 位，n 由立即数或 CL 指定，n 的值仅低 5 位有效即有效取值范围为 0~31。后两类指令是针对操作数中的某一位进行操作。

4.11.1 算术移位 SAL/SAR

算术移位指令有算术左移 SAL（Shift Algebraic Left）和算术右移 SAR（Shift Algebraic Right）。语法格式如下：

```
SAL/SAR    Reg/Mem,CL/Imm
```

受影响的标志位包括 CF、OF、PF、SF 和 ZF（AF 无定义）。

算术左移指令 SAL 左移 CL 位或 Imm 位，目的操作数中的各位每向左移 1 位，其左边最高位移入进位位 CF，右边空出的最低位补 0。

算术右移指令 SAR 右移 CL 位或 Imm 位，目的操作数中的各位每向右移 1 位，其右边最低位移入进位位 CF，左边空出的最高位补符号位，如图 4-22 所示。

（a）算术左移指令 SAL（n=8 或 16 或 32）　（b）算术右移指令 SAR（n=8 或 16 或 32）

图 4-22　算术移位指令（SAL/SAR）执行过程示意图

例 4-16　已知执行移位前 BL=E9H=1110 1001B，对应有符号数为−23，则求分别用算术左移和右移指令移动 1、2 位后 BL 的值。

用算术左移和右移指令移动 1、2 位后，BL 的值如表 4-5 所示。

表 4-5　BL 算术左移和右移指令移动 1、2 位的结果

执行的指令	执行后 BL 的值
SAL　BL,2	BL=A4H=1110 0100B=−92
SAL　BL,1	BL=D2H=1101 0010B=−46
SAL　BL,0	BL=E9H=1110 1001B=−23
SAR　BL,1	BL=F4H=1111 0100B=−12
SAR　BL,2	BL=FAH=1111 1010B=−6

通过以上运算结果可知，算术左移 1 位相当于有符号数乘 2，算术左移 n 位相当于有符号数乘 2^n；算术右移 1 位相当于有符号数除 2，算术右移 n 位相当于有符号数除 2^n。

4.11.2　逻辑移位 SHL/SHR

逻辑移位指令有逻辑左移 SHL（Shift Logical Left）和逻辑右移 SHR（Shift Logical Right）。语法格式如下：

```
SHL/SHR    Reg/Mem,CL/Imm
```

受影响的标志位包括 CF、OF、PF、SF 和 ZF（AF 无定义）。

逻辑左移指令 SHL 左移 CL 位或 Imm 位，目的操作数中的各位每向左移 1 位，其左边最高位移入进位位 CF，右边空出的最低位补 0。

逻辑右移指令 SHR 右移 CL 位或 Imm 位，目的操作数中的各位每向右移 1 位，其右边最低位移入进位位 CF，左边空出的最高位补 0，如图 4-23 所示。

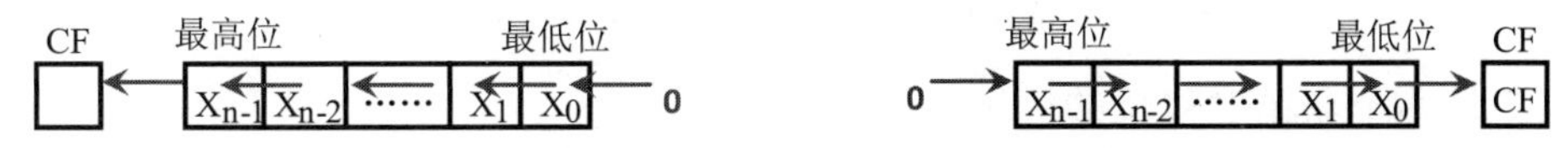

（a）逻辑左移指令 SHL（n=8 或 16 或 32）　（b）逻辑右移指令 SHR（n=8 或 16 或 32）

图 4-23　逻辑移位指令（SHL/SHR）执行过程示意图

例 4-17　已知执行移位前 BL=29H=0010 1001B，对应无符号数为 41，则求分别用逻辑左移和右移指令移动 1、2 位后 BL 的值。

用逻辑左移和右移指令移动 1、2 位后，BL 的值如表 4-6 所示。

表 4-6 BL 逻辑左移和右移指令移动 1、2 位的结果

执行的指令	执行后 AL 的值
SHL BL,2	BL=A4H=1010 0100B=164
SHL BL,1	BL=52H=0101 0010B=82
SHL BL,0	BL=29H=0010 1001B=41
SHR BL,1	BL=14H=0001 0100B=20
SHR BL,2	BL=0AH=0000 1010B=10

通过以上运算结果可知，逻辑左移 1 位相当于无符号数乘 2，逻辑左移 n 位相当于无符号数乘 2^n；逻辑右移 1 位相当于无符号数除 2，逻辑右移 n 位相当于无符号数除 2^n。

4.11.3 双精度移位 SHLD/SHRD

双精度移位指令有双精度左移 SHLD（Shift Left Double Precision）和双精度右移 SHRD（Shift Right Double Precision）。它们都是 3 个操作数的指令，语法格式如下：

```
SHLD/SHRD   Reg/Mem,Reg,CL/Imm            ;80386+
```

其中，第一操作数是一个 16 位/32 位的寄存器或存储单元；第二操作数一定是寄存器（与第一操作数具有相同位数）；第三操作数是移动的位数，它可由 CL 或一个立即数来确定。

受影响的标志位包括 CF、OF、PF、SF 和 ZF（AF 无定义）。

在执行 SHLD 指令时，第一操作数向左移 n 位，其“空出”的低位由第二操作数的高 n 位来填补，但第二操作数自己不移动、不改变。

在执行 SHRD 指令时，第一操作数向右移 n 位，其“空出”的高位由第二操作数的低 n 位来填补，但第二操作数自己也不移动、不改变。

SHLD 和 SHRD 指令的移位功能示意图如图 4-24 所示。

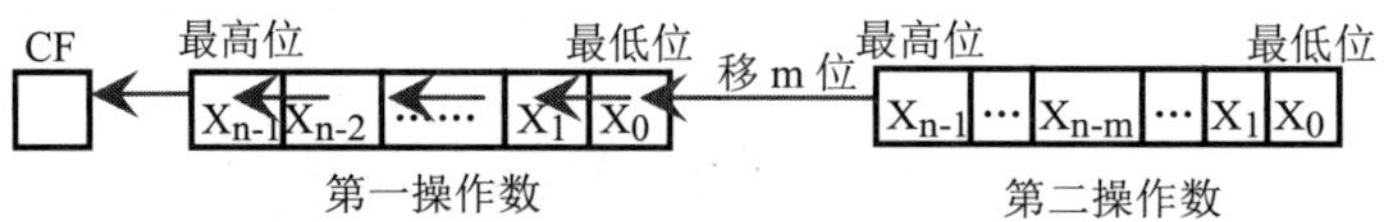

（a）双精度左移位指令 SHLD（n=8 或 16 或 32）

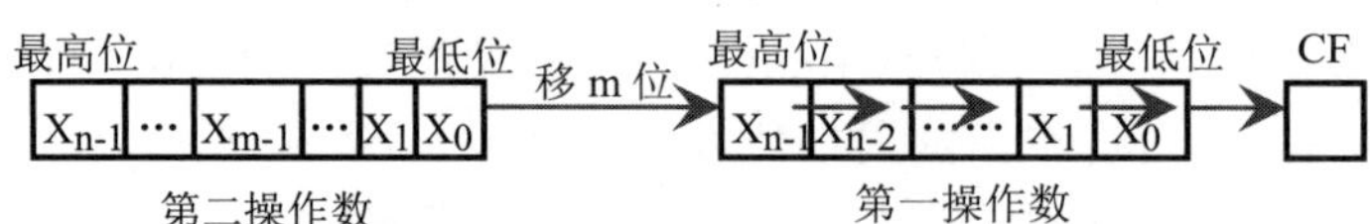

（b）双精度右移位指令 SHRD（n=8 或 16 或 32）

图 4-24 双精度移位指令（SHLD/SHRD）操作示意图

表 4-7 是两个双精度移位的例子及其执行结果。

表 4-7 双精度移位指令执行结果

双精度移位指令	指令操作数的初值	指令执行后的结果
SHLD BX,AX,4	BX=0000 0000 0000 1110B=000EH AX=0110 1100 0100 1001B=6C49H	BX=0000 0000 1110 0110B=00E6H AX=0110 1100 0100 1001B=6C49H
SHRD AX,DX,2	AX=1100 0100 1001 0000B=C490H DX=0000 0000 0000 0010B=0002H	AX=101100 0100 1001 00B=B124H DX=0000 0000 0000 0010B=0002H

例 4-18 输入一个汉字 Unicode 编码，转换为 UTF-8 编码并输出。

16 位 Unicode 编码转换成 3 字节 UTF-8 的模板是 1110xxxx 10yyyyyy 10zzzzzz。将 16 位 Unicode 编码从左到右划分成 aaaa bbbbbb cccccc 3 组，第一组 4 位 aaaa 填入模板中的 xxxx 位置，第二组 6 位 bbbbbb 填入模板中的 yyyyyy 位置，第三组 6 位 cccccc 填入模板中的 zzzzzz 位置。实现方法很多，本例按以下 7 个步骤实现要求：

① 定义 DWORD 类型变量 Unc 存双字节整数 Unicode 编码，高 16 位默认 0，调用 scanf 函数以 4 位十六进制数输入。

② 将变量 Unc 中的 Unicode 编码转存至 EAX 寄存器；将模板高 4 位 1110B 存至 EBX 低 4 位中，高 28 位默认 0；用双精度左移指令 SHLD 将 BX 左移 4 位，其“空出”的低位由转存 AX 中的 Unicode 编码的高 4 位 aaaa 来填补，实现将 16 位 Unicode 编码的第一组 4 位 aaaa 填入模板中的 xxxx 位置，结果存 BX 的低 8 位中（000000001110aaaa）；通过“SHL EBX,16”指令将该 8 位左移 16 位，结果 EBX 中的 4 位 Unicode 编码为 0000 0000 1110aaaa 0000 0000 0000 0000。

③ 执行“SHL AX,4”指令将转存 AX 中的双字节整数 Unicode 编码逻辑左移 4 位，实现将 Unicode 编码的高 4 位 aaaa 移出，AX 中的剩余 12 位 Unicode 编码为 bbbbbb cccccc0000。

④ 执行“SHR AX,2”指令将 AX 中的剩余 12 位 Unicode 编码逻辑右移 2 位，结果 AX 中的剩余 12 位 Unicode 编码为 00bbbbbb cccccc00。

⑤ 执行“SHR AL,2”指令将 AL 中的 6 位 Unicode 编码逻辑右移 2 位，结果 AL 中的 6 位 Unicode 编码为 00cccccc，即 AX 中的 12 位 Unicode 编码为 00bbbbbb 00cccccc。

⑥ 执行“OR AX,1000 0000 1000 0000B”指令将 AX 中的每字节的最高位置 1，结果 AX 中的 16 位编码为 10bbbbbb 10cccccc，此为 UTF-8 的低 16 位，然后将其转存 BX，结果 EBX 中含 16 位 Unicode 编码的 UTF-8 编码为 0000 0000 1110aaaa 10bbbbbb 10cccccc。

⑦ 输出结果。

源程序如下：

```
.386                                  ;①选择的处理器
.model flat,stdcall                   ;②存储模型，Win32 程序只能用平展（flat）模型
option casemap:none                   ;③指明标识符大小写敏感
include     kernel32.inc              ;④要引用的头文件
includelib  kernel32.lib              ;要引用的库文件
includelib  msvcrt.lib                ;引用 C 库文件
scanf PROTO C:DWORD,:vararg           ;C 语言的 scanf 函数原型声明
printf PROTO C:DWORD,:vararg          ;C 语言的 printf 函数原型声明
.data                                 ;⑤数据段
Unc    DWORD  ?                       ;存 16 位 Unicode 编码
fmt    BYTE   '%X',0
.code                                 ;⑥代码段
start:                                ;⑦定义标号 start
invoke scanf,addr fmt,addr Unc
MOV EAX,Unc
MOV EBX,1110B
SHLD BX,AX,4
SHL EBX,16
SHL AX,4
SHR AX,2
```

```
SHR AL,2
OR AX,1000 0000 1000 0000B
MOV BX,AX
invoke printf,addr fmt,EBX        ;输出
invoke ExitProcess,0              ;⑧退出进程，返回值为 0
end     start                     ;⑨指明程序入口点 start
```

运行后输入：

```
6C49
```

则输出结果：

```
E6B189
```

4.11.4 不带进位循环移位 ROL/ROR

不带进位循环移位指令有循环左移 ROL（Rotate Left）和循环右移 ROR（Rotate Right）。语法格式如下：

```
ROL/ROR   Reg/Mem,CL/Imm
```

受影响的标志位为 CF 和 OF。

指令的具体功能描述和示意图如图 4-25 所示。

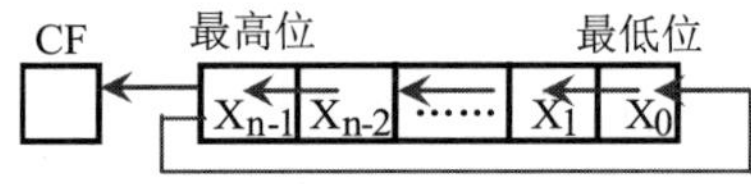

（a）不带进位循环左移指令 ROL（n=8 或 16 或 32）

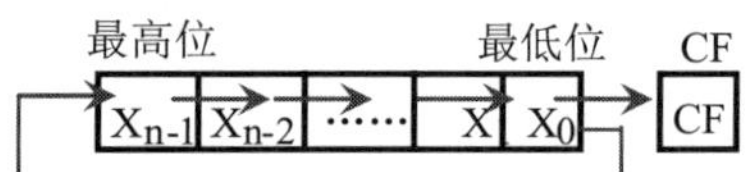

（b）不带进位循环右移指令 ROR（n=8 或 16 或 32）

图 4-25　不带进位循环移位指令执行示意图

不带进位循环左移指令 ROL 左移 CL 位或 Imm 位，目的操作数中的各位每向左移 1 位，其左边最高位移入右边空出的最低位，同时移入进位位 CF。

不带进位循环右移指令 ROR 右移 CL 位或 Imm 位，目的操作数中的各位每向右移 1 位，其右边最低位移入左边空出的最高位，同时移入进位位 CF。

表 4-8 是几个不带进位循环移位的例子及其执行结果。

表 4-8　不带进位循环移位指令执行结果

不带进位循环移位指令	指令操作数的初值	指令执行后的结果
ROL　AX,3	AX=0110 0111 1000 1001B=6789H,CF=0	AX=0 0111 1000 1001 011B=3C4BH,CF=1
ROL　AX,4	AX=0110 0111 1000 1001B=6789H,CF=0	AX=0111 1000 1001 0110B=7896H,CF=0
ROR　AX,1	AX=0110 0111 1000 1001B=6789H,CF=0	AX=10110 0111 1000 100B=B3C4H,CF=1
ROR　AX,2	AX=0110 0111 1000 1001B=6789H,CF=0	AX=010110 0111 1000 10B=59E2H,CF=0

4.11.5 带进位循环移位 RCL/RCR

带进位的循环移位指令有带进位的循环左移 RCL（Rotate Left Through Carry）和带进位的循环右移 RCR（Rotate Right）。

语法格式如下：

```
RCL/RCR  Reg/Mem,CL/Imm
```

受影响的标志位包括 CF 和 OF。

指令的具体功能描述和示意图如图 4-26 所示。

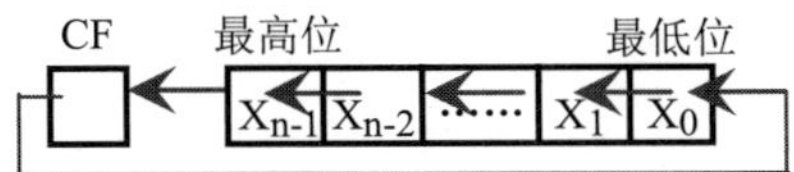

（a）带进位循环左移指令 RCL（n=8 或 16 或 32）

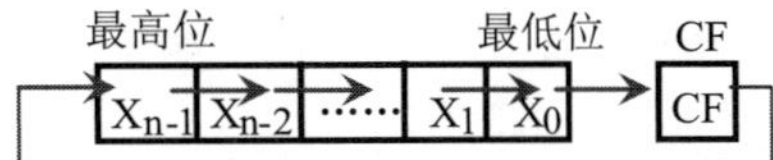

（b）带进位循环右移指令 RCR（n=8 或 16 或 32）

图 4-26　带进位循环移位指令执行示意图

带进位循环左移指令 RCL 左移 CL 位或 Imm 位，目的操作数中的各位每向左移 1 位，其左边最高位移入进位位 CF，右边空出的最低位由进位位 CF 来填补。

带进位循环右移指令 RCR 右移 CL 位或 Imm 位，目的操作数中的各位每向右移 1 位，其右边最低位移入进位位 CF，左边空出的最高位由进位位 CF 来填补。

表 4-9 是几个带进位循环移位的例子及其执行结果。

表 4-9　带进位循环移位指令执行结果

带进位循环移位指令	指令操作数的初值	指令执行后的结果
RCL　AX,3	AX=0110 0111 1000 1001B=6789H,CF=0	AX=0 0111 1000 1001 001B=3C49H,CF=1
RCL　AX,4	AX=0110 0111 1000 1001B=6789H,CF=0	AX=0111 1000 1001 0011B=7893H,CF=0
RCR　AX,1	AX=0110 0111 1000 1001B=6789H,CF=0	AX=0 0110 0111 1000 100B=33C4H,CF=1
RCR　AX,2	AX=0110 0111 1000 1001B=6789H,CF=0	AX=10 0110 0111 1000 10B=99E2H,CF=0

表 4-10 实现把 EDX|EAX 组成的 64 位二进制数算术左移、循环左移 1 位。

表 4-10　实现把 EDX|EAX 组成的 64 位二进制数算术左移、循环左移 1 位

EDX|EAX 算术左移 1 位指令序列	EDX|EAX 循环左移 1 位指令序列
SHL　EAX,1 RCL　EDX,1	SHLD　EDX,EAX,1 RCL　EAX,1

4.11.6　位扫描 BSF/BSR

位扫描指令（Bit Scan Instruction）的功能是在源操作数中找第一个"1"的位置（0~n−1，n 为数据位数）。若找到，则将该"1"所在位置值保存到目的操作数中，并置标志位 ZF 为 0；否则，即源操作数为 0 时，目的操作数未定义，且置标志位 ZF 为 1。语法格式如下：

```
BSF  Reg,Reg/Mem        ;在 Reg/Mem 中找到最低位"1"的位置值存 Reg，若找到置 ZF 为 0
BSR  Reg,Reg/Mem        ;在 Reg/Mem 中找到最高位"1"的位置值存 Reg，若找到置 ZF 为 0
```

受影响的标志位为 ZF。

由图 4-27 可知，BSF（Bit Scan Forward）指令从右向左扫描，即从低位向高位扫描，称为正向扫描指令；BSR（Bit Scan Reverse）指令从左向右扫描，即从高位向低位扫描，称为逆向扫描指令。

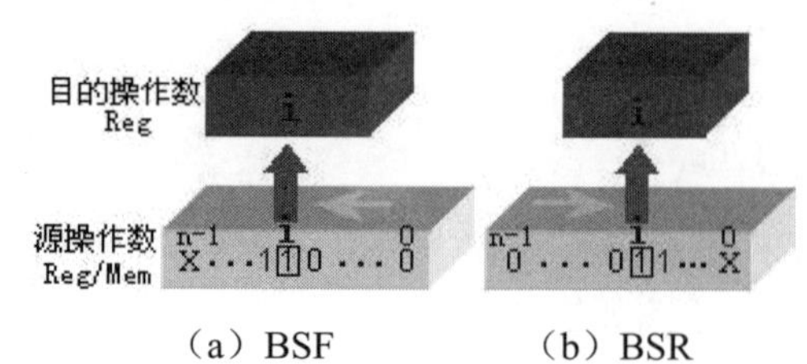

（a）BSF （b）BSR

图 4-27 位扫描指令的功能示意图

例如：

```
MOV  EAX,0000 0000 0000 0000 00011111 1111 1100B
BSF  ECX,EAX        ;因为从右到左第 2 位为 1，所以 ECX=2
BSR  ECX,EAX        ;因为从左到右第 12 位为 1，所以 ECX=12
```

例 4-19 体育彩票 31 选 7 就是从号码 1~31 中任选 7 个号码作为一注，然后根据投注号码与开奖号码相符情况确定相应中奖等级。现用一个 32 位整数 N 中的 31 位二进制数 1 和 0 来分别表示号码 1~31 是否被选中，如 D_i 位为 1，则表示第 i 个号码被选中（i=1~31）。现以十六进制输入一个 32 位整数 N 表示第 n 期的开奖号码，请编程求该期开奖号码中最小号球和最大号球。

按程序要求，第 0 位不用，第 1 位为 1 表示选中 1 号球，第 31 位为 1 表示选中 31 号球。本例按以下 4 个步骤实现要求：

① 定义 DWORD 类型变量 N 存整数 N 代表的一组号码，调用 scanf 函数以 8 位十六进制数输入。

② 执行 BSR 求最高位 1 的位置，即最大号球存 EAX 寄存器。

③ 执行 BSF 求最低位 1 的位置，即最小号球存 EBX 寄存器。

④ 输出结果。

源程序如下：

```
.386                                       ;①选择的处理器
.model flat,stdcall                        ;②存储模型，Win32 程序只能用平展（flat）模型
option casemap:none                        ;③指明标识符大小写敏感
include     kernel32.inc                   ;④要引用的头文件
includelib  kernel32.lib                   ;要引用的库文件
includelib  msvcrt.lib                     ;引用 C 库文件
scanf PROTO C:DWORD,:vararg                ;C 语言的 scanf 函数原型声明
printf PROTO C:DWORD,:vararg               ;C 语言的 printf 函数原型声明
.data                                      ;⑤数据段
N           DWORD  ?                       ;存 16 位 Unicode 编码
infmt       BYTE   '%8X',0
outfmt      BYTE   '最大号球为%d,最小号球为%d',0
.code                                      ;⑥代码段
start:                                     ;⑦定义标号 start
invoke scanf,addr infmt,addr N
BSR EAX,N
BSF EBX,N
invoke printf,addr outfmt,EAX,EBX          ;输出
invoke ExitProcess,0                       ;⑧退出进程，返回值为 0
```

```
    end    start                                ;⑨指明程序入口点 start
```

运行后输入：

```
    48212804
```

则输出结果：

```
    最大号球为 30，最小号球为 2
```

4.11.7 第 i 位操作 BT[CRS]

第 i 位操作指令 BT[CRS]的语法格式如下：

```
    BT   Reg/Mem,Reg/Imm ;Reg/Mem 中第 i 位的值传送给进位位 CF，i 的值由 Reg/Imm 指定，下同
    BTC  Reg/Mem,Reg/Imm    ;Reg/Mem 中第 i 位的值传送给进位位 CF 后并将该位取反
    BTR  Reg/Mem,Reg/Imm    ;Reg/Mem 中第 i 位的值传送给进位位 CF 后并将该位清 0
    BTS  Reg/Mem,Reg/Imm    ;Reg/Mem 中第 i 位的值传送给进位位 CF 后并将该位置 1
```

受影响的标志位为 CF。

以上 4 条指令共同的功能是将目的操作数中第 i 位的值（0 或 1）传送给进位位 CF，i 的值由源操作数指定，BTC 同时将第 i 位取反，BTR 同时将第 i 位清 0，BTS 同时将第 i 位置 1。进位位 CF 中值是否为 1 可用条件转移指令 JC/JNC 进行检测（详见“6.3 JMP 和 Jcc 转移指令”一节）。

若 EAX=0000 00000000 0000 00010010 0011 0100B，则分别执行如下指令及其结果如下。

```
    BT   EAX,2 ;第 2 位传给 CF 后则 CF=1，EAX 不变
    BTC EAX,5 ;第 5 位传给 CF 并取反后则 CF=1，EAX=0000 0000 0000 0000 0001 0010 0001 0100B
    BTR EAX,12;第 12 位传给 CF 并清 0 后则 CF=1，EAX=0000 0000 0000 0000 00000010 0011 0100B
    BTS EAX,24;第 24 位传给 CF 并置 1 后则 CF=0，EAX=0000 00010000 0000 0001 0010 0011 0100B
```

例 4-20 体育彩票 31 选 7 就是从号码 1~31 中任选 7 个号码作为一注，然后根据投注号码与开奖号码相符情况确定相应中奖等级。现用一个 32 位整数 N 中的 31 位二进制数 1 和 0 来分别表示号码 1~31 是否选中，如 D_i 位为 1，则表示第 i 个号码被选中（i=1~31）。现以十六进制输入一个 32 位整数 N 表示第 n 期的开奖号码，请编程求该期开奖号码中最大号的两个球。

按程序要求，第 0 位不用，第 1 位为 1 表示选中 1 号球，第 31 位为 1 表示选中 31 号球，用 BSR 指令求最高位 1 的位置，再用 BTR 指令将该位清 0，反复执行这两条指令可以求出所有位置的 1。本例按以下 4 个步骤实现要求：

① 定义 DWORD 类型变量 N 存整数 N 代表的一组号码，调用 scanf 函数以 8 位十六进制数输入。

② 执行“BSR EAX,N”求最高位 1 的位置，即最大号球存 EAX 寄存器，然后执行“BTR N,EAX”将最高位 1 清 0。

③ 再执行“BSR EAX,N”求次高位 1 的位置，即次大号球存 EAX 寄存器，然后执行“BTR N,EAX”将次高位 1 清 0，以便可以求第三大号球，当然，本例只要求出次大号球即可，故可不执行此 BTR 指令。

④ 输出结果。

源程序如下：

```
.386                                    ;①选择的处理器
.model flat,stdcall                     ;②存储模型，Win32 程序只能用平展（flat）模型
option casemap:none                     ;③指明标识符大小写敏感
include      kernel32.inc               ;④要引用的头文件
includelib   kernel32.lib               ;要引用的库文件
includelib   msvcrt.lib                 ;引用 C 库文件
scanf PROTO C:DWORD,:vararg             ;C 语言的 scanf 函数原型声明
printf PROTO C:DWORD,:vararg            ;C 语言的 printf 函数原型声明
.data                                   ;⑤数据段
N            DWORD   ?                  ;存整数 N 代表的一组号码
infmt        BYTE    '%8X',0
outfmt       BYTE    '最大的两个号球为%d、%d',0
.code                                   ;⑥代码段
start:                                  ;⑦定义标号 start
invoke scanf,addr infmt,addr N
BSR EAX,N
BTR N,EAX
BSR EBX,N
BTR N,EBX
invoke printf,addr outfmt,EAX,EBX       ;输出
invoke ExitProcess,0                    ;⑧退出进程，返回值为 0
end    start                            ;⑨指明程序入口点 start
```

运行后输入：

```
48212804
```

则输出结果：

```
最大的两个号球为 30、27
```

4.12 串操作指令

串操作指令有取串（LODS）、存串（STOS）、移串（MOVS）、输入串、输出串、串比较和串扫描等 7 种数据处理指令，任一串操作指令前缀重复指令 REP、REPE/REPZ 或 REPNE/REPNZ 后可实现对连续的 ECX 个存储单元中的数据依次进行处理。存储单元的地址是由变址寄存器 ESI 或 EDI 指定的。串操作指令可对存储单元中的数据按字节（串指令后缀 B）、字（串指令后缀 W）或双字（串指令后缀 D）进行处理，并使 ESI 或 EDI 在每次数据处理后自动增减 1、2 或 4。具体规定如下：

（1）当 DF=0 时即执行 CLD 指令后，ESI 或 EDI 在每次数据处理后自动增加 1、2 或 4。

（2）当 DF=1 时即执行 STD 指令后，ESI 或 EDI 在每次数据处理后自动减少 1、2 或 4。

串操作指令若没有前缀重复指令 Rep，则每条指令只执行一次数据处理。

4.12.1 重复串操作 REP[E|Z|NE|NZ]

重复前缀指令每执行一次，ECX 的值自动减 1，但重复指令必须与串操作指令结合使用。

1. 无条件重复前缀指令 REP（Repeat String Instruction）

该指令的一般格式如下：

```
REP    串操作指令              ;无条件重复串操作指令前缀
```

无条件重复可使用的串操作指令有 5 种，具体如下。

（1）重复移串指令：REP MOVS DST,SRC/MOVSB/MOVSW/MOVSD。

（2）重复取串指令：REP LODS SRC/LODSB/LODSW/LODSD。

（3）重复存串指令：REP STOS DST/STOSB/STOSW/STOSD。

（4）重复输入串指令：REP INS DST/INSB/INSW/INSD。

（5）重复输出串指令：REP OUTS SRC/OUTSB/OUTSW/OUTSD。

无条件重复前缀指令 REP 的执行步骤如下：

（1）若 ECX≠0。

（2）则 ECX–ECX-1（不影响有关标志位），并执行 REP 后的串操作指令，执行完后，再转到步骤（1）。

（3）否则退出 REP 指令，执行程序中的下一条指令。

无条件重复 REP 对标志位的影响是由被重复的串操作指令来决定，重复的次数由 ECX 来决定；串指令中用到的 DST 与 SRC 只是告诉编译器数据类型（字节、字或双字），不决定传送位置。

2. 条件重复前缀指令 REP[N]E/REP[N]Z（Repeat String Conditionally）

条件重复前缀指令与前面的重复前缀指令功能相类似，所不同的是：其重复次数不仅由 ECX 来决定，而且还会由标志位 ZF 来决定。根据 ZF 所起的作用又分为两种：相等重复前缀指令 REPE/REPZ 和不等重复前缀指令 REPNE/REPNZ。

（1）相等重复前缀指令的语法格式如下：

```
REPE/REPZ   SCAS/SCASB/SCASW/SCASD
REPE/REPZ   CMPS/CMPSB/CMPSW/CMPSD
```

该重复前缀指令的执行步骤如下：

① 若 ECX≠0 且相等（ZF=1）。

② 则 ECX=ECX-1（不影响有关标志位），并执行 REP 后的串操作指令，执行完后，再转到步骤①。

③ 否则退出重复指令，执行程序中的下一条指令。

（2）不等重复前缀指令的语法格式如下：

```
REPNE/REPNZ   SCAS/SCASB/SCASW/SCASD
REPNE/REPNZ   CMPS/CMPSB/CMPSW/CMPSD
```

该重复前缀指令的执行步骤如下：

① 若 ECX≠0 且不相等（ZF=0）。

② 则 ECX=ECX-1（不影响有关标志位），并执行 REP 后的串操作指令，执行完后，再转到步骤①。

③ 否则退出 REP 指令，执行程序中的下一条指令。

4.12.2 移串操作 MOVS[B|W|D]

移串指令又称为串传送指令（Move String Instruction），是把以 ESI 值为起始地址的一个字节、字或双字数据传送到以 EDI 值为起始地址的内存空间中，并在传送完数据后根据标志位 DF 的值对 ESI 和 EDI 作相应增减，如图 4-28 所示。

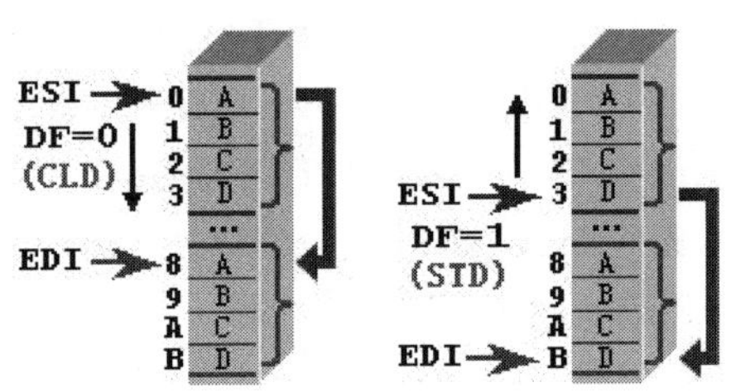

图 4-28　串传送指令的功能示意图

语法格式如下：

```
MOVS DST,SRC  ;DST 与 SRC 只是告诉编译器数据类型（字节、字或双字），不决定传送位置
MOVSB/MOVSW/MOVSD;[ESI]→[EDI]，MOVSB 字节传送，MOVSW 字传送，MOVSD 双字传送
```

该指令的执行不影响任何标志位；该指令是唯一一条实现从存储单元传送到存储单元的指令；该指令执行一次只能传送一个数据，与 rep 指令结合使用可以传送多个数据。

例 4-21　用“rep movsb”指令实现将源串 Src 传送到目的串 Dst 位置并显示结果。

将内存空间中的数据从一个地方传送到另一个地方，实现方法很多，若用 mov 指令，则要将源数据先取到寄存器，再通过寄存器存到目的位置，然后用循环指令重复此操作即可；若用 movs 指令，则只需在初始时用变址寄存器 esi 指向源数据，用变址寄存器 edi 指向目的位置，用 ecx 寄存器保存要传送的数据个数，再用 rep 前缀执行 movs 指令即可，好处是，执行 movs 指令会自动修改变址寄存器（esi/edi）的值，执行 rep 指令循环计数器（ecx）的值。本例就是用此方法实现，步骤如下：

① 定义 BYTE 类型变量 Src 存放源数据，定义 BYTE 类型变量 Dst 用于存放目的数据，定义常量 len 为源数据字节数作为源串长度，本例中用编译到 len 位置时的当前地址（$）减去源数据 Src 所在位置的地址作为 Src 串的长度。

② 让变址寄存器 esi 指向源串 Src，让变址寄存器 edi 指向目的串 Dst，让 ecx 保存要传送的串长度 len（字节数）。

③ 执行“rep movsb”指令，将源串 Src 中的 len 个数据按字节传送到 Dst 位置。

④ 输出结果。

源程序如下：

```
.386                              ;①选择的处理器
.model flat,stdcall               ;②存储模型，Win32 程序只能用平展（flat）模型
```

```
option casemap:none                    ;③指明标识符大小写敏感
include      kernel32.inc              ;④要引用的头文件
includelib   kernel32.lib              ;要引用的库文件
includelib   msvcrt.lib                ;引用 C 库文件
printf PROTO C:DWORD,:vararg           ;C 语言的 printf 函数原型声明
.data                                  ;⑤数据段
Src db   'Win32 汇编好!',0              ;定义源串
len equ $-Src                 ;当前地址（$）减 Src 地址得到 Src 串长度（含结束标志）常量
Dst db   len dup(0)                    ;定义目的串空间
.code                                  ;⑥代码段
start:                                 ;⑦定义标号 start
cld                                    ;复位标志寄存器的方向标志，以让串操作从低地址开始
lea esi,Src                            ;让 esi 指向源串 Src
lea edi,Dst                            ;让 edi 指向目的串 Dst
mov ecx,len                            ;让 ecx 保存要传送的串长度 len（字节数）
rep movsb                              ;将源串 Src 中的 len 个数据按字节传送到 Dst 位置
invoke printf,addr Dst                 ;输出目的串 Dst
invoke ExitProcess,0                   ;⑧退出进程，返回值为 0
end    start                           ;⑨指明程序入口点 start
```

输出运行结果：

```
Win32 汇编好!
```

例 4-22 用“rep movs”指令实现 C 语言中用数组 a 的值给数组 b 赋值。

在 C 语言中同样可以用 movs 指令将内存空间中的数据从一个地方传送到另一个地方，只需在初始时用变址寄存器 esi 指向源数据，用变址寄存器 edi 指向目的位置，用 ecx 寄存器保存要传送的数据个数，再用 rep 前缀执行 movs 指令即可，实现步骤如下：

① 定义整型数组 a 存源数据，定义整型数组 b 用于存目的数据。

② 让变址寄存器 esi 指向源数据 a，让变址寄存器 edi 指向目的数据 b，让 ecx 保存要传送的数据个数 10。

③ 执行“rep movsd”指令（以下程序中用“rep movs DWORD PTR [EAX]”指令，编译时根据操作数类型为 DWORD PTR 类型，将“rep movs DWORD PTR...”指令解释成“rep movsd”，至于该指令后面的[EAX]将被忽略），将源数据 a 中的 10 个数据按整数即 4 字节传送到 b 位置。

④ 输出结果。

源程序如下：

```
#include "stdio.h"
void main()
{
int a[10]={1,3,5,7,9,2,4,6,8,0},b[10]={0},i;
      __asm
      {
      CLD                       ;复位标志寄存器的方向标志，让串操作从第 0 个元素开始传送
      lea      esi,a            ;让 esi 指向源数组 a
      lea      edi,b            ;让 edi 指向目的数组 b
      mov      ecx,10           ;让 ecx 保存要传送的元素个数 10
```

```
        rep movs DWORD PTR [EAX];DWORD PTR [EAX]仅表示双字传送，一般用 rep movsd 代替
        }
        for(i=0;i<10;i++)printf("%d ",b[i]);
    }
```

输出运行结果：

```
1 3 5 7 9 2 4 6 8 0
```

4.12.3 取串操作 LODS[B|W|D]

取串指令（Load String Instruction）是把以 ESI 值为起始地址的一个字节、字或双字数据传送到 AL、AX 或 EAX 中，并在传送完数据后根据标志位 DF 的值对 ESI 作相应增减，如图 4-29 所示。

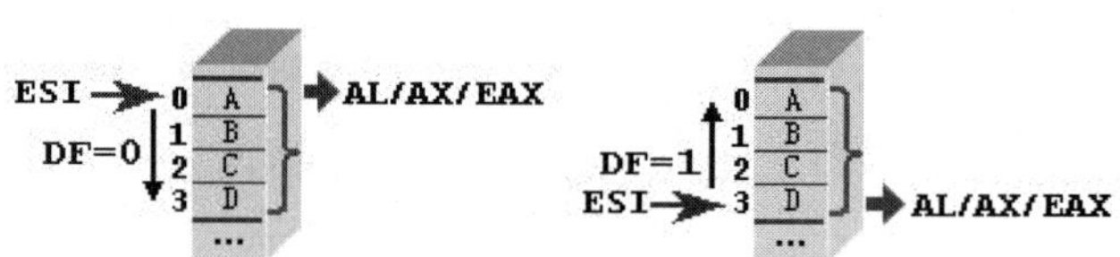

图 4-29　取串指令的功能示意图

语法格式如下：

```
    LODS SRC                ;SRC 只是告诉编译器数据类型（字节、字或双字），不决定传送位置
    LODSB/LODSW/LODSD ;[ESI]→AL/AX/EAX，LODSB 传送给 AL，LODSW 传送给 AX，LODSD
传送给 EAX
```

该指令的执行不影响任何标志位；该指令执行一次只能取一个数据，与 LOOP 等循环指令结合使用（LOOP 指令详见第 7 章）可以取多个数据；该指令若与 rep 指令结合使用没有意义，因为执行完后只能保存最后一个数据。

例 4-23　输入一字符串，编程统计字符串中数字字符的个数（用 LOOP 循环指令和.IF 伪指令，LOOP 指令详见第 7 章，.IF 指令详见第 6 章）。

在某一源数据重复取数可以用 lods 指令，只需在初始时用变址寄存器 esi 指向源数据，用 ecx 寄存器保存要取的数据个数，再用 LOOP 循环指令实现重复执行 lods 指令即可，实现步骤如下：

① 定义 BYTE 类型变量 S 存源串，定义 DWORD 类型变量 n 用于数字字符的个数。

② 给变量 S 输入源串，让变址寄存器 esi 指向源串 S，让 ecx 保存要取的字符数 80。

③ 执行 lodsb 指令取一个字符存 AL 寄存器并修改变址寄存器 esi 的值，执行.IF 伪指令判断所取值是否是数字字符（AL>='0' && AL<='9'），若是则变量 n 加 1；执行“loop again”指令，使 ECX=ECX-1，若 ECX 不为 0，则转 again 再处理下一个字符。

④ 输出结果。

源程序如下：

```
.386                                ;①选择的处理器
.model flat,stdcall                 ;②存储模型，Win32 程序只能用平展（flat）模型
option casemap:none                 ;③指明标识符大小写敏感
include     kernel32.inc            ;④要引用的头文件
```

```
includelib   kernel32.lib                    ;要引用的库文件
includelib   msvcrt.lib                      ;引用 C 库文件
scanf PROTO C:DWORD,:vararg                  ;C 语言的 scanf 函数原型声明
printf PROTO C:DWORD,:vararg                 ;C 语言的 printf 函数原型声明
.data                                        ;⑤数据段
S       db        80 Dup(0)
fmt1    db        '%s',0
fmt2    db        '%d',0
n       dword     0
.code                                        ;⑥代码段
start:                                       ;⑦定义标号 start
invoke scanf,addr fmt1,addr S                ;输入
cld                                          ;复位标志寄存器的方向标志，以让串操作从低地址开始
lea esi,S                                    ;让 esi 指向源串 S
mov ecx,80                                   ;让 ecx 保存要取串长度 80 字节
again:
lodsb                                        ;取源串 S 中的一个字符存到 AL
.IF AL>='0' && AL<='9'                       ;若取到字符是数字字符
Inc n                                        ;则 n 加 1
.EndIF
loop again                                   ;ECX=ECX-1，若 ECX 不为 0，则转 again 再处理一个字符
invoke printf,addr fmt2,n                    ;输出
invoke ExitProcess,0                         ;⑧退出进程，返回值为 0
end     start                                ;⑨指明程序入口点 start
```

运行若输入：

```
ab4c123x4y3z
```

则输出结果：

```
6
```

4.12.4 存串操作 STOS[B|W|D]

存串指令（Store String Instruction）是把 EAX（或 AX 或 AL）中的值填充到以 EDI 值为起始地址的存储单元中，并在传送完数据后根据标志位 DF 的值对 EDI 作相应增减，如图 4-30 所示。

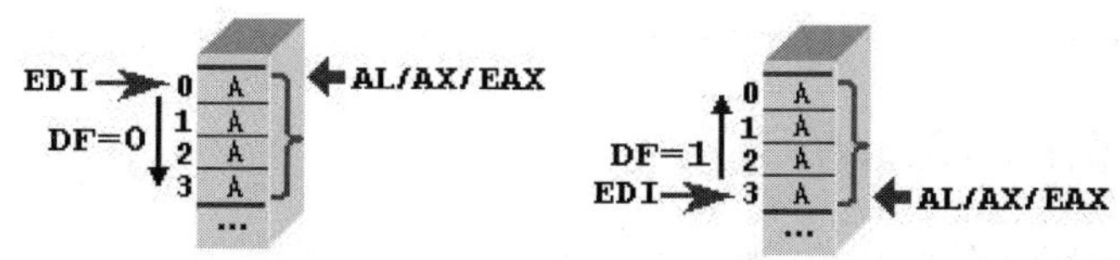

图 4-30 存串指令的功能示意图

语法格式如下：

```
STOS  DST              ;DST 只是告诉编译器数据类型（字节、字或双字），不决定传送位置
STOSB/STOSW/STOSD;AL/AX/EAX→[EDI]; STOSB:AL→[EDI]，STOSW:AX→[EDI]，STOSD:
EAX→[EDI]
```

该指令的执行不影响任何标志位；该指令执行一次只能填充一个数据，与 rep 指令结合使用可以填充多个数据。

若要填充的数据是 ASCII 码字符，则用 STOSB；若要填充的数据是汉字机内码等 16 位数据，则用 STOSW；若要填充的数据是 32 位整数，则用 STOSD。

“REP STOSD”指令常用于给局部变量存储空间即堆栈赋初值。

例 4-24 用“rep stosd”指令实现 C 语言中给数组赋 a 所有元素赋初值 2。

给某一存储空间重复填充数据可以用 stos 指令，只需在初始时用变址寄存器 edi 指向目的位置，用寄存器 ecx 保存要填充的数据个数，再用 rep 指令重复执行 stosd 指令即可，实现步骤如下：

① 定义数组 a。

② 让 eax 保存要填充的初值 2，让变址寄存器 edi 指向目的位置的地址即数组名 a，让 ecx 保存要填充的字符数 10。

③ 执行 rep stosd 指令实现将 EAX 寄存器中的值存到以 edi 为起始地址的、ecx 个双字即 4 字节存储空间中。

④ 输出结果。

源程序如下：

```
#include "stdio.h"
void main()
{
    int a[10]={0},i;
    __asm
    {//rep stosd 的方法实现，其他方法见相关章节 LOOP 循环指令
    CLD                     ;复位标志寄存器的方向标志，以让串操作从第 0 个元素开始传送
    mov     eax,2           ;给 a 数组赋初值 2
    lea     edi,a           ;让 edi 指向目的数组 a
    mov     ecx,10          ;让 ecx 保存要存的元素个数 10
    rep stosd               ;将 eax 的值存到数组 a 的 ecx 个元素中
    }
    for（i=0;i<10;i++）printf（"%d",a[i]）;
}
```

输出运行结果：

```
2222222222
```

4.12.5 输入串操作 INS[B|W|D]

输入串指令（Input String Instruction）是从 DX 指定的端口接受一个字节、字或双字数据，并存入以 EDI 值为起始地址的存储单元中，并在接受完数据后根据标志位 DF 的值对 EDI 作相应增减。

语法格式如下：

```
INS  DST                ;DST 只是告诉编译器数据类型（字节、字或双字），不决定传送位置
INSB/INSW/INSD          ;DX 端口→[DSI]；INSB 读一个字节，INSW 读一个字，INSD 读两个字
```

该指令的执行不影响任何标志位；该指令执行一次只能读一个数据，与 rep 指令结合使用可以读多个数据；若当前任务没有执行 I/O 的权限，则发生异常。

4.12.6　输出串操作 OUTS[B|W|D]

输出串指令（Output String Instruction）是把以 EDI 值为起始地址的存储单元中的一个字节、字或双字数据写到 DX 指定的输出端口中，并在写完数据后根据标志位 DF 对 ESI 作相应增减。

语法格式如下：

```
        OUTS SRC                ;SRC 只是告诉编译器数据类型（字节、字或双字），不决定传送位置
        OUTSB/OUTSW/OUTSD        ;[ESI]→DX 端口;OUTSB 读一个字节，OUTSW 读一个字，OUTSD
读两个字
```

该指令的执行不影响任何标志位；该指令执行一次只能写一个数据，与 rep 指令结合使用可以写多个数据；若当前任务没有执行 I/O 的权限，则发生异常。

4.12.7　串扫描操作 SCAS[B|W|D]

串扫描指令（Scan String Instruction）本质上就是在目的串中查找指定值的数据，具体功能是用 EAX（或 AX 或 AL）中的值和以 EDI 值为起始地址的一个双字（或字、字节）数据进行相减运算，并在完成相减运算后根据标志位 DF 的值对 EDI 作相应增减，如图 4-31 所示。

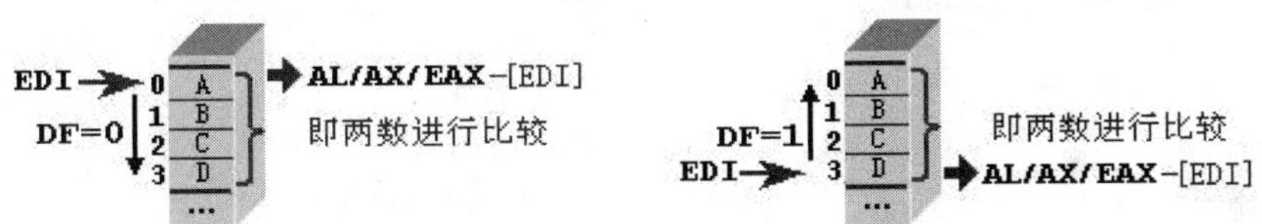

图 4-31　字符串扫描指令的功能示意图

语法格式如下：

```
        SCAS    DST                 ;DST 只是告诉编译器数据类型（字节、字或双字），不决定传送位置
        SCASB/SCASW/SCASD           ;AL/AX/EAX-[DSI]; STOSB:AL-[EDI]，STOSW:AX-[EDI]，STOSD:
EAX-[EDI]
```

受影响的标志位为 AF、CF、OF、PF、SF 和 ZF；该指令执行一次只能比较一个数据，与 repe 或 repne 前缀结合使用可以比较多个数据；与 rep 前缀结合没有意义，因为比较完后只保存最后一次的比较结果于标志位。

例 4-25　输入一字符串，编程求字符串长度。

求串长度本质上是查找字符串结束标志（即数值 0），因此可以使用 scas 指令，只需在初始时用变址寄存器 edi 指向目的串，用 AL 寄存器保存要扫描的数值 0，用 ecx 寄存器保存要比较的字符个数，用“repne scas”指令实现不等时重复比较，直到目的数据与 AL 的值相等或比较完（ecx 回 0），再根据退出时 edi 的值（地址）与目的串的首地址之差值求出串长度。实现步骤如下：

① 定义目的串变量 S 用于存要扫描的目标串，并调用 scanf 函数给它输入一字符串。

② 让 AL 寄存器保存要扫描的数值 0，让变址寄存器 edi 指向目的串 S 的地址，让 ecx 保存要比较的次数 80。

③ 执行 repne scasb 指令实现用 AL 的值与 edi 指向的目的串 S 重复比较 ecx 次，直到在目的串 S 中找到与 AL 的值相等的字符或比较完 ecx 次。

④ 用字符串结束标志位置的地址减去字符串首地址 S 可求出串长度，但因退出时 edi 已经指向结束标志的下一字符，故取 S+1 的地址去减 edi 保存的地址，二者差值即为串长度。

源程序如下：

```
.386                                    ;①选择的处理器
.model flat,stdcall                     ;②存储模型，Win32 程序只能用平展（flat）模型
option casemap:none                     ;③指明标识符大小写敏感
include      kernel32.inc               ;④要引用的头文件
includelib   kernel32.lib               ;要引用的库文件
includelib   msvcrt.lib                 ;引用 C 库文件
scanf PROTO C:DWORD,:vararg             ;C 语言的 scanf 函数原型声明
printf PROTO C:DWORD,:vararg            ;C 语言的 printf 函数原型声明
.data                                   ;⑤数据段
S db    80 Dup（0）
fmt1   db    '%s',0
fmt2   db    '%d',0
.code                                   ;⑥代码段
start:                                  ;⑦定义标号 start
invoke scanf,addr fmt1,addr S           ;输入两串
cld                                     ;复位标志寄存器的方向标志，以让串操作从低地址开始
mov al,0                                ;让 AL 的值为 0
lea edi,S                               ;让 edi 指向目的串 S
mov ecx,80                              ;让 ecx 保存要取串长度 80 字节
repne scasb                             ;AL 与 edi 指向的目的串 S 重复比较，直到相等或比较完
lea eax,S+1                 ;因退出时 edi 指向结束标志的下一字符，故+1 以便下一指令减掉
Sub edi,eax                             ;地址差值即为串长度
invoke printf,addr fmt2,edi             ;输出串长度
invoke ExitProcess,0                    ;⑧退出进程，返回值为 0
end    start                            ;⑨指明程序入口点 start
```

运行若输入：

```
abc
```

输出运行结果：

```
3
```

4.12.8 串比较操作 CMPS[B|W|D]

串比较指令（Compare String Instruction）是把以 ESI 值为起始地址的一个字节、字或双字数据和以 EDI 值为起始地址的一个字节、字或双字数据进行相减（比较）运算，并在完成相减（比较）运算后根据标志位 DF 的值对 ESI 和 EDI 作相应增减，如图 4-32 所示。

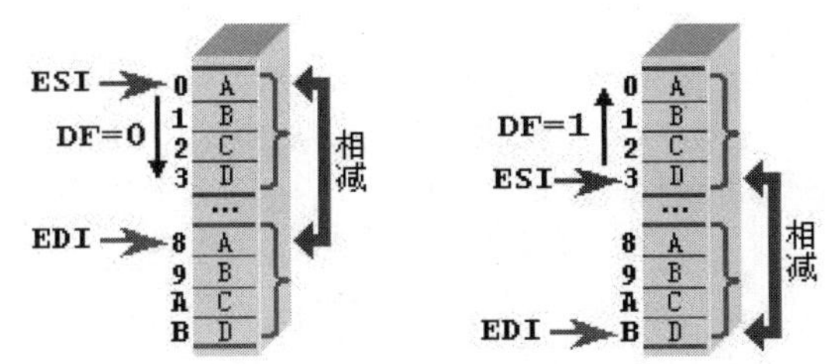

图 4-32 字符串比较指令的功能示意图

语法格式如下：

```
CMPS DST,SRC    ;DST 与 SRC 只是告诉编译器数据类型（字节、字或双字），不决定传送位置
CMPSB/CMPSW/CMPSD;[ESI]-[EDI]，CMPSB 字节相减，CMPSW 字相减，CMPSD 双字相减
```

受影响的标志位为 AF、CF、OF、PF、SF 和 ZF。该指令执行一次只能比较一个数据，与 repe 或 repne 前缀结合使用可以比较多个数据；与 rep 前缀结合没有意义，因为比较完后只保存最后一次的比较结果于标志位。

例 4-26 输入两字符串，编程判断两字符串是否相等（用到.IF 伪指令，详见第 6 章）。

要对两个存储空间中的数据进行重复比较可以用 cmps 指令，只需在初始时用变址寄存器 esi 指向源数据，用变址寄存器 edi 指向目的数据，用 ecx 寄存器保存要比较的数据个数（参考例 4-25），用“repe cmps”指令实现相等时重复比较，直到源数据与目的数据不相等或比较完（ecx 回 0），再根据退出时 ecx 的值判断两串是否相等；若 ecx!=0，即源串 S 与目的串 D 因不等而前提退出，则两串不相等；否则两串相等。实现步骤如下：

① 定义源串变量 S，目的串变量 D，并调用 scanf 函数给两串输入值。

② 参考例 4-25 求出两串中任一串（这里用 S 串）的串长度（含结束标志）暂存 edi。

③ 让 ecx 保存要比较的次数（暂存于 edi 的值），让变址寄存器 esi 指向源串 S 的地址，让变址寄存器 edi 指向目的串 D 的地址。

④ 执行“repe cmpsb”指令实现将 esi 指向的源串 S 与 edi 指向的目的串 D 重复比较 ecx 次，直到遇到不相等字符或比较完 ecx 次。

⑤ 用.IF 伪指令判断退出是否相等，若“zero?”为真，即 ZF=1，则源串 S 与目的串 D 相等，则输出两串相等，否则输出两串不相等。

源程序如下：

```
.386                                  ;①选择的处理器
.model flat,stdcall                   ;②存储模型，Win32 程序只能用平展（flat）模型
option casemap:none                   ;③指明标识符大小写敏感
include       kernel32.inc            ;④要引用的头文件
includelib    kernel32.lib            ;要引用的库文件
includelib    msvcrt.lib              ;引用 C 库文件
scanf PROTO C:DWORD,:vararg           ;C 语言的 scanf 函数原型声明
printf PROTO C:DWORD,:vararg          ;C 语言的 printf 函数原型声明
.data                                 ;⑤数据段
S db 80 Dup(0)                        ;定义源串
D db 80 Dup(0)                        ;定义目的串
fmt1 db   '%s %s',0
fmt2 db   '两串不相等',0
```

```
fmt3 db  '两串相等',0
.code                              ;⑥代码段
start:                             ;⑦定义标号 start
invoke scanf,addr fmt1,addr S,addr D;输入两串
cld                                ;复位标志寄存器的方向标志，以让串操作从低地址开始
mov al,0                           ;让 AL 的值为 0
lea edi,S                          ;让 edi 指向目的串 S
mov ecx,80                         ;让 ecx 保存要扫描的串长度 80 字节
repne scasb                        ;AL 与 edi 指向的目的串 S 重复比较，直到相等或比完
lea eax,S                          ;因退出时 edi 指向结束标志的下一字符
Sub edi,eax                        ;地址差值即为串长度（含结束标志）暂存 edi
mov ecx,edi                        ;让 ecx 保存要比较的串长度（含结束标志）
lea esi,S                          ;让 esi 指向源串 S
lea edi,D                          ;让 edi 指向目的串 D
repe cmpsb                    ;esi 指向的源串 S 与 edi 指向的目的串 D 重复比较，直到不等或比完
.IF zero?                          ;若 ZF=1，即源串 S 与目的串 D 相等
invoke printf,addr fmt3            ;输出两串相等
.ELSE
invoke printf,addr fmt2            ;输出两串不相等
.EndIF
invoke ExitProcess,0               ;⑧退出进程，返回值为 0
end     start                      ;⑨指明程序入口点 start
```

运行若输入：

```
abc abc
```

输出运行结果：

```
两串相等
```

运行若输入：

```
abc xyz
```

输出运行结果：

```
两串不相等
```

4.13 CPU 控制指令

处理器指令，即 CPU 控制指令，是一组控制 CPU 工作方式的指令。

4.13.1 空操作指令 NOP

空操作指令 NOP（No Operation Instruction）不产生任何操作，只是其机器码在可执行程序中会占用若干个字节的存储空间，在执行时会占用若干个 CPU 周期，对程序不产生任何影响（除指令指针寄存器 EIP）。

在实时系统中用若干个 NOP 指令实现等待若干个单位时间（如延时 1ms），在逆向工

程中用若干个 NOP 指令替换其他指令实现不执行某些操作（如使程序输入错误口令而不退出），因此，这是一个很有用的指令。

语法格式如下：

```
NOP
```

该指令的执行不影响任何标志位。

4.13.2 等待指令 WAIT

等待指令 WAIT（Put Processor in Wait State Instruction）使 CPU 处于等待状态，直到协处理器（Coprocessor）完成运算，并用一个重启信号唤醒 CPU 为止。

语法格式如下：

```
WAIT
```

该指令的执行不影响任何标志位。

4.13.3 暂停指令 HLT

执行完暂停指令 HLT（Enter Halt State Instruction）后使 CPU 处于暂停工作状态，EIP 指向 HLT 指令的下一条指令，并把 EIP 入栈，直到产生复位（RESET）信号或中断请求信号。当产生了中断信号，CPU 转入中断处理程序；在中断处理程序返回前，执行中断返回指令 IRET 弹出 EIP，并唤醒 CPU 执行 HLT 指令的下一条指令，这样，CPU 就退出等待（暂停）状态。

语法格式如下：

```
HLT
```

该指令的执行不影响任何标志位。

4.13.4 封锁数据指令 LOCK

封锁数据指令 LOCK（Lock Bus Instruction）是一个前缀指令形式，在其后面跟一个具体的操作指令。LOCK 指令可以保证在其后指令执行过程中，禁止协处理器修改数据总线上的数据，起到独占总线的作用。该指令的执行不影响任何标志位。

语法格式如下：

```
LOCK 指令
```

4.13.5 获得 CPU 信息 CPUID

CPUID 指令用于获得处理器 ID 和特征信息，是一个带参数的指令，根据 EAX（有几种情况还用到 ECX）的取值不同，返回不同的信息。当 EAX 的值为 0 时，执行 CPUID 指令后，ebx|edx|ecx 返回 CPU 厂商名（如 GenuineIntel）；当 EAX 的值为 1 时，执行 CPUID 指令后，edx 返回 CPU ID（如 3219913727）。因此，执行 CPUID 指令之前，要执行“MOV EAX,n”指令（n 的取值有 0~7、9~11、13、15、16、20 等）。

语法格式如下：

```
CPUID                                    ;586+
```

例 4-27 利用嵌入汇编指令在函数中将字符串写入字符数组，调用 CPUID 指令求 CPU 系列号和厂商名称。

源程序如下：

```
#include <stdio.h>
unsigned long GetCpuId(char s[]);
void main()
{
    char s[20]={0,0,0,0,0,0,0,0,0,0,0,0,0,0,0,0,0,0,0,0};//存 CPU 厂商名
    unsigned long n=GetCpuId(s);
    printf（"CPU ID:%u,CPU 厂商名:%s\n",n,s）;
}
unsigned long GetCpuId(char s[])
{
    __asm
    {
        mov eax,0           ;设置 EAX 的值为 0
        cpuid               ;执行 CPUID 指令后，ebx|edx|ecx 返回 CPU 厂商名（如 GenuineIntel）
        mov eax,s           ;取数组 s 地址，不能用“LEA ebx,s”
        mov [eax],ebx       ;ebx 中的厂商名前 4 字符"Genu"用 eax 寄存器间接寻址转存 s
        mov [eax+4],edx     ;edx 中的厂商名中间 4 字符"ineI"用 eax+4 寄存器相对寻址转存 s+4
        mov [eax+8],ecx     ;ecx 中的厂商名后 4 字符"ntel"用 eax+8 寄存器相对寻址转存 s+8
        mov eax,1           ;设置 EAX 的值为 1
        cpuid               ;执行 CPUID 指令后，edx 返回 CPU ID，如 3219913727
        mov eax,edx         ;存 edx 中的 CPU ID 值转存 eax 返回主程序
    }
}
```

输出运行结果：

```
CPU ID:3219913727,CPU 厂商名:GenuineIntel
```

4.13.6 读时间戳计数器 RDTSC

在 Pentium 及以上的 CPU 中，增加了一个 64 位无符号整数的时间戳（Time Stamp），记录了自 CPU 复位以来所经过的时钟周期数（也可能以某一恒定速率计数），用读取时间戳指令 RDTSC（Read Time Stamp Counter）可以将该计数值保存到 EDX|EAX 寄存器中。该指令的两大用途是计时和微时间标杆（micro-benchmarking），但在多核时代，该指令的准确度有所削弱，原因有三：

（1）不能保证同一块主板上每个核的 TSC 是同步的。

（2）CPU 的时钟频率可能变化，如笔记本电脑的节能功能。

（3）乱序执行导致 RDTSC 测得的周期数不准。

语法格式如下：

```
RDTSC                                    ;586+
```

例 4-28 利用 RDTSC 指令和 Sleep 函数实现计算 CPU 的主频。

用相隔 500ms 读取时间戳来计算 CPU 的主频。首先执行 RDTSC 读一个时间戳存 tsc 变量，然后调用 Sleep(500)函数延时 500ms，接着再执行 RDTSC 一次再读一个时间戳存 eax（4GB 以内可不考虑 edx 寄存器），用该值减去前一个时间戳 tsc，得到 500ms 期间的时钟周期数，该值乘 2 得到 CPU 一秒钟的时钟周期数即主频。通过运行可知，该值前 3 位基本恒定，作者的机器在 Windows XP 环境下运行，基本保持在 1.99GHz，与通过“我的电脑”→“属性”看到的 2.00GHz 基本一致。

源程序如下：

```
.586                              ;①选择的处理器
.model flat,stdcall               ;②存储模型，Win32 程序只能用平展（flat）模型
option casemap:none               ;③指明标识符大小写敏感
include     kernel32.inc          ;④要引用的头文件
includelib  kernel32.lib          ;要引用的库文件
includelib  msvcrt.lib            ;引用 C 库文件
printf PROTO C:dword,:vararg;C 语言的 printf 函数原型声明
.data                             ;⑤数据段
tsc     dword     ?
fmt     BYTE      'CPU 主频%uHz',0
.code                             ;⑥代码段
start:                            ;⑦定义标号 start
RDTSC                             ;读前一个时间戳存 edx|eax
mov tsc,eax                       ;将前一个时间戳转存 tsc
invoke Sleep,500                  ;延时（睡眠）500ms
RDTSC                             ;再读一个时间戳存 edx|eax
sub eax,tsc                       ;eax 减去前一时间戳 tsc
add eax,eax                       ;eax 乘 2，得到 1 秒时钟周期数；也可不乘 2，将前面 500 改 1000
invoke printf,addr fmt,eax        ;输出结果
invoke ExitProcess,0              ;⑧退出进程，返回值为 0
end     start                     ;⑨指明程序入口点
```

输出运行结果：

```
CPU 主频 1994616540Hz
```

习题 4

4-1 定义如下变量 a 和 b，且变量 a 地址为 00403000H，请说明以下变量每个字节的存储地址。

```
a       DWORD   11223344H
b       SBYTE   'abcd',0
```

4-2 MOV 指令可用不同寻址方式获得数据，分析以下程序输出结果是什么。

源程序如下：

```
.386                              ;①选择的处理器
.model flat,stdcall               ;②存储模型，Win32 程序只能用平展（flat）模型
```

```
option casemap:none                    ;③指明标识符大小写敏感
include      kernel32.inc              ;④要引用的头文件
includelib   kernel32.lib              ;要引用的库文件
includelib   msvcrt.lib                ;引用 C 库文件
printf PROTO C:DWORD,:vararg           ;C 语言的 printf 函数原型声明
.data                                  ;⑤数据段
a SDWORD 11,12,13,14,15,16
i SDWORD 3
fmt    BYTE      '%d %d %d %d %d',0
.code                                  ;⑥代码段
start:                                 ;⑦定义标号 start
MOV EDI,i                              ;变址寄存器 EDI
MOV EAX,a[EDI*4]
MOV EBX,[a+EDI*4]
LEA ESI,a                              ;取变量 a 的地址存 ESI 作基址寄存器
MOV ECX,[ESI+EDI*4]
MOV EDX,a+4
MOV EDI,16O
invoke printf,ADDR fmt,EAX,EBX,ECX,EDX,EDI
invoke ExitProcess,0                   ;⑧退出进程，返回值为 0
end     start                          ;⑨指明程序入口点 start
```

4-3 试分析以下指令执行结果的相同和不同之处。

```
MOV   EAX,87H          MOVSX   EAX,87H          MOVZX   EAX,87H
```

4-4 编程实现将十六进制数 0~F 转换成 7 段发光二极管（如图 4-33 所示）的共阴字形码，7 段发光二极管字形码如表 4-11 所示。

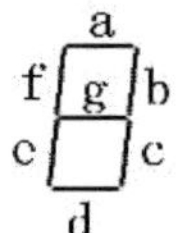

图 4-33　7 段发光二极管

表 4-11　7 段发光二极管字形码

数字	0	1	2	3	4	5	6	7	8	9	A	b	C	d	E	F
共阴	3FH	06H	5BH	4FH	66H	6DH	7DH	07H	7FH	6FH	77H	7CH	39H	5EH	79H	71H
共阳	C0H	F9H	A4H	B0H	99H	92H	82H	F8H	80H	90H	88H	83H	C6H	A1H	86H	8EH

运行后输入：

```
0
```

则输出结果：

```
3F
```

运行后输入：

```
F
```

则输出结果：

```
71
```

4-5 输入两个 16 位十六进制数（QWORD 类型），编程求这两个数之差并输出。

运行后输入：

```
ffffffffffffffff
1020304050607080
```

则输出结果：

```
efdfcfbfaf9f8f7f
```

4-6 编写程序，完成下面的计算公式，并把所得的商和余数分别存入 X 和 Y 中（其中 A、B、C、X 和 Y 都是有符号的双字变量），最后再输出表达式。

(C−120+A*B)/C

运行后输入：

```
3 4 5
```

则输出结果：

```
(C-120+A*B)/C=(5-120+3*4)/5=-20…-3
```

4-7 键盘输入整数 x、y 和 z 的值，求如下表达式的值：

x*y+x/y−z

运行后输入：

```
6 4 2
```

则输出结果：

```
6*4+6/4-2=23
```

4-8 编程完成求两个两位数字字符之差。

运行后输入：

```
7 1
3 5
```

则输出结果：

```
3 6
```

4-9 输入一个压缩 BCD 码，将个位与十位对掉后再输出。

提示：以十进制数输入，以十六进制数保存，执行 AAM 转换为非压缩 BCD，再执行 XCHG 进行高低字节交换，执行 AAD 将两位非压缩 BCD 码转换成十六进制数，最后以十进制数输出。

运行后输入：

```
57
```

则输出结果：

```
75
```

4-10 输入两个压缩 BCD 码作被减数，再输入两个压缩 BCD 码作减数，编程求差并输出，运行结果如下。

运行后输入：

```
24 57
13 68
```

则输出结果：

```
10 89
```

4-11 体育彩票 31 选 7 就是从号码 1~31 中任选 7 个号码作为一注，然后根据投注号码与开奖号码相符情况确定相应中奖等级。现用一个 32 位整数 N 中的 31 位二进制数 1 和 0 来分别表示号码 1~31 是否选中，如 D_i 位为 1，则表示第 i 个号码被选中（i=1~31）。现以十六进制输入两个 32 位整数 N 和 M 分别表示第 n 期和第 m 期的开奖号码，请编程判断这两期开奖号码中是否有同号球（即这两期开奖号码中是否有相同的号码）。

运行后输入：

```
48212804 24806402
```

则输出结果：

```
有同号球
```

运行后输入：

```
48219804 24806402
```

则输出结果：

```
没有同号球
```

4-12 体育彩票 31 选 7 就是从号码 1~31 中任选 7 个号码作为一注，然后根据投注号码与开奖号码相符情况确定相应中奖等级。现用一个 32 位整数 N 中的 31 位二进制数 1 和 0 来分别表示号码 1~31 是否选中，如 D_i 位为 1，则表示第 i 个号码被选中（i=1~31）。现在以十六进制输入一个 32 位整数 N 表示某彩民认为中奖概率高的一组号码，再以十进制输入一个整数 i（i=1~31）表示该彩民认为该组号码中中奖概率稍低的一个号码，请编程实现将第 i 个号码从整数 N 代表的一组号码中删除。

运行后输入：

```
7F003737 5
```

则输出结果：

```
7F003717
```

运行后输入：

```
7F003717 3
```

则输出结果：

```
7F003717
```

4-13 体育彩票 31 选 7 就是从号码 1~31 中任选 7 个号码作为一注，然后根据投注号码与开奖号码相符情况确定相应中奖等级。现用一个 32 位整数 N 中的 31 位二进制数 1 和 0 来分别表示号码 1~31 是否选中，如 D_i 位为 1，则表示第 i 个号码被选中（i=1~31）。现在以十六进制输入一个 32 位整数 N 表示某彩民认为中奖概率高的一组号码，再以十进制输入一个整数 i（i=1~31）表示该彩民认为该组号码中中奖概率稍高的一个号码，请编程实现将第 i 个号码添加到整数 N 代表的一组号码中。

运行后输入：

```
7F003717 3
```

则输出结果：

```
7F00371F
```

运行后输入：

```
7F003717 4
```

则输出结果：

```
7F003717
```

4-14 设全集有 0~31 共 32 个元素，现在用一个整数 N 的 32 位二进制数的 1 和 0 来分别表示这 32 个元素是否在子集中，如 D_i 位为 1，则表示第 i 个元素在子集中（i=0~31）。现在以十六进制输入一个 32 位整数 N（$N=0\sim2^{32}-1$），再以十进制输入一个整数 i（i=0~31），请编程判断 i 是否是整数 N 代表的集合的元素。

运行后输入：

```
7F003717 3
```

则输出结果：

```
3 不是子集中元素
```

运行后输入：

```
7F003717 4
```

则输出结果：

```
4 是子集中元素
```

4-15 设全集有 0~31 共 32 个元素，现在用一个整数 N 的 32 位二进制数的 1 和 0 来分别表示这 32 个元素是否在子集中，如 D_i 位为 1，则表示第 i 个元素在子集中（i=0~31）。现在以十六进制输入一个 32 位整数 N（N=0~2^{32}−1），再以十进制输入一个整数 i（i=0~31），请编程实现若元素 i 是整数 N 代表的集合中元素，则将其删除，否则添加到集合中。

运行后输入：

```
7F003717 3
```

则输出结果：

```
7F00371F
```

运行后输入：

```
7F003737 4
```

则输出结果：

```
7F003727
```

4-16 输入一个汉字 UTF-8 编码，转换为 Unicode 编码并输出。

4-17 将字符数组 a[63]中的数字删除（相当于把字母移到起始位置）。

运行后输出：

```
ABCDEFGHIJKLMNOPQRSTUVWXYZabcdefghijklmnopqrstuvwxyz
```

请在/*【*/和/*】*/之间编写程序。

```
/***源程序***/
#include "stdio.h"
void main()
{
 char a[63]="0123456789ABCDEFGHIJKLMNOPQRSTUVWXYZabcdefghijklmnopqrstuvwxyz";
__asm
 {
/*【*/



/*】*/
 }
 printf("%s",a);
}
```

4-18 将字符数组 a[63]中的字母向后移 10 个位置（前 10 个位置字母不变）。

运行后输出：

```
ABCDEFGHIJABCDEFGHIJKLMNOPQRSTUVWXYZabcdefghijklmnopqrstuvwxyz
```

请在/*【*/和/*】*/之间编写程序。

```
/***源程序***/
#include "stdio.h"
```

```
void main()
{
 char a[63]="ABCDEFGHIJKLMNOPQRSTUVWXYZabcdefghijklmnopqrstuvwxyz0123456789";
__asm
 {
/*【*/



/*】*/
 }
 printf("%s",a);
}
```

4-19 键盘输入任一个字符，然后以此字符填充数组 a[41]（填充 40 次即可）。
运行后输入：

```
A
```

则输出结果：

```
AAAAAAAAAAAAAAAAAAAAAAAAAAAAAAAAAAAAAAAA
```

请在/*【*/和/*】*/之间编写程序。

```
/***源程序***/
#include "stdio.h"
void main()
{
 char a[41]={0},c;
 scanf("%c",&c);
 __asm
 {
/*【*/



/*】*/
 }
 printf("%s",a);
}
```

4-20 键盘输入任一个汉字，然后以此汉字填充数组 a[41]（填充 20 次即可）。
运行后输入：

```
字
```

则输出结果：

```
字字字字字字字字字字字字字字字字字字字字
```

请在/*【*/和/*】*/之间编写程序。

```
/***源程序***/
#include "stdio.h"
```

```
void main()
{
 char a[41]={0},s[3];
 scanf("%2s",s);
 __asm
 {
/*【*/


/*】*/
 }
 printf("%s",a);
}
```

4-21 键盘输入任一个两字词，然后以此两字词填充数组 a[41]（填充 10 次即可）。
运行后输入：

```
汉字
```

则输出结果：

```
汉字汉字汉字汉字汉字汉字汉字汉字汉字汉字
```

请在/*【*/和/*】*/之间编写程序。

```
/***源程序***/
#include "stdio.h"
void main()
{
 char a[41]={0},s[5];
 scanf("%4s",s);
 __asm
 {
/*【*/


/*】*/
 }
 printf("%s",a);
}
```

4-22 编程判断字符串中是否有指定字符，运行后输入一字符串和一指定字符，若存在指定字符则返回该指定字符的位置（0~n-1），否则返回-1。

运行后输入：

```
abcdef c
```

则输出结果：

```
2
```

运行后输入：

```
abcdef g
```

则输出结果：

```
-1
```

4-23 编程判断字符串中是否有指定的汉字，运行后输入一字符串和一指定汉字，若存在指定汉字则返回该指定汉字的位置（0~n−1），否则返回−1。

运行后输入：

```
零壹贰叁肆伍陆柒捌玖 叁
```

则输出结果：

```
6
```

运行后输入：

```
零壹贰叁肆伍陆柒捌玖 拾
```

则输出结果：

```
-1
```

4-24 编程实现字符替换，运行后输入一字符串 s、一个被替换字符 c1、一个替换字符 c2，若字符串 s 中存在字符 c1，则用字符 c2 去替换它，否则不替换，然后输出字符串 s。

运行后输入：

```
abcdef c x
```

则输出结果：

```
abxdef
```

运行后输入：

```
abcdef g h
```

则输出结果：

```
abcdef
```

4-25 以整行输入字符串（用 C 语言的 gets(char *)函数输入），编程删除字符串中的前导空格和尾部空格。

运行后输入：

```
   abcd   
```

则输出结果：

```
abcd
```

运行后输入：

```
  ab   cd
```

则输出结果：

```
ab   cd
```

4-26 根据例 4-28 所得 CPU 主频数据，编程计算自开机或复位以后所经过的时间（实现系统 GetTickCount 函数，它获得的是自开机或复位以后所经过的以毫秒为单位的时间）。

输出运行结果：

```
已经开机：00:09:23 即 563 秒
```

4-27 利用 RDTSC 指令测试以下程序段中 n 取 10、100、1000、10000、100000、1000000 时运行所需的时钟周期数，并与编译时带“/Fl /Sc”参数获得的理论时钟周期数进行比较，并分析二者差值原因。

```
MOV ECX,n
LOOP $
```

第 5 章 FPU 指令系统

本章主要介绍协处理器 FPU 指令系统，包括 FPU 寄存器、数据传送指令、加减乘除运算指令、其他算术运算指令和 FPU 控制指令等。FPU 指令系统的指令比较多，可以选择掌握那些非用不可的指令，了解可替代指令，暂时不学特定权限指令等。通过本章的学习，读者应该完成以下学习目标：

（1）掌握实数加载、保存指令（FLD/FSTP）和整数加载、保存指令（FILD /FISTP）。

（2）掌握浮点数的比较大小方法（FCOMP/FCOMIP），并掌握涉及的 JBE（x≤y）和 JB（x<y）指令。

（3）掌握浮点数的加（FADD）、减（FSUB）、乘（FMUL）和除（FDIV）。

（4）掌握浮点数的开方（FSQRT）、求绝对值（FABS）、取整（FRNDINT）、求 2 的指数（FSCALE/F2XM1）、求以 2 为底的对数（FYL2X/FYL2XP1）、求正弦（FSIN）、求余弦（FCOS）和求反正切（FPATAN）等指令。

（5）了解 FPU 控制指令，结合第 6.4 节掌握保存状态字指令（F[N]STSW AX/dest）等。

5.1 FPU 寄存器

FPU 是专门执行浮点指令的部件，与 CPU 类似，也有自己的寄存器。FPU 共有 8 个浮点数据寄存器（80 位）、一个控制寄存器（16 位）、一个状态寄存器（16 位）、一个指令指针寄存器（16+32 位）、一个操作数指针寄存器（16+32 位）、一个标记寄存器（16 位）和一个操作码寄存器（11 位）。

5.1.1 浮点数据寄存器

协处理器（FPU）中共有 8 个 80 位的浮点数据寄存器 R(0)~R(7)，用于存储扩展精度浮点数。它们都是以“先进后出”的原则（堆栈）进行数据存取，其中栈顶由状态寄存器的 TOP 字段指定，栈顶寄存器称为 ST(0)，简称 ST，之前入栈寄存器称为 ST(1)，依此类推，最大为 ST(7)，如图 5-1 所示。每入栈一个数据，TOP 值减 1；每出栈一个数据，TOP 值加 1。

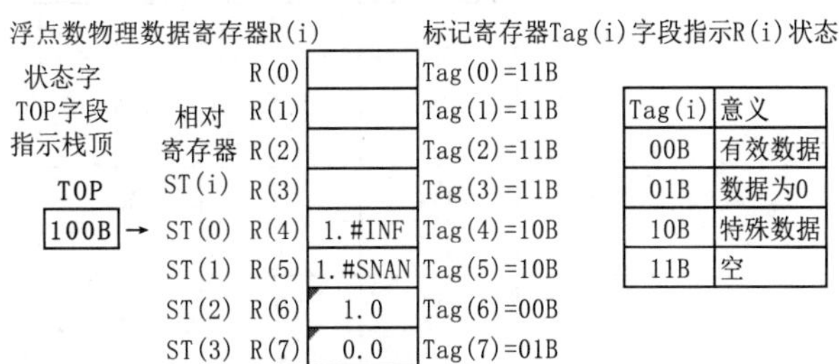

图 5-1　80x87 协处理器的浮点数据寄存器及其对应标记字段示意图

5.1.2 浮点标记寄存器

每一个物理浮点数据寄存器 R(i)都对应一个两位的标记 Tag(i)，用于指示 R(i)中数据的状态，如图 5-2 所示。

15	14	13	12	11	10	9	8	7	6	5	4	3	2	1	0
Tag(7)		Tag(6)		Tag(5)		Tag(4)		Tag(3)		Tag(2)		Tag(1)		Tag(0)	

图 5-2　80x87 协处理器的浮点标记寄存器示意图

Tag(i)为 00B 表示 R(i)有有效的数据；Tag(i)为 01B 表示 R(i)的数据为 0；Tag(i)为 10B 表示 R(i)的数据是特殊数据，如非数字（NaN）、无穷大（INF）等；Tag(i)为 11B 表示 R(i)没有数据，为空（Empty）状态，默认状态，因此，浮点标记寄存器初值为 FFFFH。

5.1.3 浮点状态寄存器

浮点状态寄存器各状态位示意图如图 5-3 所示。

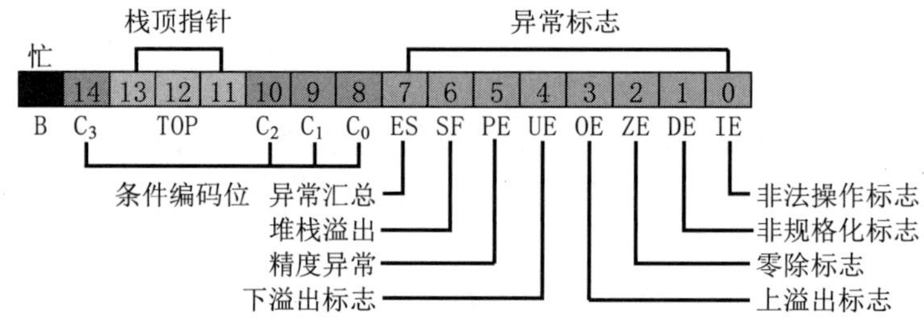

图 5-3　80x87 协处理器的浮点状态寄存器示意图

浮点状态寄存器各状态位（或组合位）的含义如下。

- B（Busy，忙）

忙标志位用来表明协处理器是否在执行协处理器指令，它可用 FWAIT 指令来测试。在 80287 及其后的协处理器中，协处理器和 CPU 能自动实现同步，所以，现在在运行任务时，无须测试忙标志。

- C_3~C_0（条件编码字段）

四位条件编码字段的组合含义如表 5-1 所示。

表 5-1　状态寄存器中条件编码字段的组合含义

指　令	C_3	C_2	C_1	C_0	功　能
FTST、FCOM	0	0	X	0	ST(0)>操作数或(0 FTST)
	0	0	X	1	ST(0)<操作数或(0 FTST)
	1	0	X	0	ST(0)=操作数或(0 FTST)
	1	1	X	1	ST 不可比较
FPREM	Q_1	0	Q_0	Q_2	$Q_2Q_1Q_0$是商的右边 3 位
	?	1	?	?	未完成
FXAM	0	0	0	0	Unsupported(+unnormal)
	0	0	0	1	+NAN

续表

指　　令	C_3	C_2	C_1	C_0	功　　能
FXAM	0	0	1	0	Unsupported(-unnormal)
	0	0	1	1	-NAN
	0	1	0	0	+normal
	0	1	0	1	Infinity(+∞)
	0	1	1	0	-normal
	0	1	1	1	Infinity(-∞)
	1	0	0	0	Zero(+0)
	1	0	0	1	Empty(空)
	1	0	1	0	Zero(-0)
	1	0	1	1	Empty(空)
	1	1	0	0	+denormal（非规格化）
	1	1	0	1	空（手册未定义）
	1	1	1	0	-denormal（非规格化）
	1	1	1	1	空（手册未定义）

其中，执行 FLD 和 FXAM 指令后，C_1 决定 st(0)符号位，$C_3C_2C_0$ 决定 st(0)其他特征；若阶码和尾数数值都全 0 则 $C_3C_2C_0$ 为 100（Zero）；若是扩展精度且阶码全 0、尾数数值非全 0 则 $C_3C_2C_0$ 为 110（Denormal）；若是扩展精度且阶码不全 0、尾数数值最高位不是 1，则其值为#IND 且 $C_3C_2C_0$ 为 000（Unsupported）（因为扩展精度尾数部分整数 1 作为最高位、不能省）；若阶码全 1、尾数数值全 0（扩展精度尾数仅最高位为 1），则 $C_3C_2C_0$ 为 011（INF(∞)）；若阶码全 1、尾数数值非全 0（扩展精度尾数最高位为 1），则 $C_3C_2C_0$ 为 001（NAN 非数字，双精度尾数最高位是 0 为 SNAN，一般表示无效的数，双精度尾数最高位是 1 为 QNAN，一般表示不确定的数）；其他情况下 $C_3C_2C_0$ 为 010（normal 标准的浮点数）；若没有执行过 FLD 而直接执行 FXAM，则 $C_3C_2C_0$ 为 101（Empty）；若没有执行 FXAM，则 $C_3C_2C_0$ 为 000（Unsupported）；实际执行 FLD 和 FXAM 指令后，未见 111 状态（保留）。

❑ TOP（栈顶字段）

该 3 位二进制 000B~111B 用来表明当前作为栈顶的物理浮点数据寄存器下标值，初值为 000。

❑ ES（异常汇总）

ES=PE+UE+OE+ZE+DE+IE（逻辑或运算），在 8087 协处理器中，当 ES 为 1 时，将发出一个协处理器中断请求，但在其后的协处理器中，不再产生这样的协处理器中断申请。

❑ SF（堆栈溢出标志）

该状态位用来表明协处理器内部的堆栈是否有上溢或下溢错误。

❑ PE（精度异常错误）

该状态位用来表明运算结果或操作数是否超过先前设定的精度。

❑ UE（下溢出错误）

该状态位用来表明一个非 0 的结果太小，不能用控制字节所选定的当前精度来表示。

❑ OE（上溢出错误）

该状态位用来表明一个非 0 的结果太大，不能用控制字节所选定的当前精度来表示，即超过了当前精度所能表示的数据范围。

如果在控制寄存器中屏蔽该错误标志，即设控制寄存器中的 OM 为 1，那么，协处理器把上溢结果定义为无穷大。

- ZE（除法错误）

该状态位用来表明当前执行了“0 作除数”的除法运算。

- DE（非规格化错误）

该状态位用来表明当前参与运算的操作数中至少有一个操作数是没有规格化的。

- IE（非法操作错误）

该状态位用来表明执行了一个错误的操作，如求负数的平方根，也可用来表明堆栈的溢出错误、不确定的格式（0/0、∞和-∞等）错误，或用 NAN 作为操作数。

5.1.4 浮点控制寄存器

控制寄存器用于控制协处理器的异常屏蔽、精度、舍入方法，如图 5-4 所示。FPU 初始化后控制字为 037FH。

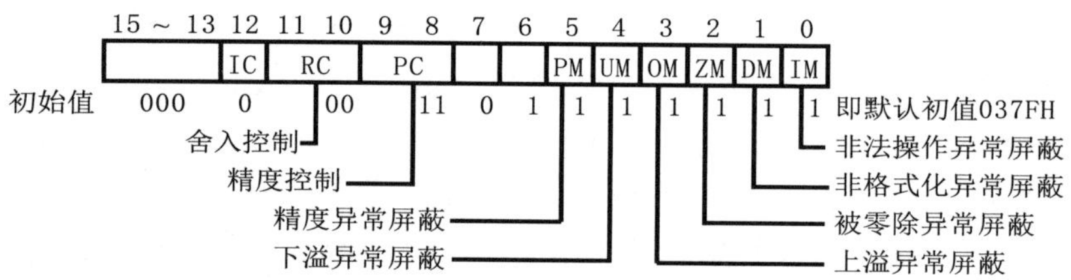

图 5-4　80x87 协处理器的浮点控制寄存器示意图

（1）异常屏蔽（Exception Mask Control）

控制寄存器的低 6 位决定 6 种错误是否被屏蔽，其中任意一位为 1 表示屏蔽相应的异常。它们与状态寄存器的低 6 位相对应，分别是精度异常屏蔽 PM（Precision Mask）、下溢异常屏蔽 UM（Underflow Mask）、上溢异常屏蔽 OM（Overflow Mask）、被零除异常屏蔽 ZM（Zero Divide Mask）、非规格化异常屏蔽 DM（Denormal Operand Mask）和非法操作异常屏蔽 IM（Invalid Operation Mask）。FPU 初始化后默认屏蔽所有异常。

（2）精度控制（Precision Control）

精度控制 PC 有两位，用于控制浮点计算结果的精度。PC=00 时，为 32 位单精度；PC=01 时，保留；PC=10 时，为 64 位双精度；PC=11 时，为 80 位扩展精度。

FPU 初始化后默认采用扩展精度。

（3）舍入控制（Rounding Control）

舍入控制 RC 有两位，对应 4 种舍入类型，如表 5-2 所示。

表 5-2　舍入控制对应舍入原则

RC	舍 入 类 型	舍 入 原 则
00	就近舍入（偶）	舍入结果最接近准确值。若两个值一样接近，则取偶数结果（最低位为 0）
01	向下舍入（趋向-∞）	舍入结果接近但不大于准确值
10	向上舍入（趋向+∞）	舍入结果接近但不小于准确值
11	向零舍入（趋向 0）	舍入结果接近但绝对值不大于准确值

各种舍入类型以舍入取整说明如下：

就近舍入是默认的舍入方法，类似“四舍五入”。如实数 100.101B 的小数部分 0.101B=0.625>0.5，故舍入后为 101B；如实数 100.011B 的小数部分 0.011B=0.375<0.5，故舍入后为 100B；如实数 100.100B 的小数部分 0.100B=0.5，与该实数最接近的两个整数 100B 和 101B 一样接近，则取偶数 100B，相当于舍去小数 0.100B；如实数 101.100B 的小数部分 0.100B=0.5，与该实数最接近的两个整数 101B 和 110B 一样接近，则取偶数 110B，相当于“入”小数 0.100B。就近舍入相当于小数部分是 0.1、0.2、0.3 和 0.4 时都舍去；小数部分是 0.6、0.7、0.8 和 0.9 时都进上去；小数部分是 0.5 时舍去和进上去的比例各占一半，当其整数部分是偶数时则舍去，结果为偶数；当其整数部分是奇数时则进上去，结果仍然为偶数。

向下舍入用于得到运算结果的上界。对于正数，就是截尾；对于负数，只要小数部分不为零，则都进上去。如实数+100.101B 向下舍入后为+100B；实数-100.101B 向下舍入后为-101B。

向上舍入用于得到运算结果的下界。对于负数，就是截尾；对于正数，只要小数部分不为零，则都进上去。如实数+100.101B 向上舍入后为+101B；实数-100.101B 向上舍入后为-100B。

向零舍入就是向数轴原点舍入。不论是正数还是负数，都是截尾。如实数+100.101B 向零舍入后为+100B；实数-100.101B 向零舍入后为-100B。

5.2 FPU 指令系统的约定

协处理器约有 70 条指令，汇编程序在遇到协处理器指令助记符时，都会将其转换成机器语言的 ESC 指令，ESC 指令代表协处理器的操作码。

协处理器指令在执行过程中，需要访问内存单元时，CPU 会为其形成内存地址。协处理器在指令执行期间利用数据总线来传递数据。80387~Pentium 协处理器利用 I/O 地址 800000FAH~800000FFH 来实现与 CPU 之间的数据交换。

协处理器指令的操作符（或助忆符）在命名设计时，遵循了下列规则：

（1）在操作符后面加上字母 P：表示该指令执行完后，还进行一次出栈操作，弹出栈顶数据以后要对其他寄存器进行相应的调整，如 FSTP/FADDP/FSUBP 等。

（2）在操作符后面加上字母 R：表示将两个操作数的源/目的位置先交换再进行运算，它仅限于减法、除法指令，因为加法和乘法不受源/目的操作数的位置影响结果。如 FSUBR 和 FDIVR 等；不加 R 时，目的操作数=目的操作数 op 源操作数；加 R 时，目的操作数=源操作数 op 目的操作数。

例如，下列指令的执行结果相反。

```
FSUB data              ;ST(0)=ST(0)-data
FSUBR data             ;ST(0)=data-ST(0)
FSUB ST(3),ST(0)       ;指令执行后，ST(3)=ST(3)-ST(0)
FSUBR ST(3),ST(0)      ;指令执行后，ST(3)=ST(0)-ST(3)
```

（3）操作符的第二个字母是 I：表示内存操作数是整数（注意：不能是 BYTE 类型）。

它对加、减、乘、除指令以及堆栈操作指令有效。

```
FIADD data                ;表示栈顶浮点数加上整数变量 data 结果存回栈顶，即 ST(0)=ST(0)+data
```

（4）操作符的第二个字母是 B：表示用于操作压缩 BCD 码格式的内存操作数（用 TBYTE 声明，10 个字节），如 FBLD 和 FBSTP 等。

（5）操作符的第二个字母是 N：表示在指令执行之前检查非屏蔽数值性错误。如 FSAVE 和 FNSAVE 等，前者称为等待形式（wait version），后者称为非等待形式（no-wait version）。

（6）对于操作数和注释作如下规定：

st(i)：代表浮点寄存器（i=0~7），i=0 时表示栈顶元素，简化为 st；每执行一次加载操作，相当于执行一次入栈操作，原栈顶元素 st(0)就变成 st(1)，新加载的元素就成为 st(0)；每执行一次带出栈的指令，相当于执行一次出栈操作，原栈顶元素 st(0)就被弹出，原 st(1)就变成 st(0)。

Src、Dst、Dest 等都是指指令的操作数，Src 表示源操作数，Dst/Dest 表示目的操作数。

m8、m16、m32、m64、m80 等表示是内存操作数，后面的数值表示该操作数的内存位数。

x←y 表示将 y 的值存入 x，如 st(0)←st(0)-st(1)表示将 st(0)-st(1)的值放入浮点寄存器 st(0)，st(0)或 st 表示浮点寄存器栈顶元素。

在使用.8087 伪指令情况下，汇编程序会在等待形式的指令前面加上指令 WAIT，而在非等待形式的指令前面加上空操作指令 NOP。

理解了上述操作符命名规则，就能很容易区分同类指令之间的差异。

5.3 实数传送指令

FPU 的数据传送指令类似 CPU 的 MOV 数据传送指令，可以实现浮点寄存器 st(0)与浮点寄存器 st(i)之间的数据传送，也可以实现浮点寄存器 st(0)与内存变量之间的数据传送，还可以实现若干个立即数传送给浮点寄存器 st(0)（详见下一小节），但不能实现内存变量与内存变量之间的数据传送，也不能实现任意的立即数传送给浮点寄存器。

FPU 的数据传送指令可分为 3 类：第一类为内存变量传送给浮点寄存器 st(0)的加载指令 F[I/B]LD；第二类为浮点寄存器 st(0)传送给内存变量或浮点寄存器 st(i)的保存指令 F[I/B]ST[P]；第三类为浮点寄存器 st(0)与浮点寄存器 st(i)之间值的交换指令 FXCH。其中若含有字母[I]表示操作的是整数，若含有字母[B]表示操作的是压缩 BCD 码，若含有字母[P]表示操作完成后还要执行一次出栈操作。最常用的两条指令是 FLD 和 FSTP。

每执行一次加载指令，如 F[I/B]LD，相当于执行一次入栈操作，原栈顶元素 st(0)就变成 st(1)，新加载的元素就成为 st(0)；每执行一次带出栈的指令，如 F[I/B]STP，相当于执行一次出栈操作，原栈顶元素 st(0)就被弹出，原 st(1)就变成 st(0)。

1. 实数加载 FLD Src

FLD 指令的功能是将实数 Src 加载（存）到浮点寄存器的栈项 st(0)，语法格式如下：

```
FLD Src                            ;st(0)←Src(m32/m64/m80)
```

2. 整数加载 FILD Src

FILD 指令的功能是将整数 Src 加载到 st(0)，语法格式如下：

```
FILD Src                          ;st(0)←Src(m16/m32/m64)
```

3. BCD 数加载 FBLD Src

FBLD 指令的功能是将 10 字节压缩 BCD 码 Src 加载到 st(0)，语法格式如下：

```
FBLD Src                          ;st(0)←Src(m80)
```

4. 实数保存 FST Dst

FST 指令的功能是将 st(0)实数保存到 Dst，语法格式如下：

```
FST Dst                           ;Dst(m32/m64/st(i))←st(0)
```

5. 实数保存且出栈 FSTP Dst

FSTP 指令的功能是将 st(0)实数保存到 Dst 并执行 st(0)出栈，语法格式如下：

```
FSTP Dst                          ;Dst(m32/m64/m80/st(i))←st(0)，然后 st(0)出栈
```

6. 实数以整数保存 FIST Dst

FIST 指令的功能是将 st(0)实数就近舍入（舍入原则详见浮点控制寄存器 RC 位）后以整数保存到 Dst，语法格式如下：

```
FIST Dst                          ;Dst(m32/m64)←st(0)
```

7. 以整数保存且出栈 FISTP Dst

FISTP 指令的功能是将 st(0)实数就近舍入（舍入原则详见浮点控制寄存器 RC 位）后以整数保存到 Dst 并执行 st(0)出栈，语法格式如下：

```
FISTP Dst                         ;Dst(m16/m32/m64)←st(0)，然后 st(0)出栈
```

例 5-1 输入一实数 x，然后以整数保存到 y，最后再输出。

定义 QWORD 类型变量 x 用于存实数，定义 DWORD 类型变量 y 用于存整数，调用 scanf 函数给变量 x 输入一个实数，然后用“FLD x”指令将 x 加载到栈顶 st(0)，再执行“FISTP y”指令将栈顶实数就近舍入后保存到整型变量 y，最后输出 x 和 y 的值。

源程序如下：

```
.386                              ;①选择的处理器
.model flat, stdcall              ;②存储模型，Win32 程序只能用平展（flat）模型
option casemap:none               ;③指明标识符大小写敏感
include     kernel32.inc          ;④要引用的头文件
includelib  kernel32.lib          ;要引用的库文件
includelib  msvcrt.lib            ;引用 C 库文件
scanf PROTO C:DWORD,:vararg       ;C 语言的 scanf 函数原型声明
printf PROTO C:DWORD,:vararg      ;C 语言的 printf 函数原型声明
```

```
.data                                        ;⑤数据段
InFmt      DB  '%lf',0
OutFmt     DB  '%g 整数值为%d',0
x          QWORD ?
y          DD ?
.code                                        ;⑥代码段
start:                                       ;⑦定义标号 start
invoke scanf,ADDR InFmt,ADDR x               ;给变量 x 输入一个实数
FLD  x                                       ;将 x 加载到栈顶 st(0)
FISTP y                                      ;将栈顶实数就近舍入后保存到整型变量 y
invoke printf,ADDR OutFmt,x,y                ;输出 x 和 y 的值
invoke ExitProcess,0                         ;⑧退出进程，返回值为 0
end   start                                  ;⑨指明程序入口点 start
```

运行若输入：

```
3.49999999999
```

输出运行结果：

```
3.5 整数值为 3
```

运行若输入：

```
3.5
```

输出运行结果：

```
3.5 整数值为 4
```

运行若输入：

```
2.5
```

输出运行结果：

```
2.5 整数值为 2
```

8. *以 BCD 码保存且出栈 FBSTP Dst*

FBSTP 指令的功能是将 st(0)实数就近舍入（舍入原则详见浮点控制寄存器 RC 位）后以压缩 BCD 码保存到 Dst 并执行 st(0)出栈，语法格式如下：

```
FBSTP Dst                                    ;Dst(m80)←st(0)，然后 st(0)出栈
```

需要注意的是，指令系统有 FISTP 指令，也有 FIST 指令，但指令系统有 FBSTP 指令，却没有 FBST 指令。

例 5-2　输入一实数 x，然后以压缩 BCD 整数保存到 y，最后再输出。

定义 QWORD 类型变量 x 用于存实数，定义 TBYTE/DT 类型变量 y 用于存整数，调用 scanf 函数给变量 x 输入一个实数，然后用“FLD x”指令将 x 加载到栈顶 st(0)，再执行“FISTP y”指令将栈顶实数就近舍入后保存到整型变量 y，最后输出 x 和 y 的值。

源程序如下：

```
.386                                    ;①选择的处理器
.model flat, stdcall                    ;②存储模型，Win32 程序只能用平展（flat）模型
option casemap:none                     ;③指明标识符大小写敏感
include      kernel32.inc               ;④要引用的头文件
includelib   kernel32.lib               ;要引用的库文件
includelib   msvcrt.lib                 ;引用 C 库文件
scanf PROTO C:DWORD,:vararg             ;C 语言的 scanf 函数原型声明
printf PROTO C:DWORD,:vararg            ;C 语言的 printf 函数原型声明
.data                                   ;⑤数据段
InFmt        DB   '%lf',0
OutFmt       DB   '%gBCD 码为%x',0
x            QWORD ?
y            TBYTE ?
.code                                   ;⑥代码段
start:                                  ;⑦定义标号 start
invoke scanf,ADDR InFmt,ADDR x
FLD    x
FBSTP y
invoke printf,ADDR OutFmt,x,y
invoke ExitProcess,0                    ;⑧退出进程，返回值为 0
end     start                           ;⑨指明程序入口点 start
```

运行若输入：

```
135.4999
```

输出运行结果：

```
135.5BCD 码为 135
```

运行若输入：

```
135.5
```

输出运行结果：

```
135.5BCD 码为 136
```

运行若输入：

```
134.5
```

输出运行结果：

```
134.5BCD 码为 134
```

9. 实数交换 FXCH[st(i)]

FXCH[st(i)]指令的功能是实现 st(0)与 st(1)或 st(i)之间值的交换，语法格式如下：

```
FXCH                                    ;st(0)←st(1),st(1)←st(0)
FXCH   st(i)                            ;st(0)←st(i),st(i)←st(0)
```

5.4 实数常量加载指令

FPU 可以实现若干个立即数（实数常量）传送给浮点寄存器 st(0)，但不能实现任意的立即数（实数常量）传送给浮点寄存器。

1. 实数 0.0 加载 FLDZ

FLDZ 指令的功能是将 0.0 加载到 st(0)，语法格式如下：

```
FLDZ                    ;st(0)←0.0
```

2. 实数 1.0 加载 FLD1

FLD1 指令的功能是将 1.0 加载到 st(0)，语法格式如下：

```
FLD1                    ;st(0)←1.0
```

3. 实数 π 加载 FLDPI

FLDPI 指令的功能是将 π 加载到 st(0)，语法格式如下：

```
FLDPI                   ;st(0)←π 即 3.14159
```

4. 实数 $\log_2 10$ 加载 FLDL2T

FLDL2T 指令的功能是将 $\log_2 10$ 加载到 st(0)，语法格式如下：

```
FLDL2T                  ;st(0)←log₂10 即 3.32193
```

5. 实数 $\log_2 e$ 加载 FLDL2E

FLDL2E 指令的功能是将 $\log_2 e$ 加载到 st(0)，语法格式如下：

```
FLDL2E                  ;st(0)←log₂e 即 1.4427
```

6. 实数 $\log_{10} 2$ 加载 FLDLG2

FLDLG2 指令的功能是将 $\log_{10} 2$ 加载到 st(0)，语法格式如下：

```
FLDLG2                  ;st(0)←log₁₀2 即 0.30103
```

7. 实数 $\log_e 2$ 加载 FLDLN2

FLDLN2 指令的功能是将 $\log_e 2$ 加载到 st(0)，语法格式如下：

```
FLDLN2                  ;st(0)←logₑ2 即 0.693147
```

5.5 实数比较指令

实数比较指令是将实数 st(0)与另一操作数 Src 进行比较，结果状态存浮点标志寄存器

的 $C_3C_2C_0$ 字段。

若 st(0)>Src，则 $C_3C_2C_0$←000；若 st(0)<Src，则 $C_3C_2C_0$←001；若 st(0)=Src，则 $C_3C_2C_0$←100。

实数比较时，如 FCOM[P/PP]，若 st(0)或 Src 有一个为 NaN 或不支持格式，则将导致无效算术操作数异常（#IA），同时若 FPU 控制字 IM 位为 1，则 $C_3C_2C_0$←111（无序）。

无序比较时，如 FUCOM[P/PP]，若 st(0)或 Src 有一个为 QNaN（但不是 SNaN 或不支持格式），则 $C_3C_2C_0$←111（无序）；否则，若 st(0)或 Src 有一个为 SNaN 或不支持格式，则将导致无效算术操作数异常（#IA），同时若 FPU 控制字 IM 位为 1，则 $C_3C_2C_0$←111（无序）。

1. 实数比较 FCOM

FCOM 指令的功能是将实数 st(0)与实数 st(i)或 op(m32/m64)作比较，结果状态存 $C_3C_2C_0$ 字段，并根据指令助记符中是否带有字母 P 决定是否出栈，共有 7 条指令，语法格式如下：

```
FCOM            ;st(0)与 st(1)比较的结果状态存 C3C2C0 字段
FCOM op         ;st(0)与 op(m32/m64)比较的结果状态存 C3C2C0 字段
FCOM st(i)      ;st(0)与 st(i)比较的结果状态存 C3C2C0 字段
FCOMP           ;st(0)与 st(1)比较的结果状态存 C3C2C0 字段并执行出栈
FCOMP op        ;st(0)与 op(m32/m64)比较的结果状态存 C3C2C0 字段并执行出栈
FCOMP st(i)     ;st(0)与 st(i)比较的结果状态存 C3C2C0 字段并执行出栈
FCOMPP          ;st(0)与 st(1)比较的结果状态存 C3C2C0 字段并执行出栈两次
```

2. 实数与整数比较 FICOM[P]

FICOM[P]指令的功能是将实数 st(0)与整数 op(m16/m32)作减法运算，结果状态存 $C_3C_2C_0$ 字段，并根据指令助记符中是否带有字母 P 决定是否出栈，共有两条指令，语法格式如下：

```
FICOM op        ;st(0)与 op(m16/m32)比较的结果状态存 C3C2C0 字段
FICOMP op       ;st(0)与 op(m16/m32)比较的结果状态存 C3C2C0 字段并执行出栈
```

3. 无序比较 FUCOM[P/PP]

FUCOM[P/PP]指令的功能是将实数 st(0)与 st(i)作无序比较，结果状态存 $C_3C_2C_0$ 字段，并根据指令助记符中是否带有字母 P 决定是否出栈，共有 4 条指令，语法格式如下：

```
FUCOM           ;st(0)与 st(1)比较的结果状态存 C3C2C0 字段
FUCOM st(i)     ;st(0)与 st(i)比较的结果状态存 C3C2C0 字段
FUCOMP st(i)    ;st(0)与 st(i)比较的结果状态存 C3C2C0 字段并执行 st(0)出栈
FUCOMPP st(i)   ;st(0)与 st(i)比较的结果状态存 C3C2C0 字段并执行出栈两次
```

4. 实数零检测 FTST

FTST 指令的功能是将实数 st(0)与 0.0 比较，结果状态存 $C_3C_2C_0$ 字段，语法格式如下：

```
FTST            ;st(0)与 0.0 比较的结果状态存 C3C2C0 字段
```

5. 存 CPU 比较 F[U]COMI[P]

F[U]COMI[P]是 686+指令，功能是将实数 st(0)与实数 st(i)作比较或无序比较，结果状态存 CPU 中 EFlags 标志寄存器 ZFPFCF 标志位，并根据指令是否有字母 P 决定是否出栈，语法格式如下：

```
FCOMI st,st(i)        ;st(0)与 st(i)比较的结果状态存 ZFPFCF 标志位
FCOMIP st,st(i)       ;st(0)与 st(i)比较的结果状态存 ZFPFCF 标志位并执行出栈
FUCOMI st,st(i)       ;st(0)与 st(i)无序比较的结果状态存 ZFPFCF 标志位
FUCOMIP st,st(i)      ;st(0)与 st(i)无序比较的结果状态存 ZFPFCF 标志位并执行出栈
```

若 st(0)>st(i)，则 ZFPFCF←000；若 st(0)<st(i)，则 ZFPFCF←001；若 st(0)=st(i)，则 ZFPFCF←100。

例 5-3　输入两实数 x 和 y，然后 FCOMI 指令比较大小，最后再输出大小关系。

定义 QWORD 类型变量 x 和 y 用于存实数，调用 scanf 函数给变量 x 和 y 各输入一个实数，然后用 FLD 指令分别将变量 y 和 x 的值加载到 st(1)和 st(0)，再执行 FCOMI 指令实现栈顶 st(0)实数与 st(1)实数进行比较，比较结果存 CPU 标志位，然后用 JBE(x≤y)和 JB(x<y)指令根据 x 和 y 的大小关系决定是否转移相应位置执行（详见第 6 章），最后输出 x 和 y 的大小关系表达式。

源程序如下：

```
.686                                    ;①选择的处理器
.model flat,stdcall                     ;②存储模型，Win32 程序只能用平展（flat）模型
option casemap:none                     ;③指明标识符大小写敏感
include      kernel32.inc               ;④要引用的头文件
includelib   kernel32.lib               ;要引用的库文件
includelib   msvcrt.lib                 ;引用 C 库文件
scanf PROTO C:DWORD,:vararg             ;C 语言的 scanf 函数原型声明
printf PROTO C:DWORD,:vararg            ;C 语言的 printf 函数原型声明
.data                                   ;⑤数据段
x       QWORD  ?                        ;存 x
y       QWORD  ?                        ;存 y
infmt   BYTE      '%lf %lf',0
out1    BYTE      '%g>%g',0
out2    BYTE      '%g=%g',0
out3    BYTE      '%g<%g',0
.code                                   ;⑥代码段
start:                                  ;⑦定义标号 start
invoke scanf,addr infmt,addr x,addr y
FLD y
FLD x
FCOMI st,st(1)                          ;执行 st-st(1)，即 x-y，状态存 CF
JBE BELOWEQU                            ;若 x<=y 则转 BELOWEQU
invoke printf,addr out1,x,y             ;否则输出 x>y
JMP Done                                ;转 Done 结束
BELOWEQU:                               ;x<=y
JB BELOW                                ;若 x<y 则转 BELOW
invoke printf,addr out2,x,y             ;否则输出 x=y
JMP Done                                ;转 Done 结束
BELOW:                                  ;x<y
invoke printf,addr out3,x,y             ;否则输出 x<y
```

```
Done:                           ;Done 结束位置
invoke ExitProcess,0            ;⑧退出进程，返回值为 0
end     start                   ;⑨指明程序入口点 start
```

运行若输入：

```
2.5 3.5
```

输出运行结果：

```
2.5<3.5
```

运行若输入：

```
3.5 3.5
```

输出运行结果：

```
3.5=3.5
```

运行若输入：

```
4.5 3.5
```

输出运行结果：

```
4.5>3.5
```

6. 检测栈顶实数特征 FXAM

FXAM 指令的功能是检测 st(0)是否是 0、±∞（INF）、非实数（NaN）或正常数等，结果存浮点状态寄存器 $C_3C_2C_0$ 字段，语法格式如下：

```
FXAM        ;检测 st(0)是否是 0、±∞（INF）、非实数（NaN）或正常数，状态存 C3C2C0 字段
```

执行 FLD 和 FXAM 指令后，C_1 为 st(0)符号位，$C_3C_2C_0$ 决定 st(0)其他特征；若阶码和尾数数值都全 0，则 $C_3C_2C_0$ 为 100（Zero）；若是扩展精度且阶码全 0、尾数数值非全 0，则 $C_3C_2C_0$ 为 110（Denormal）；若是扩展精度且阶码不全 0、尾数数值最高位不是 1，则其值为#IND 且 $C_3C_2C_0$ 为 000（Unsupported）（因为扩展精度尾数部分整数 1 作为最高位、不能省）；若阶码全 1、尾数数值全 0（扩展精度尾数仅最高位为 1），则 $C_3C_2C_0$ 为 011（INF(∞)）；若阶码全 1、尾数数值非全 0（扩展精度尾数最高位为 1），则 $C_3C_2C_0$ 为 001（NAN 非数字，双精度尾数最高位是 0 为 SNAN，一般表示无效的数，双精度尾数最高位是 1 为 QNAN，一般表示不确定的数）；其他情况下 $C_3C_2C_0$ 为 010（normal 标准的浮点数）；若没有执行过 FLD 而直接执行 FXAM，则 $C_3C_2C_0$ 为 101（Empty）；若没有执行 FXAM，则 $C_3C_2C_0$ 为 000（Unsupported）；实际执行 FLD 和 FXAM 指令后，未见 111 状态（保留）。

不同精度类型，特殊数据的输出结果略有不同，下面给出 3 种精度有代表性的、不同情况机器数的输出结果，读者可以据此了解或理解浮点数的表示思想，不必过于深入研究。

例 5-4 用 FXAM 指令检测 st(0)单精度实数是否是 0、±∞（INF）、非实数（NaN）、正常数等。

定义单精度（float）变量 d，将变量 d 地址强制转换为 int 地址后赋值给整型指针变量 p，然后将各种情况的单精度机器数（1 位尾符+8 位阶码+23 位尾数数值）通过指针变量 p 给变量 d 赋值（以下源程序中只保留一条赋值语句未被注释能被执行到）；执行“FLD d”和“FXAM”指令产生检测结果，通过 fnstsw AX 指令将结果转存 AX，再通过移位操作将 AX 中 $C_3C_2C_0$ 字段（第 14、10 和 8 位，详见浮点状态寄存器相关章节）的值移到低 3 位，最后再转存到变量 x，并输出实数 d 及其对应的实数类型 s[x]。单精度实数类型中非数字没有 SNAN 类型。

源程序如下：

```
#include"stdio.h"
void main()
{
    int x;float d;
    char s[8][30]={"000（Unsupported）","001（NaN）","010（Normal）",
            "011（Infinity）","100（Zero）","101（Empty）","110（Denormal）","111（未定义）"};
    int *p=(int *)&d;//将 float 地址强制转换为 int 地址，再通过 p 给 d 赋值单精度机器数
    /*p=0x0000 0000;//0               对应 C3C2C0=100（Zero）
    *p=0x0000 0001;//1.4013e-045      对应 C3C2C0=010（Normal）
    *p=0x007F FFFF;//1.17549e-038     对应 C3C2C0=010（Normal）
    *p=0x7F7F FFFF;//3.40282e+038     对应 C3C2C0=010（Normal）   */
    *p=0x7F80 0000;//1.#INF           对应 C3C2C0=011（Infinity）
    /*p=0x7F80 0001;//1.#QNAN         对应 C3C2C0=001（NaN）
    *p=0x7FBF FFFF;//1.#QNAN          对应 C3C2C0=001（NaN）
    *p=0x7FC0 0000;//1.#QNAN          对应 C3C2C0=001（NaN）
    *p=0x7FFF FFFF;//1.#QNAN          对应 C3C2C0=001（NaN）
    *p=0x8000 0000;//0                对应 C3C2C0=100（Zero）
    *p=0x8000 0001;//-1.4013e-045     对应 C3C2C0=010（Normal）
    *p=0x807F FFFF;//-1.17549e-038    对应 C3C2C0=010（Normal）
    *p=0xFF7F FFFF;//-3.40282e+038    对应 C3C2C0=010（Normal）
    *p=0xFF80 0000;//-1.#INF          对应 C3C2C0=011（Infinity）
    *p=0xFF80 0001;//-1.#QNAN         对应 C3C2C0=001（NaN）
    *p=0xFFBF FFFF;//-1.#QNAN         对应 C3C2C0=001（NaN）
    *p=0xFFC0 0000;//-1.#IND          对应 C3C2C0=001（NaN）
    *p=0xFFC0 0001;//-1.#QNAN         对应 C3C2C0=001（NaN）
    *p=0xFFFF FFFF;//-1.#QNAN         对应 C3C2C0=001（NaN）  */
    _asm
    {//也可以用汇编指令直接给 d 赋值单精度机器数
    ;mov DWORD PTR d,7F80 0000H
    FLD     d        ;加载要检测的实数
    FXAM             ;检测栈顶实数
    mov     EAX,0    ;给 EAX 高 16 位清 0
    fnstsw  AX       ;取状态字保存到 EAX 低 16 位即 AX
    shr     AX,1     ;AX 整个右移 1 位，第 14、10、8 位 C3C2C0 移入第 13、9、7 位
    shr     AH,1     ;AH 单个字节右移 1 位，第 13、9 位 C3C2 移入第 12、8 位
    shr     AX,1     ;AX 整个右移 1 位，第 12、8、7 位 C3C2C0 移入第 11、7、6 位
    shr     AH,3     ;AH 单个字节右移 3 位，第 11 位 C3 移入第 8 位
    shr     AX,6     ;AX 整个右移 6 位，第 8、7、6 位 C3C2C0 移入第 2、1、0 位
    mov     x,EAX    ;第 2、1、0 位 C3C2C0 存 x
```

```
    }
    Printf("%g\t 对应 C3C2C0=%s\n",d,s[x]);
}
```

输出运行结果：

```
1.#INF   对应 C3C2C0=011(Infinity)
```

例 5-5 用 FXAM 指令检测 st(0)双精度实数是否是 0、±∞（INF）、非实数（NaN）、正常数等。

实现的原理同例 5-4，只是变量 d 数据类型为 double 类型，给它赋值的数据为 64 位机器数（1 位尾符+11 位阶码+52 位尾数数值）。若双精度阶码全 1、尾数数值不全 0 且尾数数值最高位为 0，则输出实数类型为 SNAN 类型。

源程序如下：

```
#include"stdio.h"
void main()
{
    int x;double d;
    char s[8][30]={"000（Unsupported）","001（NaN）","010（Normal）",
            "011（Infinity）","100（Zcro）","101（Empty）","110（Denormal）","111（未定义）"};
    __int64 *p=(__int64 *)&d;//将 double 地址强制转换为__int64 地址，以用 p 给 d 赋机器数
   /*p=0x0000 0000 0000 0000;//0                对应 C3C2C0=100（Zero）
    *p=0x0000 0000 0000 0001;//4.94066e-324     对应 C3C2C0=010（Normal）
    *p=0x000F FFFF FFFF FFFF;//2.22507e-308     对应 C3C2C0=010（Normal）
    *p=0x7FEF FFFF FFFF FFFF;//1.79769e+308     对应 C3C2C0=010（Normal）    */
    *p=0x7FF0 0000 0000 0000;//1.#INF           对应 C3C2C0=011（Infinity）
   /*p=0x7FF0 0000 0000 0001;//1.#SNAN          对应 C3C2C0=001（NaN）
    *p=0x7FF7 FFFF FFFF FFFF;//1.#SNAN          对应 C3C2C0=001（NaN）
    *p=0x7FF8 0000 0000 0000;//1.#QNAN          对应 C3C2C0=001（NaN）
    *p=0x7FFF FFFF FFFF FFFF;//1.#QNAN          对应 C3C2C0=001（NaN）
    *p=0x8000 0000 0000 0000;//0                对应 C3C2C0=100（Zero）
    *p=0x8000 0000 0000 0001;//-4.94066e-324    对应 C3C2C0=010（Normal）
    *p=0x800F FFFF FFFF FFFF;//-2.22507e-308    对应 C3C2C0=010（Normal）
    *p=0xFFEF FFFF FFFF FFFF;//-1.79769e+308    对应 C3C2C0=010（Normal）
    *p=0xFFF0 0000 0000 0000;//-1.#INF          对应 C3C2C0=011（Infinity）
    *p=0xFFF0 0000 0000 0001;//-1.#SNAN         对应 C3C2C0=001（NaN）
    *p=0xFFF7 FFFF FFFF FFFF;//-1.#SNAN         对应 C3C2C0=001（NaN）
    *p=0xFFF8 0000 0000 0000;//-1.#IND          对应 C3C2C0=001（NaN）
    *p=0xFFF8 0000 0000 0001;//-1.#QNAN         对应 C3C2C0=001（NaN）
    *p=0xFFFF FFFF FFFF FFFF;//-1.#QNAN         对应 C3C2C0=001（NaN）  */
    asm
    {//也可以用汇编指令直接给 d 赋值双精度机器数
    ;mov DWORD PTR d+4,7FF0 0000H//高字节高地址
    ;mov DWORD PTR d+0,0000 0000H//低字节低地址
    FLD       d          ;加载要检测的实数
    FXAM                 ;检测栈顶实数
    mov       EAX,0      ;给 EAX 高 16 位清 0
    fnstsw    AX         ;取状态字保存到 EAX 低 16 位即 AX
    shr       AX,1       ;AX 整个右移 1 位，第 14、10、8 位 C3C2C0 移入第 13、9、7 位
```

```
        shr     AH,1    ;AH 单个字节右移 1 位，第 13、9 位 C3C2 移入第 12、8 位
        shr     AX,1    ;AX 整个右移 1 位，第 12、8、7 位 C3C2C0 移入第 11、7、6 位
        shr     AH,3    ;AH 单个字节右移 3 位，第 11 位 C3 移入第 8 位
        shr     AX,6    ;AX 整个右移 6 位，第 8、7、6 位 C3C2C0 移入第 2、1、0 位
        mov     x,EAX   ;第 2、1、0 位 C3C2C0 存 x
        }
        Printf("%g\t 对应 C3C2C0=%s\n",d,s[x]);
    }
```

输出运行结果：

```
1.#INF   对应 C3C2C0=011(Infinity)
```

例 5-6 用 FXAM 指令检测 st(0)扩展精度实数是否是 0、±∞（INF）、非实数（NaN）、正常数等。

实现的原理同例 5-4，只是变量 d 数据类型为 TBYTE 类型，给它赋值的数据为 80 位机器数（1 位尾符+15 位阶码+64 位尾数数值）。与单、双精度不同的是，若扩展精度阶码全 0、尾数数值不全 0，则输出实数类型为非规格化（Denormal）类型；若扩展精度阶码不全 0、尾数数值最高位不为 1，则输出实数为#IND、类型为不支持（Unsupported）类型；若扩展精度阶码全 1、尾数数值最高位为 1、其他位全 0，则输出实数为#INF(∞)（Infinity）类型。

对于尾符改 1 的情况，运行结果类似。

源程序如下：

```
.386                                    ;①选择的处理器
.model flat, stdcall                    ;②存储模型，Win32 程序只能用平展（flat）模型
option casemap:none                     ;③指明标识符大小写敏感
include     kernel32.inc                ;④要引用的头文件
includelib  kernel32.lib                ;要引用的库文件
includelib  msvcrt.lib                  ;引用 C 库文件
scanf PROTO C:DWORD,:vararg             ;C 语言的 scanf 函数原型声明
printf PROTO C:DWORD,:vararg            ;C 语言的 printf 函数原型声明
.data                                   ;⑤数据段
a QWORD  ?
;d    TBYTE   0000 0000 0000 0000 0000H;0     对应 C3C2C0=100（Zero）
;d    TBYTE   0000 0000 0000 0000 0001H;0     对应 C3C2C0=110（Denormal）
;d    TBYTE   0000 FFFF FFFF FFFF FFFFH;0  对应 C3C2C0=110（Denormal）
;d    TBYTE   0001 0000 0000 0000 0000H;-1.#IND   对应 C3C2C0=000（不支持）
;d    TBYTE   0001 7FFF FFFF FFFF FFFFH;-1.#IND 对应 C3C2C0=000（不支持）
;d    TBYTE   0001 8000 0000 0000 0000H;0     对应 C3C2C0=010（Normal）
;d    TBYTE   0001 FFFF FFFF FFFF FFFFH;0  对应 C3C2C0=010（Normal）
;d    TBYTE   7FFF 0000 0000 0000 0000H;-1.#IND   对应 C3C2C0=000（不支持）
;d    TBYTE   7FFF 7FFF FFFF FFFF FFFFH;-1.#IND 对应 C3C2C0=000（不支持）
d     TBYTE   7FFF 8000 0000 0000 0000H;1.#INF    对应 C3C2C0=011（Infinity）
;d    TBYTE   7FFF 8000 0000 0000 0001H;1.#QNAN 对应 C3C2C0=001（NaN）
;d    TBYTE   7FFF FFFF FFFF FFFF FFFFH;1.#QNAN     对应 C3C2C0=001（NaN）
fmt   BYTE    '%g',9,'对应 C3C2C0=%s',0 ;格式串，以下每串 16 字节
s     BYTE    "000（不支持）",5 dup(0),"001（NaN）",8 dup(0),"010（Normal）",5 dup(0),
"011（Infinity）",3 dup(0),"100（Zero）",7 dup(0),"101（Empty）",6 dup(0),
```

```
"110（Denormal）",3 dup(0),"111（未定义）",5 dup(0)
.code                       ;⑥代码段
start:                      ;定义标号 start
FLD d
FXAM
mov      EAX,0              ;给 EAX 高 16 位清 0
fnstsw   AX                 ;取状态字保存到 EAX 低 16 位即 AX
shr      AX,1               ;AX 整个右移 1 位，第 14、10、8 位 C3C2C0 移入第 13、9、7 位
shr      AH,1               ;AH 单个字节右移 1 位，第 13、9 位 C3C2 移入第 12、8 位
shr      AX,1               ;AX 整个右移 1 位，第 12、8、7 位 C3C2C0 移入第 11、7、6 位
shr      AH,3               ;AH 单个字节右移 3 位，第 11 位 C3 移入第 8 位
shr      AX,2               ;AX 整个右移 2 位，第 8、7、6 位 C3C2C0 移入第 6、5、4 位
AND      AX,70H             ;只保留第 6、5、4 位的 C3C2C0
FSTP a
invoke printf,ADDR fmt,a,addr s[EAX];输出
invoke ExitProcess,0        ;退出进程，返回值为 0
end     start               ;指明程序入口点 start
```

输出运行结果：

```
1.#INF   对应 C3C2C0=011（Infinity）
```

5.6 实数加法指令

加法指令比较多，一般只需掌握“FADD Src”和“FIADD Src”两条指令即可，前者实数加实数，后者实数加整数。

使用加法指令时，一般都要先用 FLD 指令将被加数加载到栈顶 st(0)，然后再执行 FADD 或 FIADD 加法指令加上另一个加数，最后再执行 FSTP 指令将和存指定存储单元。

1. 实数加 FADD

FADD 指令的功能是实数 st(0)或 st(i)加上一实数，结果存 st(0)或 st(i)，语法格式如下：

```
FADD                  ;st(0)←st(1)+st(0)
FADD Src              ;st(0)←st(0)+Src(m32/m64)
FADD st(i),st         ;st(i)←st(i)+st(0)
FADD st,st(i)         ;st(0)←st(0)+st(i)
```

2. 实数加且出栈 FADDP

FADDP 指令的功能是实数 st(i)加上 st(0)，结果存 st(i)然后 st(0)出栈，语法格式如下：

```
FADDP st(i),st        ;st(i)←st(i)+st(0)，然后 st(0)出栈
```

3. 实数加整数 FIADD

FIADD 指令的功能是实数 st(0)加上一整数 Src，结果存 st(0)，语法格式如下：

```
FIADD Src             ;st(0)←st(0)+Src(m16/m32)
```

例 5-7 用 C 语言嵌入汇编指令求表达式 x+y+n 的值（其中 x、y 为实数，n 为整数）。

定义实数变量 x、y、z，定义整数变量 n，输入 x、y、n，接着用 FLD 指令将被加数 x 加载到栈顶 st(0)，然后再执行“FADD y”实现 x+y 结果存 st(0)，再执行“FIADD n”实现 x+y+n，再执行“FSTP z”将和存入 z，最后输出和表达式。

源程序如下：

```
#include"stdio.h"
void main()
{
    double x,y,z;int n;
    scanf("%lf %lf %d",&x,&y,&n);
    _asm
    {
    FLD         x               ;加载被加数 x
    FADD        y               ;加上加数 y
    FIADD       n               ;加上整数 n
    FSTP        z               ;结果存实数 z
    }
    Printf("%g+%g+%d=%g\n",x,y,n,z);
}
```

运行后输入：

```
2.3 3.5 4
```

则输出结果：

```
2.3+3.5+4=9.8
```

5.7 实数减法指令

减法指令比加法指令还要多，一般只需掌握“FSUB Src”和“FISUB Src”两条指令即可，前者实数减实数，后者实数减整数。

使用减法指令时，一般都要先用 FLD 指令将被减数加载到栈顶 st(0)，然后再执行 FSUB 或 FISUB 减法指令减去另一个减数，最后再执行 FSTP 指令将差存指定存储单元。

1. 实数减 FSUB[Src|st(i),st(j)]

FSUB 指令的功能是实数 st(0)或 st(i)减去另一个实数，结果存 st(0)或 st(i)，语法格式如下：

```
FSUB                            ;st(0)←st(1)-st(0)
FSUB Src                        ;st(0)←st(0)-Src(m32/m64)
FSUB st(i),st                   ;st(i)←st(i)-st(0)
FSUB st,st(i)                   ;st(0)←st(0)-st(i)
```

2. 实数减且出栈 FSUBP

FSUBP 指令的功能是实数 st(i)减去实数 st(0)结果存 st(i)，然后 st(0)出栈，语法格式如下：

```
FSUBP st(i),st                  ;st(i)←st(i)-st(0)，然后 st(0)出栈
```

3. 实数减整数 FISUB

FISUB 指令的功能是实数 st(0)减去整数 Src，结果存 st(0)，语法格式如下：

```
FISUB Src                    ;st(0)←st(0)-Src(m16/m32)
```

4. 反向减 FSUBR[Src|st(i),st(j)]

FSUBR 指令的功能是先将两个操作数的源/目的位置交换再进行相减，结果存目的操作数 st(0)或 st(i)，语法格式如下：

```
FSUBR                        ;st(0)←st(0)-st(1)
FSUBR Src                    ;st(0)←Src(m32/m64)-st(0)
FSUBR st(i),st               ;st(i)←st(0)-st(i)
FSUBR st,st(i)               ;st(0)←st(i)-st(0)
```

5. 反向减且出栈 FSUBRP

FSUBRP 指令的功能是 st(0)减去 st(i)，结果存 st(i)，然后 st(0)出栈，语法格式如下：

```
FSUBRP st(i),st              ;st(i)←st(0)-st(i)，然后 st(0)出栈
```

6. 实数反向减整数

FISUBR 指令的功能是 16 位或 32 位整数内存变量减去 st(0)，结果存 st(0)，语法格式如下：

```
FISUBR Src                   ;st(0)←Src(m16/m32)-st(0)
```

例 5-8 用 C 语言嵌入汇编指令求表达式 x-y-n 的值（其中 x、y 为实数，n 为整数）。

定义实数变量 x、y、z，定义整数变量 n，输入 x、y、n，接着用 FLD 指令将被减数 x 加载到栈顶 st(0)，然后再执行“FSUB y”实现 x-y 结果存 st(0)，再执行“FISUB n”实现 x-y-n，再执行“FSTP z”将差存 z，最后输出差表达式。

源程序如下：

```
#include"stdio.h"
void main()
{
    double x,y,z;int n;
    scanf("%lf %lf %d",&x,&y,&n);
    _asm
    {
    FLD      x                   ;加载被减数 x
    FSUB  y                      ;减去减数 y
    FISUB    n                   ;减去整数 n
    FSTP     z                   ;结果存实数 z
    }
    printf（"%g-%g-%d=%g\n",x,y,n,z）;
}
```

运行后输入：

```
9.3 3.5 4
```

则输出结果：

```
9.3-3.5-4=1.8
```

5.8 实数乘法指令

乘法一般只需掌握“FMUL Src”和“FIMUL Src”两条指令即可，前者实数乘实数，后者实数乘整数。

使用乘法指令时，一般都要先用 FLD 指令将被乘数加载到栈顶 st(0)，然后再执行 FMUL 或 FIMUL 乘法指令乘以另一个乘数，最后再执行 FSTP 指令将积存指定存储单元。

1. 实数乘 FMUL[Src|st(i),st(j)]

FMUL 指令的功能是实数 st(0)乘实数 st(i)/st(1)或内存变量，结果存 st(0)或 st(i)，语法格式如下：

```
FMUL                    ;st(0)←st(1)*st(0)
FMUL Src                ;st(0)←st(0)*Src(m32/m64)
FMUL st(i),st           ;st(i)←st(i)*st(0)
FMUL st,st(i)           ;st(0)←st(0)*st(i)
```

2. 实数乘且出栈 FMULP

FMULP 指令的功能是实数 st(i)乘 st(0)结果存 st(i)，然后 st(0)出栈，语法格式如下：

```
FMULP st(i),st          ;st(i)←st(i)*st(0)，然后 st(0)出栈
```

3. 实数乘整数 FIMUL

FIMUL 指令的功能是实数 st(0)乘整数 Src，结果存 st(0)，语法格式如下：

```
FIMUL Src               ;st(0)←st(0)*Src(m16/m32)
```

例 5-9 用 C 语言嵌入汇编指令求表达式 x*y*n 的值（其中 x 和 y 为实数，n 为整数）。

定义实数变量 x、y 和 z，定义整数变量 n，输入 x、y 和 n，接着用 FLD 指令将被乘数 x 加载到栈顶 st(0)，然后再执行“FMUL y”实现 x*y 结果存 st(0)，再执行“FIMUL n”实现 x*y*n，再执行“FSTP z”将积存 z，最后输出积表达式。

源程序如下：

```
#include"stdio.h"
void main()
{
    double x,y,z;int n;
    scanf("%lf %lf %d",&x,&y,&n);
    _asm
    {
    FLD         x               ;加载被乘数 x
    FMUL        y               ;乘以乘数 y
    FIMUL       n               ;乘以整数 n
```

```
        FSTP        z                   ;结果存实数 z
        }
        printf("%g*%g*%d=%g\n",x,y,n,z);
}
```

运行后输入：

```
2.5 3.5 2
```

则输出结果：

```
2.5*3.5*2=17.5
```

5.9 实数除法指令

除法一般只需掌握“FDIV Src”和“FIDIV Src”两条指令即可，前者为实数除实数，后者为实数除整数。

使用除法指令时，一般都要先用 FLD 指令将被除数加载到栈顶 st(0)，然后再执行 FDIV 或 FIDIV 除法指令除以除数（多数情况是存于内存单元的变量），最后再执行 FSTP 指令将商存指定存储单元。

1. 实数除 FDIV[Src|st(i),st(j)]

FDIV 指令的功能是实数 st(0)除以实数 st(i)或 st(1)或内存变量，结果存 st(0)或 st(i)，语法格式如下：

```
FDIV                    ;st(0)←st(1)/st(0)
FDIV Src                ;st(0)←st(0)/Src(m32/m64)
FDIV st(i),st           ;st(i)←st(i)/st(0)
FDIV st,st(i)           ;st(0)←st(0)/st(i)
```

2. 实数除且出栈 FDIVP

FDIVP 指令的功能是实数 st(i)除以 st(0)结果存 st(i)，然后 st(0)出栈，语法格式如下：

```
FDIVP st(i),st          ;st(i)←st(i)/st(0)，然后 st(0)出栈
```

3. 实数除整数 FIDIV

FIDIV 指令的功能是实数 st(0)除以整数 Src，结果存 st(0)，语法格式如下：

```
FIDIV Src               ;st(0)←st(0)*Src(m16/m32)
```

4. 实数反向除 FDIVR

FDIVR 指令的功能是先将两个操作数的源/目的位置交换再进行相除，结果存目的操作数 st(0)或 st(i)，语法格式如下：

```
FDIVR                   ;st(0)←st(0)/st(1)
FDIVR Src               ;st(0)←Src(m32/m64)/st(0)
```

```
FDIVR st(i),st                        ;st(i)←st(0)/st(i)
FDIVR st,st(i)                        ;st(0)←st(i)/st(0)
```

5. 反向除且出栈 FDIVRP

FDIVRP 指令的功能是 st(0)除以 st(i)，结果存 st(i)，然后 st(0)出栈，语法格式如下：

```
FDIVRP st(i),st                       ;st(i)←st(0)/st(i)，然后 st(0)出栈
```

6. 实数反向除整数 FIDIVR

FIDIVR 指令的功能是整数 Src 除以实数 st(0)，结果存 st(0)，语法格式如下：

```
FIDIVR Src                            ;st(0)←Src(m16/m32)/st(0)，然后 st(0)出栈
```

例 5-10 用 C 语言嵌入汇编指令求表达式 x/y/n 的值（其中 x 和 y 为实数，n 为整数）。

定义实数变量 x、y 和 z，定义整数变量 n，输入 x、y 和 n，接着用 FLD 指令将被除数 x 加载到栈顶 st(0)，然后再执行“FDIV y”实现 x/y 结果存 st(0)，再执行“FIDIV n”实现 x/y/n，再执行“FSTP z”将商存 z，最后输出商表达式。

源程序如下：

```
#include"stdio.h"
void main()
{
    double x,y,z;int n;
    scanf("%lf %lf %d",&x,&y,&n);
    _asm
    {
    FLD        x                      ;加载被除数 x
    FDIV       y                      ;除以除数 y
    FIDIV      n                      ;除以整数 n
    FSTP       z                      ;结果存实数 z
    }
    printf("%g/%g/%d=%g\n",x,y,n,z);
}
```

运行后输入：

```
17.5 2.5 2
```

则输出结果：

```
17.5/2.5/2=3.5
```

5.10 算术指令

算术指令主要有求平方根 FSQRT、求绝对值 FABS、求负数 FCHS、取实数阶码和尾数 FXTRACT、取实数余数 FPREM/FPREM1、就近舍入取整 FRNDINT、求 2 的指数 FSCALE/F2XM1、求以 2 为底的对数 FYL2X[P1]和三角函数等（也称为超越函数）。

1. 实数平方根 FSQRT

FSQRT 指令的功能是求栈顶实数 st(0)的平方根，结果存 st(0)，语法格式如下：

```
FSQRT                          ;st(0)←sqrt(st(0))
```

例 5-11 用 C 语言嵌入汇编指令求表达式 x 的平方根（其中 x 为实数）。

定义实数变量 x、y，输入 x，接着用“FLD x”指令将实数 x 加载到栈顶 st(0)，然后再执行 FSQRT 实现求栈顶 st(0)中 x 的平方根存 st(0)，再执行“FSTP y”将 x 的平方根存 y，最后输出结果。

源程序如下：

```
#include"stdio.h"
void main()
{
    double x,y;
    scanf("%lf",&x);
    _asm
    {
    FLD      x                    ;加载实数 x
    FSQRT                         ;求 x 的平方根
    FSTP     y                    ;结果存实数 y
    }
    printf("SQRT(%g)=%g\n",x,y);
}
```

运行后输入：

```
2
```

则输出结果：

```
SQRT(2)=1.41421
```

2. 求绝对值 FABS

FABS 指令的功能是求 st(0)的绝对值，语法格式如下：

```
FABS                           ;st(0)←|st(0)|
```

例 5-12 用 C 语言嵌入汇编指令实现求 x 的绝对值（其中 x 为实数）。

定义实数变量 x、y，输入 x，接着用“FLD x”指令将实数 x 加载到栈顶 st(0)，然后再执行 FABS 实现求栈顶 st(0)中 x 的绝对值并存 st(0)，再执行“FSTP y”将结果存 y，最后输出结果。

源程序如下：

```
#include "stdio.h"
void main()
{
    double x,y;
    scanf("%lf",&x);
```

```
        __asm
        {
            FLD x                       ;加载 x 作为 st(0)
            FABS                        ;st(0)←|st(0)|
            FSTP y
        }
        Printf("|%+g|=%g",x,y);
    }
```

运行后输入：

```
    -7.5
```

则输出结果：

```
    |-7.5|=7.5
```

运行后输入：

```
    7.5
```

则输出结果：

```
    |+7.5|=7.5
```

3. 求负数 FCHS

FCHS 指令的功能是求 st(0)的负数，语法格式如下：

```
    FCHS                                ;st(0)←-st(0)，改变 st(0)符号位
```

例 5-13 用 C 语言嵌入汇编指令实现求 x 的负数（其中 x 为实数）。

定义实数变量 x、y，输入 x，接着用“FLD x”指令将实数 x 加载到栈顶 st(0)，然后再执行 FCHS 实现求栈顶 st(0)中 x 的负数并存 st(0)，再执行“FSTP y”将结果存 y，最后输出结果。

源程序如下：

```
    #include "stdio.h"
    void main()
    {
        double x,y;
        scanf("%lf",&x);
        __asm
        {
            FLD x                       ;加载 x 作为 st(0)
            FCHS                        ;st(0)←-(st(0))
            FSTP y
        }
        printf("-(%+g)=%g",x,y);
    }
```

运行后输入：

```
    -7.5
```

则输出结果：

```
-(-7.5)=7.5
```

运行后输入：

```
7.5
```

则输出结果：

```
-(+7.5)=7.5
```

4. 取实数阶码和尾数 FXTRACT

FXTRACT 指令的功能是求栈顶实数 st(0)的阶码真值和尾数真值。尾数存入栈顶 st(0)，阶码存入 st(1)，语法格式如下：

```
FXTRACT                                ;先 st(0)出栈，st(0)←尾数真值，st(1)←阶码真值
```

例 5-14 输入一个实数，输出其尾数真值和阶码真值。

定义双精度（QWORD）类型变量 r 用于保存要处理的实数，定义双精度（QWORD）类型变量 x 用于保存尾数真值，定义双精度（QWORD）类型变量 y 用于保存阶码真值；调用 scanf 函数输入一个实数存于变量 r，然后执行“FLD r”将实数 r 加载到栈顶 st(0)，执行 FXTRACT 指令求 st(0)的阶码真值和尾数真值分别存 st(1)和 st(0)，再执行“FSTP x”将尾数真值存 x，执行“FSTP y”将阶码真值存 y，最后输出尾数真值 x 和阶码真值 y。

源程序如下：

```
.386                                    ;①选择的处理器
.model flat, stdcall                    ;②存储模型，Win32 程序只能用平展（flat）模型
option casemap:none                     ;③指明标识符大小写敏感
include      kernel32.inc               ;④要引用的头文件
includelib   kernel32.lib               ;要引用的库文件
includelib   msvcrt.lib                 ;引用 C 库文件
scanf PROTO C:DWORD,:vararg             ;C 语言的 scanf 函数原型声明
printf PROTO C:DWORD,:vararg            ;C 语言的 printf 函数原型声明
.data                                   ;⑤数据段
InFmt        DB   '%lf',0
OutFmt       DB   '%g 的尾数为%g,阶码为%g',0
r        QWORD 12.0
x        QWORD ?
y        QWORD ?
.code                                   ;⑥代码段
start:                                  ;⑦定义标号 start
invoke scanf,ADDR InFmt,ADDR r          ;输入实数 r
FLD          r                          ;加载实数 r
FXTRACT                                 ;先 st(0)出栈，st(0)←尾数真值，st(1)←阶码真值
FSTP         x                          ;尾数真值存 x
FSTP         y                          ;阶码真值存 y
invoke printf,ADDR OutFmt,r,x,y         ;输出尾数真值 x 和阶码真值 y
invoke ExitProcess,0                    ;⑧退出进程，返回值为 0
end      start                          ;⑨指明程序入口点 start
```

运行若输入：

```
12.0
```

输出运行结果：

```
12 的尾数为 1.5,阶码为 3
```

5. 取余 FPREM/FPREM1

FPREM/FPREM1 指令的功能是求 st(0)除以 st(1)的余数，即 st(0)−Q*st(1)，执行 FPREM 时 Q 为 st(0)/st(1)取整的结果，执行 FPREM1 时 Q 为 st(0)/st(1)就近舍入（舍入原则详见浮点控制寄存器 RC 位）的结果，语法格式如下：

```
FPREM/FPREM1                    ;st(0)←st(0)−(Q*st(1))，Q 为 st(0)/st(1)取整或就近舍入
```

例如，执行前 st(0)为±5.5，st(1)为±3.5，执行取余指令后的结果如下注释内容。

```
FPREM        ;5.5 MOD 3.5=2,5.5 MOD −3.5=2,−5.5 MOD 3.5=−2,−5.5 MOD −3.5=−2
FPREM1       ;5.5 MOD 3.5=−1.5,5.5 MOD −3.5=−1.5,−5.5 MOD 3.5=1.5,−5.5 MOD −3.5=1.5
```

例 5-15 输入两个实数，输出它们的余数。

定义双精度（QWORD）类型变量 x 用于保存被除数，定义双精度（QWORD）类型变量 y 用于保存除数，定义双精度（QWORD）类型变量 z 用于保存余数；调用 scanf 函数输入两个实数存于变量 x 和变量 y 中，然后执行“FLD y”将实数 y 加载到栈顶 st(0)，执行“FLD x”将实数 x 加载到栈顶 st(0)，原存于栈顶的实数 y 就成为 st(1)，执行 FPREM 或 FPREM1 指令求栈顶 st(0)（实数 x）除以 st(1)（实数 y）的余数存 st(0)，再执行“FSTP z”将余数存 z，最后输出 x 除以 y 的余数 z。

源程序如下：

```
.386                                  ;①选择的处理器
.model flat, stdcall                  ;②存储模型，Win32 程序只能用平展（flat）模型
option casemap:none                   ;③指明标识符大小写敏感
include     kernel32.inc              ;④要引用的头文件
includelib  kernel32.lib              ;要引用的库文件
includelib  msvcrt.lib                ;引用 C 库文件
scanf PROTO C:DWORD,:vararg           ;C 语言的 scanf 函数原型声明
printf PROTO C:DWORD,:vararg          ;C 语言的 printf 函数原型声明
.data                                 ;⑤数据段
InFmt       DB  '%lf %lf',0
OutFmt      DB  '%g MOD %g=%g',0
x       QWORD 7.5
y       QWORD 3.5
z       QWORD ?
.code                                 ;⑥代码段
start:                                ;⑦定义标号 start
invoke scanf,ADDR InFmt,ADDR x,ADDR y
FLD y                                 ;y 作为 st(1)先加载
FLD x                                 ;x 作为 st(0)后加载
FPREM        ;5.5 MOD 3.5=2,5.5 MOD −3.5=2,−5.5 MOD 3.5=−2,−5.5 MOD −3.5=−2
```

```
;FPREM1          ;5.5 MOD 3.5=-1.5,5.5 MOD -3.5=-1.5,-5.5 MOD 3.5=1.5,-5.5 MOD -3.5=1.5
FSTP z
FSTP y ;加载（入栈）两个实数，最好也保存（出栈）两个实数，以保持浮点数据寄存器栈平衡
invoke printf,ADDR OutFmt,x,y,z
invoke ExitProcess,0                 ;⑧退出进程，返回值为 0
end    start                         ;⑨指明程序入口点 start
```

运行若输入：

```
5.5 3.5
```

输出运行结果：

```
5.5 MOD 3.5=2
```

6. 就近舍入取整 FRNDINT

FRNDINT 指令的功能是求 st(0)就近舍入（舍入原则详见浮点控制寄存器 RC 位）取整的结果，语法格式如下：

```
FRNDINT                              ;st(0)←st(0)舍入取整的结果
```

例 5-16 用 C 语言嵌入汇编指令实现对 x 取整（其中 x 为实数）。

定义实数变量 x、y，输入 x，用“FLD x”指令将实数 x 加载到栈顶 st(0)，然后再执行 FRNDINT 实现对栈顶 st(0)中 x 的取整后存 st(0)，再执行“FSTP y”将 x 的取整结果存 y，最后输出结果。

源程序如下：

```
#include "stdio.h"
void main()
{
    double x,y;
    scanf("%lf",&x);
    __asm
    {
        FLD x                        ;加载 x 作为 st(0)
        FRNDINT                      ;st(0)←st(0)就近舍入取整
        FSTP y
    }
    printf("%g 舍入后为%g",x,y);
}
```

运行后输入：

```
7.5
```

则输出结果：

```
7.5 舍入后为 8
```

运行后输入：

```
8.5
```

则输出结果：

```
8.5 舍入后为 8
```

7. 求 2 的指数 FSCALE/F2XM1

FSCALE 指令的功能是求 st(0)*2^st(1)，其中 st(1)先向零取整后再计算，语法格式如下：

```
FSCALE                          ;st(0)←st(0)*2^st(1)，其中 st(1)先向零取整后再计算
```

F2XAM1 指令的功能是求 2^st(0)−1，st(0)介于−1~1 之间，语法格式如下：

```
F2XM1                           ;st(0)←2^st(0)−1，st(0)介于−1~1 之间
```

例 5-17 用 C 语言嵌入汇编指令实现输入 x 和 y 求 $x*2^y$ 的值。

定义实数变量 x、y 和 z，输入 x 和 y，用 FLD 指令依次将实数 y 和 x 加载到栈顶，则 st(1)=y，st(0)=x，然后再执行 FSCALE 实现求 st(0)*2^st(1)即 x*2^y 并存 st(0)，再执行“FSTP z”将结果存 z，最后输出结果。

源程序如下：

```
#include "stdio.h"
void main()
{
    double x,y,z;
    scanf("%lf %lf",&x,&y);
    __asm
    {
        fld y                       ;y 作为 st(1)先加载
        fld x                       ;x 作为 st(0)后加载
        FSCALE                      ;st(0)←st(0)*2^(st(1)取整)，即 st(0)←x*2^(y 取整)
        FSTP z
        FSTP y ;加载（入栈）两个实数，最好也保存（出栈）两个实数，以保持浮点栈平衡
    }
    printf("%g*2^%g=%g",x,y,z);
}
```

运行后输入：

```
4 1.9
```

则输出结果：

```
4*2^1.9=8
```

运行后输入：

```
4 -1.9
```

则输出结果：

```
4*2^-1.9=2
```

例 5-18 用 C 语言嵌入汇编指令实现输入 x 求 2^x−1 的值（−1<x<1）。

定义实数变量 x 和 y，输入 x，用 FLD 指令依次将实数 x 加载到栈顶，则 st(0)=x，然后再执行 F2XAM1 实现求 2^st(0)−1 即 2^x−1 并存 st(0)，再执行“FSTP y”将结果存 y，最后输出结果。

源程序如下：

```
#include "stdio.h"
void main()
{
    double x,y;
    scanf("%lf",&x);
    __asm
    {
        fld x                   ;加载 x 存 st(0)
        F2XM1                   ;st(0)←2^st(0)−1，st(0)介于−1~1 之间
        FSTP y
    }
    printf("2^%g-1=%g",x,y);
}
```

运行后输入：

```
0.5
```

则输出结果：

```
2^0.5-1=0.414214
```

8. 求以 2 为底的对数 FYL2X[P1]

FYL2X 指令的功能是求 st(1)*$\log_2$(st(0))，结果存 st(1)，然后 st(0)出栈，语法格式如下：

```
FYL2X                   ;st(1)←st(1)*log2(st(0))，然后 st(0)出栈
```

FYL2XP1 指令的功能是求 st(1)*$\log_2$(st(0)+1)，结果存 st(1)，然后 st(0)出栈，语法格式如下：

```
FYL2XP1                 ;st(1)←st(1)*log2(st(0)+1)，然后 st(0)出栈
```

例 5-19 用 C 语言嵌入汇编指令实现输入 x 和 y 求 y*$\log_2$(x)的值。

定义实数变量 x、y 和 z，输入 x 和 y，用 FLD 指令依次将实数 y、x 加载到栈顶，则 st(1)=y，st(0)=x，然后再执行 FYL2X 实现求 st(1)*$\log_2$(st(0))即 y*$\log_2$(x)并存 st(0)，再执行“FSTP z”将结果存 z，最后输出结果。

源程序如下：

```
#include "stdio.h"
void main()
{
    double x,y,z;
    scanf("%lf %lf",&x,&y);
```

```
    __asm
    {
        fld y                       ;y 作为 st(1)先加载
        fld x                       ;x 作为 st(0)后加载
        FYL2X                       ;st(1)←st(1)*log2(st(0))即 y*log2(x)，然后 st(0)出栈
        FSTP z                      ;st(0)已出栈一次，故只需再出栈一次即可保持浮点栈平衡
    }
    printf("%g*log2(%g)=%g",y,x,z);
}
```

运行后输入：

```
4 6
```

则输出结果：

```
6*log2(4)=12
```

例 5-20 用 C 语言嵌入汇编指令实现输入 x 和 y 求 $y*\log_2(x+1)$的值。

定义实数变量 x、y、z，输入 x、y，用 FLD 指令依次将实数 y、x 加载到栈顶，则 st(1)=y，st(0)=x，然后再执行 FYL2XP1 实现求 $st(1)*\log_2(st(0)+1)$即 $y*\log_2(x+1)$并存 st(0)，再执行“FSTP z”将结果存 z，最后输出结果。

源程序如下：

```
#include "stdio.h"
void main()
{
    double x,y,z;
    scanf("%lf %lf",&x,&y);
    __asm
    {
        fld y                       ;y 作为 st(1)先加载
        fld x                       ;x 作为 st(0)后加载
        FYL2XP1                     ;st(1)←st(1)*log2(st(0)+1)即 y*log2(x+1)，然后 st(0)出栈
        FSTP z                      ;st(0)已出栈一次，故只需再出栈一次即可保持浮点栈平衡
    }
    printf("%g*log2(%g+1)=%g",x,y,z);
}
```

运行后输入：

```
3 5
```

则输出结果：

```
5*log2(3+1)=10
```

9. 正弦函数 FSIN

FSIN 指令的功能是求 sin(st(0))，st(0)为弧度，结果存 st(0)，语法格式如下：

```
FSIN                                ;st(0)←sin(st(0))，st(0)为弧度
```

例 5-21 输入实数 x 求 sin(x)的值。

定义实数变量 x、y、pi（初值 3.14）和整数变量 a（初值 180），输入 x，用 FLD 指令依次将角度 x 加载到栈顶，则 st(0)=x，执行“FMUL pi”乘以 π，求出 x*π 存 st(0)，再执行“FDIV a”实现除以 180，求出 x*π/180 弧度存 st(0)，然后再执行 FSIN 实现求 sin(st(0))即 sin(x*π/180)并存 st(0)，再执行“FSTP y”将结果存 y，最后输出结果。

源程序如下：

```
.386                                        ;①选择的处理器
.model flat,stdcall                         ;②存储模型，Win32 程序只能用平展（flat）模型
option casemap:none                         ;③指明标识符大小写敏感
include      kernel32.inc                   ;④要引用的头文件
includelib   kernel32.lib                   ;要引用的库文件
includelib   msvcrt.lib                     ;引用 C 库文件
scanf PROTO C:DWORD,:vararg                 ;C 语言的 scanf 函数原型声明
printf PROTO C:DWORD,:vararg                ;C 语言的 printf 函数原型声明
.data                                       ;⑤数据段
Infmt        BYTE  '%lf',0                  ;输入格式字符串
Outfmt       BYTE  'sin(%g°*π/180°)=%g',0   ;输出格式字符串
x            QWORD ?                        ;定义变量 x 存角度
y            QWORD ?                        ;定义变量 y 存 sin(x)
pi           QWORD 3.1415926                ;定义常量 π 和 180，用于角度转换为弧度
a            DWORD 180
.code                                       ;⑥代码段
start:                                      ;⑦定义标号 start
invoke scanf,ADDR Infmt,ADDR x              ;输入角度
FLD x                                       ;加载 x 存 st(0)
FMUL pi                                     ;st(0)←x*π
FIDIV a                                     ;st(0)←x*π/180，角度转换为弧度存 st(0)
FSIN                                        ;st(0)←sin(x*π/180)
FSTP y                                      ;y←sin(x*π/180)
invoke printf,ADDR Outfmt,x,y               ;输出正弦值
invoke ExitProcess,0                        ;⑧退出进程，返回值为 0
end     start                               ;⑨指明程序入口点 start
```

运行后输入：

```
30
```

则输出结果：

```
sin(30° *π/180° )=0.5
```

10. 余弦函数 FCOS

FCOS 指令的功能是求 cos(st(0))，st(0)为弧度，结果存于 st(0)，语法格式如下：

```
FCOS                                        ;st(0)←cos(st(0))，st(0)为弧度
```

例 5-22 用 C 语言嵌入汇编指令实现输入实数 x 求 cos(x)的值。

定义实数变量 x、y、z，输入角度 x，用公式 x*3.1415926/180 求出弧角存 z，用 FLD

指令将弧角 z 加载到栈顶，则 st(0)=z，执行 FCOS 实现求 cos(st(0))即 cos(x*π/180)并存 st(0)，再执行“FSTP y”将结果存 y，最后输出结果。

源程序如下：

```
#include "stdio.h"
void main()
{
    double x,y,z;
    scanf("%lf",&x);                    //输入角度
    z=x*3.1415926/180;                  //角度转换为弧度存 z
    __asm
    {
        FLD z                           ;弧度存 st(0)
        FCOS                            ;st(0)←cos(x*π/180)
        FSTP y                          ;y←cos(x*π/180)
    }
    printf("cos(%g° *π/180° )=%g",x,y);
}
```

运行后输入：

```
60
```

则输出结果：

```
cos(60° *π/180° )=0.5
```

11. 正弦余弦函数 FSINCOS

FSINCOS 指令的功能是求 sin(st(0))和 cos(st(0))，st(0)为弧度，sin(st(0))存 st(1)，cos(st(0))存 st(0)，语法格式如下：

```
FSINCOS                                 ;st(1)←sin(st(0)), st(0)←cos(st(0)), st(0)为弧度
```

例 5-23 用 C 语言嵌入汇编指令实现输入实数 x 求 sin(x)和 cos(x)的值。

定义实数变量 x、y、z、t，输入角度 x，用公式 x*3.1415926/180 求出弧角存 t，用 FLD 指令将弧角 t 加载到栈顶，则 st(0)=t，执行 FSINCOS 实现求 sin(st(0))和 cos(st(0))，即 sin(x*π/180)和 cos(x*π/180)，并存入 st(1)和 st(0)，再分别执行“FSTP z”和“FSTP y”将结果 cos(st(0))和 sin(st(0))分别存 z 和 y，最后输出结果。

源程序如下：

```
#include "stdio.h"
void main()
{
    double x,y,z,t;scanf("%lf",&x);
    t=x*3.1415926/180;
    __asm
    {
        FLD t                           ;弧度存 st(0)
        FSINCOS                         ;st(1)←sin(st(0)), st(0)←cos(st(0))
```

```
        FSTP z                  ;z←cos(st(0))
        FSTP y                  ;y←sin(st(0))
    }
    printf("sin(%g° *π/180° )=%g, cos(%g° *π/180° )=%g ",x,y,x,z);
}
```

运行后输入：

```
30
```

则输出结果：

```
Sin(30° *π/180° )=0.5, cos(30° *π/180° )=0.866025
```

12. 正切函数 FPTAN

FPTAN 指令的功能是求 tan(st(0))，st(0)为弧度，tan(st(0))存 st(1)，1 存 st(0)，语法格式如下：

```
FPTAN                   ;st(0)←1, st(1)←tan(st(0)), st(0)为弧度
```

例 5-24 用 C 语言嵌入汇编指令实现输入实数 x 求 tan(x)的值。

定义实数变量 x、y、t，输入角度 x，用公式 x*3.1415926/180 求出弧角存 t，用 FLD 指令将弧角 t 加载到栈顶，则 st(0)=t，执行 FPTAN 实现求 tan(st(0))即 tan(x*π/180)并存 st(1)，栈顶 st(0)值为 1，再执行两次“FSTP y”将结果 tan(st(0))存 y，最后输出结果。

源程序如下：

```
#include "stdio.h"
void main()
{
    double x,y,t;
    scanf("%lf",&x);
    t=x*3.141592653/180;
    __asm
    {
        FLD t                   ;弧度存 st(0)
        FPTAN                   ;st(0)←1, st(1)←tan(st(0))
        FSTP y                  ;栈顶 st(0)=1 弹出
        FSTP y                  ;新栈顶的值为 tan(st(0))弹出给 y
    }
    Printf("tan(%g° *π/180° )=%g",x,y);
}
```

运行后输入：

```
60
```

则输出结果：

```
tan(60° *π/180° )=1.73205
```

13. 反正切函数 FPATAN

FPATAN 指令的功能是求 arctan(st(0),st(1))，st(0)为 x 坐标，st(1)为 y 坐标，返回值（−π,π），结果存 st(1)，然后 st(0)出栈，相当于结果存 st(0)，语法格式如下：

```
FPATAN                                  ;st(1)←arctan(st(0),st(1))，然后 st(0)出栈
```

例 5-25 用 C 语言嵌入汇编指令实现输入实数 x 和 y 求 arctan(x,y)的值。

定义实数变量 x、y、z，输入 x、y，用 FLD 指令依次将实数 y、x 加载到栈顶，则 st(1)=y，st(0)=x，然后再执行 FPATAN 实现求反正切 arctan(st(0),st(1))，即 arctan(x,y)，并存 st(0)，再执行“FSTP z”将反正切弧度存 z，最后用表达式 z*180/3.1415926 求出角度输出。

源程序如下：

```
#include "stdio.h"
void main()
{
    double x,y,z;
    scanf("%lf %lf",&x,&y);
    __asm
    {
        FLD y                   ;y 入栈，st(0)=y
        FLD x                   ;x 入栈后，st(0)=x，st(1)=y
        FPATAN                  ;st(0)=arctan(st(0),st(1))
        FSTP z                  ;保存弧度到 z
    }
    printf("arctan(%g,%g)=%g° ",x,y,z*180/3.1415926);
}
```

运行后输入：

```
1 1
```

则输出结果：

```
Arctan(1,1)=45°
```

运行后输入：

```
1 -1
```

则输出结果：

```
Arctan(1,-1)=-45°
```

运行后输入：

```
-1 1
```

则输出结果：

```
Arctan(-1,1)=135°
```

运行后输入：

```
-1 -1
```

则输出结果：

```
Arctan(-1,-1)=-135°
```

5.11　FPU 控制指令

5.11.1　初始化 FPU 操作 F[N]INIT

F[N]INIT 指令的功能是初始化 FPU，设置 FPU 控制字为 037FH，状态字为 0，标记字为 FFFFH，最近执行浮点指令地址为 0，最近执行浮点指令操作码低 11 位为 0，最近执行浮点指令操作数地址为 0，语法格式如下：

```
FINIT              ;初始化前检查并处理未决的未屏蔽的浮点异常
FNINIT             ;初始化前不检查未决的未屏蔽的浮点异常
```

5.11.2　保存状态字 F[N]STSW

F[N]STSW 指令的功能是保存状态字的值到 AX 或 16 位内存变量，语法格式如下：

```
FSTSW    AX  ;保存状态字的值到 AX，检查并处理未决的未屏蔽的浮点异常之后再保存
FSTSW    m16 ;保存状态字的值到 16 位变量，检查并处理未决的未屏蔽的浮点异常之后再保存
FNSTSW   AX  ;保存状态字的值到 AX，不检查未决的未屏蔽的浮点异常而直接保存
FNSTSW   m16 ;保存状态字的值到 16 位变量，不检查未决的未屏蔽的浮点异常而直接保存
```

5.11.3　保存控制字 F[N]STCW

F[N]STCW 指令的功能是保存控制字的值到 16 位内存变量，语法格式如下：

```
FSTCW    m16 ;保存控制字的值到 16 位变量，检查并处理未决的未屏蔽的浮点异常之后再保存
FNSTCW   m16 ;保存控制字的值到 16 位变量，不检查未决的未屏蔽的浮点异常而直接保存
```

5.11.4　加载控制字 FLDCW

FLDCW 指令的功能是把 16 位内存变量的值加载到控制字，语法格式如下：

```
FLDCW    m16 ;把 16 位内存变量的值加载到控制字
```

5.11.5　清除异常 F[N]CLEX

F[N]CLEX 指令的功能是清除浮点异常标志，语法格式如下：

```
FCLEX              ;检查并处理未决的未屏蔽的浮点异常之后清除浮点异常标志
FNCLEX             ;不检查未决的未屏蔽的浮点异常而直接清除浮点异常标志
```

5.11.6　保存环境 F[N]STENV

F[N]STENV 指令的功能是保存 FPU 当前操作环境到 Dst 内存变量指定的 14 或 28 字节

位置，然后屏蔽所有浮点异常。语法格式如下：

```
FSTENV Dst;检查并处理未决的未屏蔽的浮点异常后保存 FPU 当前操作环境到 Dst，再屏蔽异常
FNSTENV Dst;不检查未决的未屏蔽的浮点异常而直接保存 FPU 当前操作环境到 Dst，再屏蔽异常
```

FPU 操作环境包括控制字、状态字、标记字、最近执行的浮点指令地址、最近执行的浮点指令操作码低 11 位、最近执行的浮点指令操作数地址等。图 5-5 是保护模式 FPU 环境存储结构图，实模式和虚拟 86 模式略有不同。

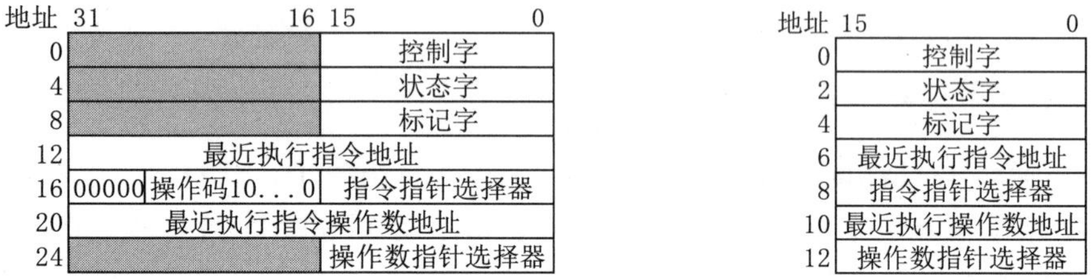

地址	31　　16	15　　0
0		控制字
4		状态字
8		标记字
12	最近执行指令地址	
16	00000 操作码10...0	指令指针选择器
20	最近执行指令操作数地址	
24		操作数指针选择器

（a）32 位格式（28 字节，32 位操作数时用）

地址	15　　0
0	控制字
2	状态字
4	标记字
6	最近执行指令地址
8	指令指针选择器
10	最近执行操作数地址
12	操作数指针选择器

（b）16 位格式（14 字节，16 位操作数时用）

图 5-5　保护模式 FPU 环境存储结构图

例 5-26　输出 FPU 操作环境相关数据。

定义双精度变量 a 的值为 INF(+∞)，定义双精度变量 b 的值为 SNAN，定义双字变量 x 共 7 个元素即 28 字节用于存 FPU 操作环境数据；分别加载 0.0、1.0、a 的值、b 的值（结果如图 5-1 所示），然后“FSTENV x”指令保存 FPU 当前操作环境数据到 x 位置；最后依次输出结果。

源程序如下：

```
.386                                    ;①选择的处理器
.model flat, stdcall                    ;②存储模型，Win32 程序只能用平展（flat）模型
option casemap:none                     ;③指明标识符大小写敏感
include     kernel32.inc                ;④要引用的头文件
includelib  kernel32.lib                ;要引用的库文件
includelib  msvcrt.lib                  ;引用 C 库文件
scanf PROTO C:DWORD,:vararg             ;C 语言的 scanf 函数原型声明
printf PROTO C:DWORD,:vararg            ;C 语言的 printf 函数原型声明
.data                                   ;⑤数据段
a     QWORD  7FF0 0000 0000 0000H;操作数 a 的地址为 00403000,阶码全 1 尾数全 0 即 INF(+∞)
b     QWORD  7FF0 0000 0000 0001H;操作数 b 的地址为 00403008,阶码全 1 尾数不全 0 即 SNAN
x     DWORD  7 DUP(0)
fmt   BYTE   '%08X',13,'%08X',13,'%08X',13,'%08X',13,'%08X',13,'%08X',13,'%08X',13,0
.code                                   ;⑥代码段
start:                                  ;定义标号 start
FLDZ                                    ;加载 0.0
FLD1                                    ;加载 1.0
FLD b                                   ;FLD b 指令机器码为 DD05 08304000，操作码为 DD05H
FLD a                                   ;当前 FLD a 指令地址为 0040100AH,低 11 位操作码为 505H
FNSTENV x                               ;保存 FPU 当前操作环境到 x 位置
invoke printf,ADDR fmt,x[0],x[4],x[8],x[12],x[16],x[20],x[24];输出
invoke ExitProcess,0                    ;退出进程，返回值为 0
end    start                            ;指明程序入口点 start
```

运行结果输出：

```
FFFF027F
FFFF2001
FFFF4AFF
0040100A
0505001B
00403000
FFFF0023
```

根据运行结果可知，第 1 个输出结果低 16 位即控制字为 027FH，说明 PC 字段（第 9、8 位）为 10B，表示采用 64 位双精度。

第 2 个输出结果低 16 位即状态字为 2001H，说明 TOP 字段（第 13、12 和 11 位）为 100B，表示栈顶指针为 4，因为加载了 4 个实数，存储了 R(7)、R(6)、R(5)和 R(4) 4 个寄存器。

第 3 个输出结果低 16 位即标记字为 4AFFH，说明 Tag(7)字段（第 15 和 14 位）为 01B，表示 R(7)存的是 0，因为加载的第 1 个实数为 0.0，Tag(6)字段（第 13 和 12 位）为 00B，表示 R(6)存的是正常数据，因为加载的第 2 个实数为 1.0，Tag(5)字段（第 11 和 10 位）和 Tag(4)字段（第 9 和 8 位）都是 10B，表示 R(5)、R(4)存的是特殊数据，因为加载的第 3 和 4 个实数为 INF(+∞)和 SNAN，Tag(3)字段（第 7 和 6 位）~Tag(0)字段（第 1、0 位）都是 11B，表示 R(3)~R(0)都没有存数据（空）。

第 4 个输出结果为 0040100AH，说明最近一条浮点指令“FLD a”的地址为 0040100AH。

第 5 个输出结果为 0505001BH，说明最近一条浮点指令“FLD a”的操作码为低 11 位为 505H，指令指针选择器为 001BH。

第 6 个输出结果为 00403000H，说明最近一条浮点指令“FLD a”的操作数的地址为 00403000H。

第 7 个输出结果低 16 位即状态字为 0023H，说明最近一条浮点指令“FLD a”的操作数的指针选择器为 0023H。

5.11.7　加载环境 FLDENV

FLDENV 指令的功能是将 Src 内存变量指定的 14 或 28 字节 FPU 操作环境数据加载到 FPU 寄存器，FPU 操作环境数据一般由 F[N]STENV 指令保存的。语法格式如下：

```
FLDENV Src        ;将 Src 内存变量指定的 14 或 28 字节 FPU 操作环境数据加载到 FPU 寄存器
```

5.11.8　存环境与数据 F[N]SAVE

F[N]SAVE 指令的功能是保存 FPU 当前状态（包括操作环境数据和浮点数据寄存器）到 Dst 内存变量指定的 94 或 108 字节位置，然后重新初始化 FPU。语法格式如下：

```
FSAVE Dst  ;检查并处理未决的未屏蔽的浮点异常之后保存 FPU 当前状态到 Dst，再重新初始化 FPU
FNSAVE Dst;不检查未决的未屏蔽的浮点异常而直接保存 FPU 当前状态到 Dst，再重新初始化 FPU
```

F[N]SAVE 指令除了要保存 F[N]STENV 指令所保存的环境数据外，还同时要保存浮点数据寄存器，且 8 个 80 位浮点数据寄存器按 st(0)~st(7)顺序紧随其后存储。

例 5-27 输出 FPU 操作环境相关数据和浮点数据寄存器数据。

定义双精度变量 a 的值为 INF(+∞)，定义双精度变量 b 的值为 SNAN，定义双字变量 x 共 27 个元素即 108 字节用于存 FPU 操作环境数据和浮点数据寄存器数据；分别加载 0.0、1.0、a 的值、b 的值（结果如图 5-1 所示），然后“FSTENV x”指令保存 FPU 当前操作环境数据到 x 位置；最后依次输出结果。输出时一定要注意，（1）TBYTE 类型要拆分成两个 DWORD 类型和一个 WORD 类型再按十六进制数输出；（2）将 WORD 类型无符号扩展成 DWORD 类型，然后再作为实参进行参数传递，否则 INVOKE 伪指令会引入“PUSH 0”Bug。

源程序如下：

```
.386                                    ;①选择的处理器
.model flat, stdcall                    ;②存储模型，Win32 程序只能用平展（flat）模型
option casemap:none                     ;③指明标识符大小写敏感
include     kernel32.inc                ;④要引用的头文件
includelib  kernel32.lib                ;要引用的库文件
includelib  msvcrt.lib                  ;引用 C 库文件
scanf PROTO C:DWORD,:vararg             ;C 语言的 scanf 函数原型声明
printf PROTO C:DWORD,:vararg            ;C 语言的 printf 函数原型声明
.data                                   ;⑤数据段
a     TBYTE   0000 0000 0000 0000 0000H,8000 0000 0000 0000 0000H;±0
b     TBYTE   3FFF 8000 0000 0000 0000H,0BFFF 8000 0000 0000 0000H;±1
c1    TBYTE   7FFF 8000 0000 0000 0000H,0FFFF 8000 0000 0000 0000H;±∞
d     TBYTE   7FFF FFFF FFFF FFFF FFFFH,0FFFF FFFF FFFF FFFF FFFFH;±1.#QNAN
x     DWORD   27 DUP(0)
fmt1  BYTE    '%08X',13,'%08X',13,'%08X',13,'%08X',13,'%08X',13,'%08X',13,'%08X',13,0
fmt2  BYTE    '%04X%08X%08X',13,'%04X%08X%08X',13,'%04X%08X%08X',13,
              '%04X%08X%08X',13,0
.code                                   ;⑥代码段
start:                                  ;定义标号 start
FLD a                                   ;加载+0
FLD a+10                                ;加载-0
FLD b                                   ;加载+1
FLD b+10                                ;加载-1
FLD c1                                  ;加载+∞
FLD c1+10                               ;加载-∞
FLD d                                   ;加载+1.#QNAN
FLD d+10                                ;加载-1.#QNAN
FNSAVE x                                ;保存 FPU 当前操作环境到 x 位置
invoke printf,ADDR fmt1,x[0],x[4],x[8],x[12],x[16],x[20],x[24];输出
MOVZX EAX,WORD PTR x[36]                ;WORD 类型无符号扩展成 DWORD 类型
MOVZX EBX,WORD PTR x[46]
MOVZX ECX,WORD PTR x[56]
MOVZX EDX,WORD PTR x[66]
invoke printf,ADDR fmt2,EAX,x[32],x[28],\EBX,x[42],x[38],ECX,x[52],x[48],EDX,x[62],x[58];
MOVZX EAX,WORD PTR x[76]                ;WORD 类型无符号扩展成 DWORD 类型
MOVZX EBX,WORD PTR x[86]
MOVZX ECX,WORD PTR x[96]
MOVZX EDX,WORD PTR x[106]
invoke printf,ADDR fmt2,EAX,x[72],x[68],\EBX,x[82],x[78],ECX,x[92],x[88],EDX,x[102],x[98];
invoke ExitProcess,0                    ;退出进程，返回值为 0
end    start                            ;指明程序入口点 start
```

运行结果输出：

```
FFFF027F
FFFF0000
FFFF50AA
0040102A
032D001B
00403046
FFFF0023
FFFFFFFFFFFFFFFFFFFF
7FFFFFFFFFFFFFFFFFFF
FFFF8000000000000000
7FFF8000000000000000
BFFF8000000000000000
3FFF8000000000000000
80000000000000000000
00000000000000000000
```

根据运行结果可知，第 1 个输出结果低 16 位即控制字为 027FH，说明 PC 字段（第 9、8 位）为 10B，表示采用 64 位双精度。

第 2 个输出结果低 16 位即状态字为 0000H，说明 TOP 字段（第 13、12 和 11 位）为 000B，表示栈顶指针为 0，因为加载了 8 个实数，存储了 R(7)~R(0)8 个寄存器。

第 3 个输出结果低 16 位即标记字为 50AAH，说明 Tag(7)字段（第 15 和 14 位）和 Tag(6)字段（第 13 和 12 位）都是 01B，表示 R(7)和 R(6)存的是 0，因为加载的前两个实数为+0.0 和−0.0；Tag(5)字段（第 11 和 10 位）和 Tag(4)字段（第 9 和 8 位）都是 00B，表示 R(5)和 R(4)存的是正常数据，因为加载的第 3 和 4 个实数为+1 和−1；Tag(3)字段（第 7 和 6 位）~Tag(0)字段（第 1 和 0 位）都是 10B，表示 R(3)~R(0)存的是特殊数据，因为加载的第 5 和 6 个实数为+∞和−∞，因为加载的第 7 和 8 个实数为+1.#QNAN 和−1.#QNAN。

第 4 个输出结果为 0040102AH，说明最近一条浮点指令“FLD d+10”的地址为 0040102AH。

第 5 个输出结果为 032D001BH，说明最近一条浮点指令“FLD d+10”的操作码为低 11 位为 32DH，指令指针选择器为 001BH。

第 6 个输出结果为 00403046H，说明最近一条浮点指令“FLD d+10”的操作数的地址为 00403046H。

第 7 个输出结果低 16 位即状态字为 0023H，说明最近一条浮点指令“FLD d+10”的操作数的指针选择器为 0023H。

第 8~15 个输出结果对应 ST(0)~ST(7)8 个寄存器的值，即−1.#QNAN、+1.#QNAN、−∞、+∞、−1、+1、−0.0、+0.0。

5.11.9 读环境与数据 FRSTOR

FRSTOR 指令的功能是将 Src 内存变量指定的 94 或 108 字节 FPU 环境与数据加载到 FPU 寄存器，FPU 环境与数据一般由 F[N]SAVE 指令保存的。语法格式如下：

```
FRSTOR Src        ;将 Src 内存变量指定的 94 或 108 字节 FPU 状态数据加载到 FPU 寄存器
```

5.11.10 增加 FPU 栈指针指令 FINCSTP

FINCSTP 指令的功能是将 FPU 状态寄存器中 TOP 字段的值加 1，相当于将 st(0)出栈后原 st(0)变成 st(7)，原 st(1)变成 st(0)，原 st(2)变成 st(1)，依此类推，语法格式如下：

```
FINCSTP        ;将 FPU 状态寄存器中 TOP 字段的值加 1，相当于将 st(0)出栈后原 st(0)变成 st(7)
```

FINCSTP 指令的执行不等于出栈，若是出栈操作，原 st(0)寄存器的值将不存在。

例 5-28 用 C 语言嵌入汇编指令实现验证 FINCSTP 指令的功能。

源程序如下：

```
#include "stdio.h"
void main()
{
    double x,y,z,t,p;
    scanf("%lf %lf %lf",&x,&y,&z);
    __asm
    {
        fld x                   ;x 入栈，st(0)=x
        fld y                   ;y 入栈后，st(1)=x，st(0)=y
        fld z                   ;z 入栈后，st(2)=x，st(1)=y，st(0)=z
        ;fstp z                 ;z 出栈后，st(1)=x，st(0)=y，存 z 位置成 st(7)，但 z 没值了
        FINCSTP                 ;z 出栈后，st(1)=x，st(0)=y，存 z 位置成 st(7)，z 的值还在
        FXCH    st(7)           ;将存 z 位置的 st(7)的值通过交换指令转存到 st(0)
        fstp t                  ;将 st(0)值即 z 出栈转存 t
        fstp p                  ;将原 st(1)值即 x 出栈转存 p
    }
    printf("%g %g",p,t);
}
```

运行后输入：

```
3 4 5
```

则输出结果：

```
3 5
```

若以上程序不执行 FINCSTP 指令，改执行“fstp z”指令，则运行情况如下。

运行后输入：

```
3 4 5
```

则输出结果：

```
3 -1.#IND
```

5.11.11 减少 FPU 栈指针 FDECSTP

FDECSTP 指令的功能是将 FPU 状态寄存器中 TOP 字段的值减 1，相当于 st(7)入栈后

原 st(7)变成 st(0)，原 st(0)变成 st(1)，原 st(1)变成 st(2)，依此类推，语法格式如下：

```
FDECSTP        ;将 FPU 状态寄存器中 TOP 字段的值减 1,相当于将 st(7)入栈后原 st(7)变成 st(0)
```

FDECSTP 指令的执行相当于将一个空值入栈。

例 5-29 用 C 语言嵌入汇编指令实现验证 FDECSTP 指令的功能。

源程序如下：

```
#include "stdio.h"
void main()
{
    double x,y,z,u,v,w;
    scanf("%lf %lf %lf",&x,&y,&z);
    __asm
    {
        fld x                ;x 入栈，st(0)=x
        fld y                ;y 入栈后，st(1)=x，st(0)=y
        fld z                ;z 入栈后，st(2)=x，st(1)=y，st(0)=z
        FDECSTP              ;st(7)入栈后，st(3)=x，st(2)=y，st(1)=z，st(0)未定义
        fstp w               ;将 st(0)值即空值出栈转存 w
        fstp v               ;将原 st(1)值即 z 出栈转存 v
        fstp u               ;将原 st(1)值即 y 出栈转存 u
    }
    printf（"%g %g %g",u,v,w）;
}
```

运行后输入：

```
3 4 5
```

则输出结果：

```
4 5 -1.#IND
```

5.11.12 st(i)清空 FFREE st(i)

FFREE 指令的功能是将与 st(i)对应的 FPU 标记寄存器中的 tag(i)标记位设置为空（11B），栈顶指针 TOP 不受影响，语法格式如下：

```
FFREE st(i)          ;tag(i)←11B
```

例 5-30 用 C 语言嵌入汇编指令实现验证 FFREE 指令的功能。

源程序如下：

```
#include "stdio.h"
void main()
{
    double x,y;
    scanf("%lf",&x);
    __asm
    {
        fld x                ;x 入栈，st(0)=x
```

```
            FFREE st(0)                ;设置 st(0)为空
            fstp y                     ;将 st(0)值即被标记为空的 x 值出栈转存 y
        }
        printf("%g",y);
    }
```

运行后输入：

```
3
```

则输出结果：

```
-1.#IND
```

5.11.13 FPU 空操作 FNOP

FNOP 指令类似 CPU 的 NOP 指令，不产生任何操作，只是其机器码在可执行程序中会占用若干个字节的存储空间，在执行时会占用若干个 FPU 周期，对程序不产生任何影响（除指令指针寄存器 EIP），语法格式如下：

```
FNOP
```

5.11.14 同步 FPU 与 CPU 指令[F]WAIT

[F]WAIT 指令的功能是检查并处理未决的未屏蔽的浮点异常，语法格式如下：

```
WAIT
FWAIT                          ;FWAIT 是 WAIT 的另一助记符
```

WAIT 指令用于同步异常事件，在浮点指令之后安排一条 WAIT 指令确保任何未屏蔽的浮点异常在处理器修改指令执行结果之前被处理。

习题 5

5-1 键盘输入实数 x、y 和 z 的值，求表达式 x*y+x/y−z 的值并显示结果。
运行后输入：

```
6 4 2
```

则输出结果：

```
6*4+6/4-2=23.5
```

5-2 键盘输入实数 a 和 b 的值，求如下公式的值（保留两位小数）：

$$\sqrt{|a*b|+a/b}$$

运行后输入：

```
5.2 2.0
```

则输出结果：

```
sqrt(abs(5.2*2)+5.2/2)=3.61
```

运行后输入：

```
-5.2 2.0
```

则输出结果：

```
sqrt(abs(-5.2*2)-5.2/2)=2.79
```

5-3 求一元二次方程 $ax^2+bx+c=0$ 的解，键盘输入实数 a、b 和 c 的值，输出方程的两个根。

$$\frac{-b \pm \sqrt{b^2-4ac}}{2a}$$

运行后输入：

```
1 -5 6
```

则输出结果：

```
2 3
```

5-4 键盘输入实数 x，求出其尾数真值和阶码真值，然后以指数表达式显示。
运行后输入：

```
12
```

则输出结果：

```
12=1.5*2^3
```

5-5 键盘输入实数 x，求出其就近舍入取整的值及其与原值之间的差值，然后以表达式显示这三者关系。
运行后输入：

```
7.5
```

则输出结果：

```
7.5=8-0.5
```

运行后输入：

```
8.5
```

则输出结果：

```
8.5=8+0.5
```

5-6 键盘输入实数 x 和 y，求出 $x*2^y$ 的值，然后以表达式显示结果。
运行后输入：

```
4 1.5
```

则输出结果：

```
4*2^1.5=4*2^2+4*2^-0.5=18.828427
```

运行后输入：

```
4 2.5
```

则输出结果：

```
4*2^2.5=4*2^2+4*2^0.5=21.656854
```

5-7 键盘输入实数 x 和 y，求出 y*lg(x)的值，然后以表达式显示结果。

运行后输入：

```
100 1
```

则输出结果：

```
1*lg(100)=2
```

5-8 键盘输入实数 x 和 y，求出 y*ln(x)的值，然后以表达式显示结果。

运行后输入：

```
2.718282 2
```

则输出结果：

```
2*ln(2.71828)=2
```

5-9 键盘输入实数 x 的值，求如下表达式的值（保留 6 位小数）：

$$\frac{1+\sin x}{2+\cos x}$$

运行后输入：

```
30
```

则输出结果：

```
0.523373
```

5-10 已知机器人当前位置为（x0,y0），它的下一个目标位置为（x1,y1），求机器人移动的方向角（角度）和移动的距离（保留两位小数）。运行后输入（x0,y0）坐标和（x1,y1）坐标，输出前进方向和前进距离。

运行后输入：

```
1 1 0 2
```

则输出结果：

```
前进方向 135.00°,前进距离 1.41
```

第 6 章 选择结构程序设计

本章主要介绍选择结构程序设计实现方法，包括.IF 伪指令实现选择程序设计、JMP 和 Jcc 转移指令实现选择程序设计、特别介绍根据浮点数的大小实现选择程序设计方法等。通过本章的学习，读者应该完成以下学习目标：

（1）掌握.IF 伪指令和.IF….ELSEIF 伪指令实现选择程序设计，掌握.IF 伪指令分别实现无符号整数与有符号整数的比较方法。

（2）掌握 JMP 和 Jcc 转移指令实现选择程序设计，掌握无符号条件转移指令（JA">"、JB"<"、JE"=="和 JNE"!="）与有符号条件转移指令（JG">"、JL"<"、JE"=="和 JNE"!="）的实现方法，了解其他条件转移指令的使用方法。

（3）了解条件设置字节指令；掌握根据浮点数的大小实现选择程序设计方法。

（4）掌握散转程序设计的解题方法。

6.1 .IF 伪指令实现双分支选择

选择结构就是根据条件从多个程序段中选择一个进行执行。在汇编语言中，要实现双分支选择，可以用.IF…[.ELSE…].ENDIF 伪指令（简称.IF 伪指令）实现，也可以用条件转移指令 Jcc 和无条件转移指令 JMP 配合实现。.IF 伪指令实现的方法比较简单，但不是最终的表示形式，汇编后都要转换成相应的条件转移指令和无条件转移指令。要实现多分支选择，可用.IF…[.ELSEIF…[.ELSE…]].ENDIF 伪指令（简称.IF….ELSEIF 伪指令），也可用类似单片机的散转指令，先根据一个表达式值转移到存放多个转移指令的位置，再通过这些转移指令转移到各功能模块。

.IF 伪指令常用语法格式示意图如图 6-1 所示。

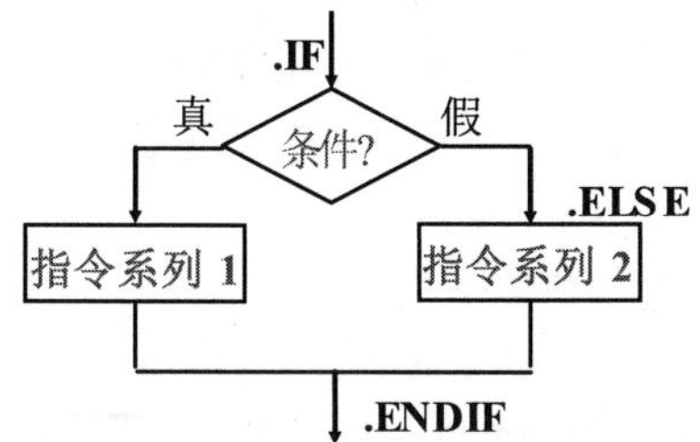

图 6-1 .IF 伪指令实现双分支结构示意图

.IF 伪指令的语法格式如下：

```
.IF 条件表达式              ;以英文“句号”开头
   指令序列 1               ;满足“条件表达式”时执行指令序列 1
[.ELSE
   指令序列 2]              ;不满足“条件表达式”时执行指令序列 2
.ENDIF
```

程序执行到.IF 伪指令时，若条件表达式的值为真，则执行指令序列 1，否则执行指令序列 2。若省略“[.ELSE 指令序列 2]”，则表示：若条件表达式的值为真，执行指令序列 1，否则直接执行后续指令；执行完指令序列 1 或指令序列 2 后顺序执行后续指令。

条件表达式可用的关系运算符类似 C 语言，有==（等于）、!=（不等于）、>（大于）、>=（大于等于）、<（小于）和<=（小于等于）共 6 个，如 x>=60、c1>='A'、EAX>0 等。

若含有多个关系运算符，则用逻辑运算符进行连接。常用逻辑运算符有&&（逻辑与）、||（逻辑或）和!（逻辑非）。例如，数学表达式'A'<=c1<='Z'，可用&&（逻辑与）连接，可表示为 c1>='A' && c1<='Z'。

类似 C 语言，条件表达式也是零为假，非零为真。

注意

（1）C 语言的"&"（按二进制位与）、"|"（按二进制位或）、"~"（按二进制位取反）和"^"（按二进制位异或）在汇编语言中不能用，要实现这些功能可以用 AND 指令、OR 指令、NOT 指令和 XOR 指令。

（2）运算符&&前后要用空格隔开，且数学表达式'A'<=c1<='Z'，不能表示成'A'<=c1 && c1<='Z'。

若在条件表达式中要检测标志位的信息，则可以使用的符号名有 CARRY?（相当于 CF==1，以下类似）、OVERFLOW?（OF==1）、PARITY?（PF==1）、SIGN?（SF==1）和 ZERO?（ZF==1）等。例如：

```
.IF CARRY? && EAX!=EBX;检测 CF==1 且 EAX!=EBX 是否成立
    ;汇编语言指令序列
.ENDIF
```

对于浮点数的关系运算，详见 6.4 节。

例 6-1 分别用 C 语言和汇编语言实现输入一个整数成绩，判断是否及格，并显示相应信息。

C 语言实现思路：定义 int 类型变量 x 用于存整数成绩，调用 scanf 函数给变量 x 输入一个成绩；然后用“if(x>=60)”语句判断成绩是否及格，若及格，则顺序执行输出“x 是及格”，否则输出“x 是不及格”。

源程序如下：

```
#include "stdio.h"
void main()
{
    int x;
```

```
        scanf("%d",&x);                    //输入整数成绩
        if(x>=60)                          //若成绩>=60
            printf("%d 是及格",x);         //则输出 x 是及格
        else
            printf("%d 是不及格",x);       //否则输出 x 是不及格
    }
```

汇编语言实现思路：定义 DWORD 类型变量 x 用于存整数成绩，调用 scanf 函数给变量 x 输入一个成绩；然后用“.IF x>=60”伪指令判断成绩是否及格，若及格，则顺序执行输出“x 是及格”，否则输出“x 是不及格”。

源程序如下：

```
.386                                    ;选择的处理器
.model flat, stdcall                    ;存储模型，Win32 程序只能用平展（flat）模型
option casemap:none                     ;指明标识符大小写敏感
include         kernel32.inc            ;要引用的头文件
includelib      kernel32.lib            ;要引用的库文件
includelib      msvcrt.lib              ;引用 C 库文件
scanf PROTO C:DWORD,:vararg             ;C 语言的 scanf 函数原型声明
printf PROTO C:DWORD,:vararg            ;C 语言的 printf 函数原型声明
.data
x               DWORD ?
infmt           DB '%d',0
outfmt1         DB '%d 是及格',0
outfmt2         DB '%d 是不及格',0
.code
start:
invoke scanf,addr infmt,addr x          ;输入整数成绩
.IF x>=60                               ;若成绩 x>=60
invoke printf,addr outfmt1,x            ;则输出“x 是及格”
.ELSE
invoke printf,addr outfmt2,x            ;否则输出“x 是不及格”
.ENDIF
invoke ExitProcess,0
End start
```

运行后输入：

```
70
```

则输出结果：

```
70 是及格
```

运行后输入：

```
40
```

则输出结果：

```
40 是不及格
```

以上程序存在问题，其条件表达式只能是无符号数，否则会出现以下情况：

运行后输入：

```
-1
```

则输出结果：

```
-1 是及格
```

解决方法是将 x 的数据类型改为有符号类型，即将 x 的数据类型定义改为 SDWORD 类型，就可得到预期结果。

运行后输入：

```
-1
```

则输出结果：

```
-1 是不及格
```

若条件表达式中是寄存器与常量比较，则应将其中一个数强制转换为有符号数，如图 6-2 所示。

```
.IF EAX>0
指令序列1
.ELSE
指令序列 2
.ENDIF
```

（a）.IF 伪指令寄存器无符号比较

```
.IF SDWORD PTR EAX>0
指令序列1
.ELSE
指令序列 2
.ENDIF
```

或

```
.IF EAX>SDWORD PTR 0
指令序列1
.ELSE
指令序列 2
.ENDIF
```

（b）.IF 伪指令寄存器有符号比较

图 6-2　.IF 伪指令条件表达式数据类型转换

例 6-2　编写一程序，输入一大写字母，将其转换为小写字母再输出。

本例的关键是判断是否是大写字母的条件表达式：'A'<=c1<='Z'，要转换为用逻辑运算符进行连接的逻辑表达式：c1>='A' && c1<='Z'，但不能写成：'A'<=c1 && c1<='Z'。

定义 BYTE 类型变量 c1 用于存大写字母，调用 scanf 函数给变量 c1 输入一个大写字母，然后用“.IF c1>='A' && c1<='Z'”伪指令判断成绩是否大写字母，若是大写字母，则执行 ADD 指令加 20H 转换为小写字母，否则不处理，最后输出结果。

源程序如下：

```
.386                                    ;①选择的处理器
.model flat, stdcall                    ;②存储模型，Win32 程序只能用平展（flat）模型
option casemap:none                     ;③指明标识符大小写敏感
include     kernel32.inc                ;④要引用的头文件
includelib  kernel32.lib                ;要引用的库文件
includelib  msvcrt.lib                  ;引用 C 库文件
scanf PROTO C:DWORD,:vararg             ;C 语言的 scanf 函数原型声明
printf PROTO C:DWORD,:vararg            ;C 语言的 printf 函数原型声明
.data                                   ;⑤数据段
c1      BYTE        ?
```

```
fmt     BYTE      '%c',0
.code                                   ;⑥代码段
start:                                  ;⑦定义标号 start
invoke scanf,ADDR fmt,ADDR c1           ;⑧编写代码
.IF c1>='A' && c1<='Z'                  ;.IF 伪指令判断是否是大写字母
    ADD c1,20H                          ;若是，则加 20H 转换为小写字母
.ENDIF
invoke printf,ADDR fmt,DWord PTR c1     ;⑨编写代码
invoke ExitProcess,0                    ;⑩退出进程，返回值为 0
end     start                           ;⑪指明程序入口点 start
```

运行后输入：

```
A
```

则输出结果：

```
a
```

运行后输入：

```
B
```

则输出结果：

```
b
```

汇编语言中条件表达式只能是常量表达式，不能是类似 x*y<0、x>y 的算术表达式或对两个存储单元变量进行关系比较，对于 x>y 可以用 EAX>y 替代。

例 6-3 输入两个整数 x 和 y，判断是否同号。

本例的关键是判断两个整数 x 和 y 是否同号的条件，若 x*y>0，则表示同号，否则异号。

定义 SDWORD 类型变量 x 和 y 用于两个整数，调用 scanf 函数给变量 x 和 y 输入两个整数；然后用适当的指令判断两个整数是否同号，若是同号，则输出“x 和 y 是同号”，否则输出“x 和 y 是异号”。

存在问题的源程序如下：

```
.386                                    ;①选择的处理器
.model flat, stdcall                    ;②存储模型，Win32 程序只能用平展（flat）模型
option casemap:none                     ;③指明标识符大小写敏感
include     kernel32.inc                ;④要引用的头文件
includelib  kernel32.lib                ;要引用的库文件
includelib  msvcrt.lib                  ;引用 C 库文件
scanf PROTO C:DWORD,:vararg             ;C 语言的 scanf 函数原型声明
printf PROTO C:DWORD,:vararg            ;C 语言的 printf 函数原型声明
.data                                   ;⑤数据段
x       SDWORD ?
y       SDWORD ?
infmt           DB '%d %d',0
outfmt1         DB '%d 与%d 是异号的',0
outfmt2         DB '%d 与%d 是同号的',0
```

```
.code                                   ;⑥代码段
start:                                  ;⑦定义标号 start
invoke scanf,ADDR infmt,ADDR x,ADDR y   ;⑧编写代码
.IF x*y<0                               ;error A2026: constant expected，必须是常量表达式
invoke printf,ADDR outfmt1,x,y          ;则异号
.else
invoke printf,ADDR outfmt2,x,y          ;否则同号
.ENDIF
invoke ExitProcess,0                    ;⑨退出进程，返回值为 0
end     start                           ;⑩指明程序入口点 start
```

编译时发现指令“.IF x*y<0”是无法通过编译的，要求必须是常量表达式，处理方法是：将 x*y 用 IMUL 乘法指令计算出结果，再判断运算结果是否是负号，但乘法指令运算后对符号标志位 SF 无定义，无法以此比较。为判断运算结果 EDX|EAX 中高 32 位的符号，可用 EDX 自己与自己作逻辑与操作，这样就可以用 SIGN?符号名判断运算结果 EDX 中的符号了，当然，也可以直接判断 EDX 是否是小于 0（EDX<SDWORD ptr 0）以此判断运算结果是否是负数。

改正后的源程序如下：

```
.386                                    ;①选择的处理器
.model flat, stdcall                    ;②存储模型，Win32 程序只能用平展（flat）模型
option casemap:none                     ;③指明标识符大小写敏感
include      kernel32.inc               ;④要引用的头文件
includelib   kernel32.lib               ;要引用的库文件
includelib   msvcrt.lib                 ;引用 C 库文件
scanf PROTO C:DWORD,:vararg             ;C 语言的 scanf 函数原型声明
printf PROTO C:DWORD,:vararg            ;C 语言的 printf 函数原型声明
.data                                   ;⑤数据段
x        SDWORD ?
y        SDWORD ?
infmt        DB '%d %d',0
outfmt1      DB '%d 与%d 是异号的',0
outfmt2      DB '%d 与%d 是同号的',0
.code                                   ;⑥代码段
start:                                  ;⑦定义标号 start
invoke scanf,ADDR infmt,ADDR x,ADDR y   ;⑧编写代码
mov eax,x
IMUL y                            ;受影响的标志位：CF 和 OF（AF、PF、SF 和 ZF 无定义）
TEST EDX,EDX                      ;判断结果 EDX|EAX 中高 32 位符号,影响标志位 CFOFPFSFZF
.IF SIGN?                         ;若是负号（SF==1）   .IF EDX<SDWORD ptr 0
invoke printf,ADDR outfmt1,x,y    ;则异号
.else
invoke printf,ADDR outfmt2,x,y    ;否则同号
.ENDIF
invoke ExitProcess,0              ;⑨退出进程，返回值为 0
end     start                     ;⑩指明程序入口点 start
```

运行后输入：

```
-3 -4
```

则输出结果：

```
-3 与-4 是同号的
```

运行后输入：

```
3 -4
```

则输出结果：

```
3 与-4 是异号的
```

运行后输入：

```
3 4
```

则输出结果：

```
3 与 4 是同号的
```

运行后输入：

```
-3 4
```

则输出结果：

```
-3 与 4 是异号的
```

6.2　.IF….ELSEIF 伪指令实现多分支选择

当选择的情况超过两个时，可用.IF….ELSEIF 伪指令实现多分支选择，语法格式如下：

```
.IF 条件表达式 1
    指令序列 1                    ;满足“条件表达式 1”时执行指令序列 1
[.ELSEIF 条件表达式 2
    指令序列 2                    ;满足“条件表达式 2”时执行指令序列 2
[  ;…]                           ;满足其他条件时执行其他指令序列
[.ELSE
    指令序列 n+1]]                ;所有条件都不满足时执行指令序列 n+1
.ENDIF
```

程序执行到.IF….ELSEIF 伪指令时，若条件表达式 1 的值为真，则执行指令序列 1；否则若条件表达式 2 的值为真，则执行指令序列 2，依此类推；若所有条件都不满足，则执行指令序列 n+1。若省略“[.ELSE 指令序列 n+1]”，则表示：若所有条件都不满足，则直接执行后续指令。

例 6-4　用.IF….ELSEIF 伪指令实现输入一个分数（0~100 的整数），输出相应的成绩等级。分数与成绩等级对应关系分别为 90~100 分为优秀，80~89 为良好，70~79 为中，60~69 为及格，0~59 为不及格。

各分数段取值范围都是闭区间，一般要用逻辑表达式，如 90≤x≤100 要用 90≤x and

x≤100，但是若能巧妙利用.IF….ELSEIF 伪指令的特点，只要用一个关系表达式即可。

源程序如下：

```
.386                                    ;①选择的处理器
.model flat, stdcall                    ;②存储模型，Win32 程序只能用平展（flat）模型
option casemap:none                     ;③指明标识符大小写敏感
include      kernel32.inc               ;④要引用的头文件
includelib   kernel32.lib               ;要引用的库文件
includelib   msvcrt.lib                 ;引用 C 库文件
scanf PROTO C:DWORD,:vararg             ;C 语言的 scanf 函数原型声明
printf PROTO C:DWORD,:vararg            ;C 语言的 printf 函数原型声明
.data                                   ;⑤数据段
fmt    BYTE         '%d',0              ;输入格式串
ft     BYTE         '%s',0              ;输出格式串
s0     BYTE         '不及格',0          ;以下是各种成绩等级文字信息
s1     BYTE         '及格',0
s2     BYTE         '中',0
s3     BYTE         '良好',0
s4     BYTE         '优秀',0
x DWORD  ?                              ;分数 x
.code                                   ;⑥代码段
start:                                  ;定义标号 start
invoke scanf,ADDR fmt,ADDR x            ;输入分数 x
.IF x<60
invoke printf,ADDR ft,ADDR s0           ;满足 x<60 时输出成绩等级：不及格
.ELSEIF x<70
invoke printf,ADDR ft,ADDR s1           ;满足 x<70 时输出成绩等级：及格
.ELSEIF x<80
invoke printf,ADDR ft,ADDR s2           ;满足 x<70 时输出成绩等级：中
.ELSEIF x<90
invoke printf,ADDR ft,ADDR s3           ;满足 x<70 时输出成绩等级：良好
.ELSE
invoke printf,ADDR ft,ADDR s4           ;所有条件都不满足时输出成绩等级：优秀
.ENDIF
invoke ExitProcess,0                    ;退出进程，返回值为 0
end    start                            ;指明程序入口点 start
```

运行后输入：

```
95
```

则输出结果：

```
优秀
```

运行后输入：

```
65
```

则输出结果：

```
及格
```

6.3 JMP 和 Jcc 转移指令

.IF 伪指令用 6 个关系运算符对两个操作数进行大小关系的比较，然后再决定执行不同的程序。而条件转移指令只能先用比较指令对两个操作数进行大小关系的比较，然后再用不同的条件转移指令根据不同的条件转移到不同的位置去执行。

转移指令是汇编语言常用的指令，转移指令分无条件转移指令 JMP 和条件转移指令 Jcc 两大类，其中"cc"表示不同的条件，如"E"、"NE"、"A"、"B"、"G"和"L"等。

对于满足指定条件执行指令序列 1 否则执行指令序列 2 这样的双分支结构，可以通过无条件转移指令和条件转移指令配合实现，其逻辑示意图和语法格式如图 6-3 所示。一般汇编语言判断的是指定条件的相反条件（如图 6-3 所示的 N 条件），若满足了相反条件则转类似高级语言的 else 部分代码（指令序列 2）执行，否则顺序执行满足指定条件部分代码（指令序列 1）。

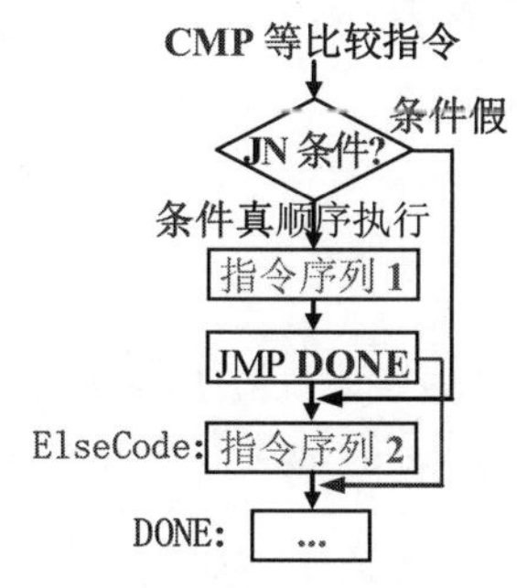

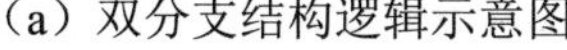
（a）双分支结构逻辑示意图

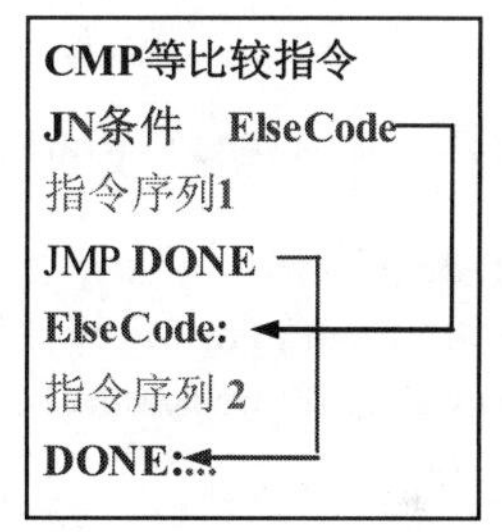

（b）双分支结构语法格式

图 6-3 用转移指令实现双分支结构（满足条件执行指令序列 1，否则执行指令序列 2）

专用的整数比较指令有 CMP 和 TEST 等，专用的实数比较指令有 FCOMP 和 FCOMI 等，也可以是算术或逻辑运算指令。CMP 和 TEST 等整数比较指令执行后的结果状态都保存在标志寄存器 EFlags 中；FCOMP 等实数比较指令的结果状态一般都保存在浮点状态寄存器的条件编码字段中，但也有例外，FCOMI 指令执行后的结果状态保存在标志寄存器 EFlags 中。

执行条件转移指令时，只能根据标志寄存器相应的标志位的值来决定是否转移，不能根据浮点状态寄存器条件编码的值来决定是否转移，因此，使用 FCOMP 等实数比较指令（不包括 FCOMI 指令）后，必须将浮点状态寄存器条件编码的值复制到标志寄存器相应的标志位，才能正确执行条件转移指令（详见本章后续章节）。

如下两条相减指令（SUB 会将相减结果存回源操作数 x，而 CMP 则只作相减操作）执行后，结果状态存标志寄存器。若 x=60，则条件转移指令 JE 会转移，否则不转移；若 x>60，则条件转移指令 JA 或 JG 会转移，否则不转移；若 x<60，则条件转移指令 JB 或 JL 会转移，否则不转移。

```
SUB x,60   ;x←x-60，相减结果存回源操作数 x，相减后的结果状态存标志寄存器
CMP x,60   ;x-60，相减结果不存回源操作数 x，相减后的结果状态存标志寄存器
```

1. 无条件转移指令（Transfer Unconditionally）

无条件转移指令包括 JMP、子程序调用 CALL 和返回指令 RET、中断调用和返回指令 RETF 等。

下面介绍无条件转移指令 JMP（Unconditional Jump）。

JMP 指令的一般形式如下：

```
JMP  标号/Reg/Mem
```

JMP 指令是从当前指令（JMP 指令）的下一条指令位置无条件转移到另一个指令位置执行，指令机器码的操作码为 EB，操作数为目标指令地址与当前指令（JMP 指令）的下一条指令地址之差，用一个字节（短转移）或 4 个字节（长转移）的补码表示。例如：

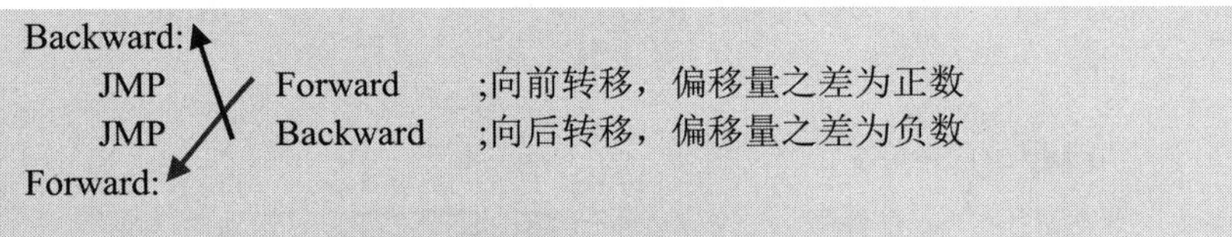

…

以上指令序列经过汇编转换成的机器码如下：

```
00000017     Backward:
00000017 EB 02   JMP  Forward;向前，偏移量之差为正，目标地址 1B-(当前地址 17+2)=2=02H
00000019 EB FC   JMP  Backward;向后，偏移量之差为负，目标地址 17-(当前地址 19+2)=-4=FCH
0000001B     Forward:
…
```

该转移指令的执行不影响任何标志位。

2. 条件转移指令（Transfer Conditionally）

条件转移指令是根据标志寄存器中的一个或多个标志位来决定是否转移。条件转移指令又分 3 大类：无符号数条件转移指令、有符号数条件转移指令和特殊算术标志位条件转移指令，具体如表 6-1~表 6-3 所示。指令很多，但只要记住"E"、"N"、"A"、"B"、"G"和"L"6 个字母的意义，就基本可以全部掌握表 6-1 和表 6-2 的内容了，而表 6-3 比较少用。

表 6-1　无符号数条件转移指令（Jumps Based on Unsigned （Logic） Data）

指　令	关　系	检 测 条 件	功 能 描 述
JE/JZ	==	ZF=1	Jump Equal or Jump Zero 等于转移
JNE/JNZ	!=	ZF=0	Jump Not Equal or Jump Not Zero 不等于时转移
JA/JNBE	>	CF=0 && ZF=0	Jump Above or Jump Not Below or Equal 高于时转移
JAE/JNB	>=	CF=0	Jump Above or Equal or Jump Not Below 高于或等于转移
JB/JNAE	<	CF=1	Jump Below or Jump Not Above or Equal 低于转移
JBE/JNA	<=	CF=1 || ZF=1	Jump Below or Equal or Jump Not Above 低于或等于转移

表 6-2　有符号数条件转移指令（Jumps Based on Signed（Arithmetic）　Data）

指　　令	关　　系	检 测 条 件	功 能 描 述
JE/JZ	==	ZF=1	Jump Equal or Jump Zero 等于转移
JNE/JNZ	!=	ZF=0	Jump Not Equal or Jump Not Zero 不等于时转移
JG/JNLE	>	SF=OF && ZF=0	Jump Greater or Jump Not Less or Equal 大于转移
JGE/JNL	>=	SF=OF || ZF=1	Jump Greater or Equal or Jump Not Less 大于等于转移
JL/JNGE	<	SF≠OF && ZF=0	Jump Less or Jump Not Greater or Equal 小于转移
JLE/JNG	<=	SF≠OF || ZF=1	Jump Less or Equal or Jump Not Greater 小于或等于转移

表 6-3　特殊算术标志位条件转移指令（Jumps Based on Special Arithmetic Tests）

指　　令	检 测 条 件	功 能 描 述
JC/JB/JNAE	CF=1	Jump Carry 有进（借）位时转移
JNC/JNB/JAE	CF=0	Jump Not Carry 无进（借）位时转移
JO	OF=1	Jump Overflow 溢出转移
JNO	OF=0	Jump Not Overflow 不溢出时转移
JP/JPE	PF=1	Jump Parity or Jump Parity Even 奇偶性为偶数个 1 时转移
JNP/JPO	PF=0	Jump Not Parity or Jump Parity Odd 奇偶性为奇数个 1 时转移
JS	SF=1	Jump Sign （negative） 符号位为“1”（负数）时转移
JNS	SF=0	Jump No Sign （positive） 符号位为“0”（非负）时转移

以例 6-1.IF 伪指令实现的二分支程序结构改写成条件转移指令实现的方法如下。

```
.if x>=60                                ;若成绩 x>=60
invoke printf,addr outfmt1,x             ;则输出 x 是及格
.else
invoke printf,addr outfmt2,x             ;否则输出 x 是不及格
.endif
```

可以改写成如下汇编代码（不改变判断条件和代码顺序）：

```
cmp x,60                                 ;成绩 x 与 60 比较
JGE Great60                              ;若成绩 x>=60 则转 Great60
JMP Less60                               ;否则成绩 x<60，转 Less60
Great60:                                 ;处理成绩 x>=60 情况的入口点
invoke printf,addr outfmt1,x             ;输出 x>=60
JMP DONE                                 ;处理完成绩 x>=60 情况转结束
Less60:                                  ;处理成绩 x<60 情况的入口点
invoke printf,addr outfmt2,x             ;输出 x<60
DONE:                                    ;结束成绩处理
```

或可以改写成如下汇编代码（不改变判断条件但改变代码顺序）：

```
cmp x,60                                 ;成绩 x 与 60 比较
JGE Great60                              ;若成绩 x>=60 则转 Great60
invoke printf,addr outfmt2,x             ;否则顺序执行输出 x<60
JMP DONE                                 ;处理完成绩 x<60 情况转结束
Great60:                                 ;处理成绩 x>=60 情况的入口点
invoke printf,addr outfmt1,x             ;输出 x>=60
DONE:                                    ;结束成绩处理
```

或可以改写成如下汇编代码（改变判断条件但不改变代码顺序，这是 VC 编译器采用的方法，如图 6-3 所示）：

```
cmp x,60                          ;成绩 x 与 60 比较
JL Less60                         ;若成绩 x<60 则转 Less60
invoke printf,addr outfmt1,x      ;否则顺序执行输出 x>=60
JMP DONE                          ;处理完成绩 x>=60 情况转结束
Less60:                           ;处理成绩 x<60 情况的入口点
invoke printf,addr outfmt2,x      ;输出 x<60
DONE:                             ;结束成绩处理
```

例 6-5 编程实现用条件转移指令求一整数 x 绝对值，输入 x，然后输出其绝对值。

本例若用.IF 伪指令实现，只需用一个关系表达式判断整数 x 是否是负数，即 x<0。用条件转移指令，则要用 CMP 指令先对 x 和 0 两个操作数进行大小关系比较；然后用条件转移指令判断比较结果是否是负数，若是负数，说明 x<0，则用 NEG 指令求其负数（负数的负数变为正数），否则不处理。

定义 SDWORD 类型变量 x 和 y 用于存 x 的值及其绝对值，调用 scanf 函数给变量 x 输入一个整数，然后用 MOV 指令将 x 暂存 EAX，再用 CMP 指令对 EAX 和 0 进行比较，接着用 JNS 指令判断比较结果是否是负数，若是负数，则执行 NEG 指令求其负数存回 EAX，实现将其变为正数，否则不处理直接转 Done，最后输出 EAX 中的结果（若是负数，EAX 是处理过的数，否则 EAX 是未处理的数）。

源程序如下：

```
.386                                ;①选择的处理器
.model flat, stdcall                ;②存储模型，Win32 程序只能用平展（flat）模型
option casemap:none                 ;③指明标识符大小写敏感
include     kernel32.inc            ;④要引用的头文件
includelib  kernel32.lib            ;要引用的库文件
includelib  msvcrt.lib              ;引用 C 库文件
scanf PROTO C:DWORD,:vararg         ;C 语言的 scanf 函数原型声明
printf PROTO C:DWORD,:vararg        ;C 语言的 printf 函数原型声明
.data                               ;⑤数据段
x           SDWORD ?
infmt       DB '%d',0
outfmt      DB '|%+d|=%d',0
.code                               ;⑥代码段
start:                              ;⑦定义标号 start
invoke      scanf,ADDR infmt,ADDR x;⑧编写代码
MOV         EAX,x                   ;取数
CMP         EAX,0                   ;比较
JNS         DONE          ;非负数转结束，还可用 JG DONE，但不能用 JA DONE，因有符号数
NEG         EAX                     ;EAX←-EAX;也可以：MOV EAX,0;SUB EAX,x
DONE:
invoke printf,ADDR outfmt,x,EAX     ;输出结果
invoke ExitProcess,0                ;⑨退出进程，返回值为 0
end    start                        ;⑩指明程序入口点 start
```

运行后输入：

```
3
```

则输出结果：

```
|+3|=3
```

运行后输入：

```
-3
```

则输出结果：

```
|-3|=3
```

例 6-6 用条件转移指令实现输入字符若是大写字母则将其转换为小写字母。

本例若用.IF 伪指令实现，只需用一个逻辑表达式判断字符 c1 是否是大写字母，即“c1>='A' && c1<='Z'”。用条件转移指令，则要用 CMP 指令分别完成 c1 和'A'以及 c1 和'Z'的大小关系比较；然后通过两次用条件转移指令判断比较结果是否是字母，若是字母，则加 20H 转换为小写字母，否则不处理。

定义 BYTE 类型变量 c1 用于存字符，调用 scanf 函数给变量 c1 输入一个字符；然后用 CMP 指令对 c1 和'A'进行比较，若 c1<'A'，则转 DONE，否则再用 CMP 指令对 c1 和'Z'进行比较，若 c1>'Z'，则转 DONE，否则 c1 加 20H 转换为小写字母，最后输出 c1 中的结果。

源程序如下：

```
.386                                        ;①选择的处理器
.model flat, stdcall                        ;②存储模型，Win32 程序只能用平展（flat）模型
option casemap:none                         ;③指明标识符大小写敏感
include     kernel32.inc                    ;④要引用的头文件
includelib  kernel32.lib                    ;要引用的库文件
includelib  msvcrt.lib                      ;引用 C 库文件
scanf PROTO C:DWORD,:vararg                 ;C 语言的 scanf 函数原型声明
printf PROTO C:DWORD,:vararg                ;C 语言的 printf 函数原型声明
.data                                       ;⑤数据段
c1      BYTE ?
fmt     BYTE '%c',0
.code                                       ;⑥代码段
start:                                      ;⑦定义标号 start
invoke      scanf,ADDR fmt,ADDR c1          ;输入字符
CMP         c1,'A'                          ;对 c1 和'A'进行比较
JB          DONE              ;若变量 c1<'A'则转结束，注意：字符是无符号数，不能用 JL 指令
CMP         c1,'Z'                          ;否则再用 CMP 指令对 c1 和'Z'进行比较
JA          DONE                            ;若 c1>'Z'则转结束
ADD         c1,20H            ;否则 c1 加 20H 变为小写字母，因小写比大写大 20H，故加 20H
DONE:
invoke printf,ADDR fmt,DWORD PTR c1         ;输出结果
invoke ExitProcess,0                        ;⑧退出进程，返回值为 0
end     start                               ;⑨指明程序入口点 start
```

运行后输入：

```
A
```

则输出结果：

```
a
```

运行后输入：

```
@
```

则输出结果：

```
@
```

例 6-7 用条件转移指令实现分段函数的计算，其中：变量 x 和 y 都是双字类型。

$$y=\begin{cases}x+500, & x<0\\ x+100, & 0\leqslant x\leqslant 500\\ x-100, & x>500\end{cases}$$

二分支结构用一次比较完成两种情况的处理，三分支结构就要用两次比较完成 3 种情况的处理。因此，要用两次 CMP 指令分别完成 x 和 0、x 和 500 的大小关系比较，再用两次条件转移指令判断比较结果进行 3 种不同情况的数据处理。

定义 SDWORD 类型变量 x，调用 scanf 函数给变量 x 输入一个整数；然后用 CMP 指令对 x 和 0 进行比较，若不满足 x>=0，则顺序执行完成 x+500 并转结束，否则转 Great0；再用 CMP 指令对 c1 和 500 进行比较，若不满足 x>500，则顺序执行完成 x+100 并转结束，否则转 Great500，完成 x−100，最后输出结果。

源程序如下：

```
.386                                    ;①选择的处理器
.model flat, stdcall                    ;②存储模型，Win32 程序只能用平展（flat）模型
option casemap:none                     ;③指明标识符大小写敏感
include     kernel32.inc                ;④要引用的头文件
includelib  kernel32.lib                ;要引用的库文件
includelib  msvcrt.lib                  ;引用 C 库文件
scanf PROTO C:DWORD,:vararg             ;C 语言的 scanf 函数原型声明
printf PROTO C:DWORD,:vararg            ;C 语言的 printf 函数原型声明
.data                                   ;⑤数据段
x SDWORD ?
fmt DB '%d',0
.code                                   ;⑥代码段
start:                                  ;⑦定义标号 start
invoke scanf,ADDR fmt,ADDR x            ;⑧编写代码
MOV EAX,x                               ;取数
CMP EAX,0                               ;与 0 比较
JGE    Great0                           ;x>=0 转 Great0
ADD    EAX,500                          ;否则 x←x+500
JMP    DONE
Great0:
CMP EAX,500                             ;与 500 比较
JG     Great500                         ;x>500 转 Great500
ADD    EAX,100                          ;否则 x←x+100
```

```
JMP     DONE
Great500:
SUB EAX,100                          ;x←x-100
DONE:
invoke printf,ADDR fmt,EAX           ;⑨编写代码
invoke ExitProcess,0                 ;⑩退出进程，返回值为 0
end     start                        ;⑪指明程序入口点 start
```

运行后输入：

```
-200
```

则输出结果：

```
300
```

运行后输入：

```
200
```

则输出结果：

```
300
```

运行后输入：

```
600
```

则输出结果：

```
500
```

6.4 测试条件转存指令 SETcc

测试条件转存指令的功能是将测试条件的值 1 或 0 转存到字节操作数，即测试条件的值只能转存 8 位寄存器（AH、AL、BH、BL、CH、CL、DH 和 DL）或 BYTE 类型变量。该组指令可以用 MOV 等指令配合条件转移指令来实现其功能。

条件设置字节指令的一般格式如下：

```
SETcc    Reg8/Mem8              ;80386+
```

其中，cc 表示测试的条件（如表 6-4 所示），操作数只能是 8 位寄存器或一个字节单元。

表 6-4　条件设置字节指令列表

指令的助忆符	操作数和检测条件之间的关系
SETZ/SETE	Reg/Mem←ZF
SETNZ/SETNE	Reg/Mem←not ZF
SETS	Reg/Mem←SF
SETNS	Reg/Mem←not SF

续表

指令的助忆符	操作数和检测条件之间的关系
SETO	Reg/Mem←OF
SETNO	Reg/Mem←not OF
SETP/SETPE	Reg/Mem←PF
SETNP/SETPO	Reg/Mem←not PF
SETC/SETB/SETNAE	Reg/Mem←CF
SETNC/SETB/SETAE	Reg/Mem←not CF
SETNA/SETBE	Reg/Mem←(CF or ZF)
SETA/SETNBE	Reg/Mem←not(CF or ZF)
SETL/SETNGE	Reg/Mem←(SF xor OF)
SETNL/SETGE	Reg/Mem←not(SF xor OF)
SETLE/SETNG	Reg/Mem←(SF xor OF)or ZF
SETNLE/SETG	Reg/Mem←not((SF xor OF)or ZF)

这组指令的执行不影响任何标志位。

例 6-8 编程求输入的 8 位十六进制数中有几个 0，并把统计结果输出。

要统计十六进制数中 0 的个数，可以将每一位十六进制数（四位二进制数）与 0FH 进行逻辑与操作，若结果为 0（ZF=1），则说明该位十六进制数为 0 并将 n 的值加 1，否则不为 0，n 的值也不加 1。逻辑与操作后可以通过 SETZ 条件设置字节指令将 ZF 的值转存某个 8 位寄存器，然后再累加到变量 n 中；也可以用 JNZ 条件转移指令来决定是否直接对变量 n 的值直接加 1。由于每一个十六进制数有 8 位，要重复执行 8 次，可用 ECX 作为循环计数器，初值为 8，每执行一次 ECX 的值减 1，若不为 0，则重复执行。

定义 DWORD 类型变量 x，调用 scanf 函数给变量 x 输入一个十六进制数，给循环计数器 ECX 初值为 8；然后用 TEST 指令让 x 跟 0FH 进行逻辑与操作，通过 SETZ 将 ZF 的值转存 BL，再累加到变量 n 中；接着将 x 的值右移 4 位，循环计数器 ECX 的值减 1，用条件转移指令 JNZ 判断 ECX 是否回 0，若不为 0，转 NEXT 处重复执行，直接回 0，并输出结果。

源程序如下：

```
.386                                  ;①选择的处理器
.model flat, stdcall                  ;②存储模型，Win32 程序只能用平展（flat）模型
option casemap:none                   ;③指明标识符大小写敏感
include      kernel32.inc             ;④要引用的头文件
includelib   kernel32.lib             ;要引用的库文件
includelib   msvcrt.lib               ;引用 C 库文件
scanf PROTO C:DWORD,:vararg           ;C 语言的 scanf 函数原型声明
printf PROTO C:DWORD,:vararg          ;C 语言的 printf 函数原型声明
.data                                 ;⑤数据段
x      DWORD   ?
n      BYTE    0,0,0,0
fmt    BYTE    '%x',0
.code                                 ;⑥代码段
```

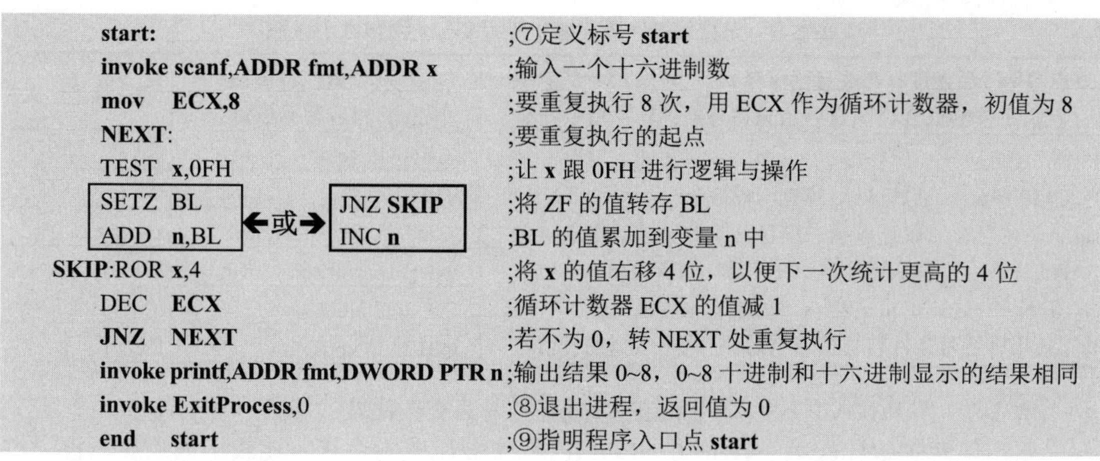

```
start:                                  ;⑦定义标号 start
invoke scanf,ADDR fmt,ADDR x            ;输入一个十六进制数
mov   ECX,8                             ;要重复执行 8 次，用 ECX 作为循环计数器，初值为 8
NEXT:                                   ;要重复执行的起点
TEST  x,0FH                             ;让 x 跟 0FH 进行逻辑与操作
SETZ  BL          ←或→  JNZ SKIP        ;将 ZF 的值转存 BL
ADD   n,BL              INC n           ;BL 的值累加到变量 n 中
SKIP:ROR x,4                            ;将 x 的值右移 4 位，以便下一次统计更高的 4 位
DEC   ECX                               ;循环计数器 ECX 的值减 1
JNZ   NEXT                              ;若不为 0，转 NEXT 处重复执行
invoke printf,ADDR fmt,DWORD PTR n      ;输出结果 0~8，0~8 十进制和十六进制显示的结果相同
invoke ExitProcess,0                    ;⑧退出进程，返回值为 0
end   start                             ;⑨指明程序入口点 start
```

运行后输入：

```
F000000a
```

则输出结果：

```
6
```

6.5 浮点数的大小比较

对于整型数据，算术或逻辑运算后，用条件转移指令或选择与循环伪指令都可以直接进行判断。对于实数，FCOMP 等实数比较指令比较运算之后，要通过“F[N]STSW AX/m16”指令将浮点状态寄存器中的状态值“条件编码”保存到 AX 寄存器或双字节存储空间中，然后再通过 TEST 等指令对状态值进行判断或将状态值保存到 CPU 状态寄存器低 8 位再用无符号条件转移指令进行判断，相当于对条件编码 C_3 和 C_0 位的判断。686 以后，增加了 FCOMI 比较指令，其比较结果状态存 CPU 中 EFlags 标志寄存器 ZFPFCF 标志位，则条件转移指令可直接判断，详见第 5 章 F[U]COMI[P]指令。

FCOMP 等指令实数比较后，若浮点状态寄存器 D_{14}（即 C_3）为 1 表示两比较实数相等，若 D_8（即 C_0）为 1 表示 st(0)小于另一比较实数，因此，要判断两实大小可用如表 6-5 和表 6-6 所示的方法。

表 6-5 .IF 伪指令判断 x 与 y 两数大小关系

浮点数比较后取状态寄存器值存 AX 再用.IF 伪指令判断	.IF 伪指令可用的条件表达式	表 示 意 义
FEQU=40H ;D_{14}（即 C_3）为 1 表示两比较实数相等	AH & FLESS	x<y
FLESS=1 ;D_8（即 C_0）为 1 表示 st(0)小于另一操作数	AH & FEQU	x==y
FLD x ;加载 x 到栈顶	AH &(FLESS or FEQU)	x<=y
FCOMP y ;x 与 y 比较，也可以用其他比较指令	!(AH &(FLESS or FEQU))	!(x<=y)即 x>y
fnstsw AX ;取浮点状态寄存器低 16 位值存 AX	!(AH & FEQU)	!(x==y)即 x!=y
.IF !(AH &(FLESS or FEQU));若!(x<=y)即 x>y…	!(AH & FLESS)	!(x<y)即 x>=y

表 6-6　无符号条件转移指令判断 x 与 y 两数大小关系

浮点数比较后，取状态寄存器值存 AX，再把 AH 值存 CPU 状态寄存器低 8 位，最后用无符号条件转移指令判断	无符号条件转移指令转相应目标位置	表 示 意 义
FLD　　x	JB/JNAE Below	x<y
FCOMP　y　;也可以用其他比较指令	JE/JZ Equal	x==y
fnstsw　AX　;取浮点状态寄存器低 16 位值存 AX	JBE/JNA BeloworEqual	x<=y
SAHF　　;把 AH 值存 CPU 状态寄存器低 8 位	JNBE/JA NotBeloworEqual	!(x<=y)即 x>y
JNBE NotBeloworEqual;若!(x<=y)即 x>y 转移	JNE/JNZ NotEqual	!(x==y)即 x!=y
;*不能用有符号条件转移指令判断 x 与 y 两数大小关系*	JNB/JAE NotBelow	!(x<y)即 x>=y

例 6-9　用 FCOMP 比较指令和.IF 伪指令实现两实数比较大小。

要实现两实数比较大小，先用 FCOMP 等实数比较指令进行比较运算之后，再通过“F[N]STSW AX/m16”指令将浮点状态寄存器中的状态值（条件编码）保存到 AX 寄存器或双字节存储空间中，然后再用.IF 伪指令对状态值进行判断并分别处理不同情况。

本例定义 QWORD 类型实数变量 x 和 y，调用 scanf 函数给 x 和 y 各输入一个实数；然后用 FLD 指令将 x 加载到栈顶，再 FCOM 指令实现跟变量 y 作比较运算；接着通过“F[N]STSW AX”指令将浮点状态寄存器中的状态值（条件编码）转存到 AX 寄存器中，再用.IF 伪指令判断是否有指定的条件编码并执行不同的程序，最后输出结果。

源程序如下：

```
.386                                    ;①选择的处理器
.model flat, stdcall                    ;②存储模型，Win32 程序只能用平展（flat）模型
option casemap:none                     ;③指明标识符大小写敏感
include     kernel32.inc                ;④要引用的头文件
includelib  kernel32.lib                ;要引用的库文件
includelib  msvcrt.lib                  ;引用 C 库文件
scanf PROTO C:DWORD,:vararg             ;C 语言的 scanf 函数原型声明
printf PROTO C:DWORD,:vararg            ;C 语言的 printf 函数原型声明
.data                                   ;⑤数据段
Infmt       BYTE     '%lf %lf',0        ;定义变量
Outfmt1     BYTE     '%g>%g',0
Outfmt2     BYTE     '%g<=%g',0
x           QWORD  ?
y           QWORD  ?
.code                                   ;⑥代码段
start:
invoke scanf,ADDR Infmt,ADDR x,ADDR y;输入浮点数 x 和 y 的值
FEQU=40H                                ;D14（即 C3）为 1 表示两比较实数相等（即 x==y）
FLESS=1                                 ;D8（即 C0）为 1 表示 st(0)小于另一操作数 y（即 x<y）
FLD      x                              ;加载 x 到栈顶
FCOMP    y                              ;x 与 y 比较，也可以用其他比较指令
fnstsw ax                               ;取浮点状态寄存器低 16 位值存 AX
.IF !(ah &(FLESS or FEQU))              ;若!(x<=y)即 x>y
invoke printf,ADDR Outfmt1,x,y          ;输出 x>y
.ELSE
invoke printf,ADDR Outfmt2,x,y          ;输出 x<=y
.ENDIF
```

```
invoke ExitProcess,0                ;退出进程，返回值为 0
end     start                       ;指明程序入口点 start
```

运行后输入：

```
2.1 3
```

则输出结果：

```
2.1<=3
```

运行后输入：

```
3.1 3.1
```

则输出结果：

```
3.1<=3.1
```

运行后输入：

```
4 3.1
```

则输出结果：

```
4>3.1
```

例 6-10　用 FCOMP 比较指令和条件转移指令中实现两实数比较大小。

本例实现原理如例 6-9，只是把.IF 伪指令改为用条件转移指令实现。

源程序如下：

```
.386                                    ;①选择的处理器
.model flat, stdcall                    ;②存储模型，Win32 程序只能用平展（flat）模型
option casemap:none                     ;③指明标识符大小写敏感
include     kernel32.inc                ;④要引用的头文件
includelib  kernel32.lib                ;要引用的库文件
includelib  msvcrt.lib                  ;引用 C 库文件
scanf PROTO C:DWORD,:vararg             ;C 语言的 scanf 函数原型声明
printf PROTO C:DWORD,:vararg            ;C 语言的 printf 函数原型声明
.data                                   ;⑤数据段
Infmt       BYTE    '%lf %lf',0         ;定义变量
Outfmt1     BYTE    '%g>%g',0
Outfmt2     BYTE    '%g<=%g',0
x           QWORD   ?
y           QWORD   ?
.code                                   ;⑥代码段
start:                                  ;定义标号 start
invoke scanf,ADDR Infmt,ADDR x,ADDR y;输入 x 和 y 的值
FLD         x                           ;加载 x 到栈顶
FCOMP       y                           ;x 与 y 比较，也可以用其他比较指令
fnstsw ax                               ;取浮点状态寄存器低 16 位值存 AX
SAHF                    ;把 AH 值存 CPU 状态寄存器低 8 位        Test ah,FEQU or FLESS
JBE         LESSEQU;若 x<=y 则转移到 LESSEQU        ←或→        JNE    LESSEQU
```

```
invoke printf,ADDR Outfmt1,x,y  ;输出 x>y
JMP        done
LESSEQU:
invoke printf,ADDR Outfmt2,x,y  ;输出 x<=y
done:
invoke ExitProcess,0            ;退出进程，返回值为 0
end    start                    ;指明程序入口点 start
```

6.6 散转程序设计

在汇编语言中经常会遇到根据不同的输入或运算结果转移到不同的程序模块执行，这就是散转程序。常用方法有用转移指令表实现散转程序和用转移地址表实现散转程序两种。

例 6-11 用转移地址表实现工资管理系统主菜单转各个功能模块执行。界面如下，运行后输入 0~3，显示执行了相应的模块。

工资管理系统

0 显示工资信息

1 增加工资信息

2 删除工资信息

3 修改工资信息

请输入 0~3 进行选择......

运行后输入：

```
1
```

则输出结果：

```
执行了增加工资信息
```

运行后输入：

```
3
```

则输出结果：

```
执行了修改工资信息
```

实现方法：首先将各模块入口地址即标号存于 pTab 表中，输入的模块序号 i 转存 ESI，再通过基址变址寻址方式(pTab[esi*4])取第 i 个标号（地址）作为转移目标实现转模块 i。

源程序如下：

```
.386                            ;①选择的处理器
.model flat, stdcall            ;②存储模型，Win32 程序只能用平展（flat）模型
option casemap:none             ;③指明标识符大小写敏感
include      kernel32.inc       ;④要引用的头文件
includelib   kernel32.lib       ;要引用的库文件
includelib   msvcrt.lib         ;引用 C 库文件
```

```
scanf PROTO C:DWORD,:vararg              ;C 语言的 scanf 函数原型声明
printf PROTO C:DWORD,:vararg             ;C 语言的 printf 函数原型声明
.data                                    ;⑤数据段
fmt     BYTE    '%d',0                   ;输入格式串
ft      BYTE    '%s',0                   ;输出格式串
s       BYTE    '工资管理系统',10,10,'0 显示工资信息',10,'1 增加工资信息',10,\    ;菜单信息
                '2 删除工资信息',10,'3 修改工资信息',10,10,'请输入 0~3 进行选择......',10,0
s0      BYTE    '执行了显示工资信息',10,0 ;以下是进入各模块后的提示信息
s1      BYTE    '执行了增加工资信息',10,0
s2      BYTE    '执行了删除工资信息',10,0
s3      BYTE    '执行了修改工资信息',10,0
i       DWORD   ?                        ;输入所选择的模块序号（0~3）
pTab    DWORD   Disp,Insert,Delete,Update ;各模块入口地址（标号）表
.code                                    ;⑥代码段
start:                                   ;定义标号 start
invoke printf,ADDR ft,ADDR s             ;输入模块序号 i 的值
invoke scanf,ADDR fmt,ADDR i             ;输入所选择的模块序号 i 的值
mov esi,i                                ;模块序号 i 的值转存变址寄存器 esi
JMP pTab[esi*4]                          ;取第 i 个标号作为转移目标实现转移到第 i 模块
Disp:
invoke printf,ADDR ft,ADDR s0            ;第 0 模块执行的内容
JMP Done
Insert:
invoke printf,ADDR ft,ADDR s1            ;第 1 模块执行的内容
JMP Done
Delete:
invoke printf,ADDR ft,ADDR s2            ;第 2 模块执行的内容
JMP Done
Update:
invoke printf,ADDR ft,ADDR s3            ;第 3 模块执行的内容
Done:
invoke ExitProcess,0                     ;退出进程，返回值为 0
end     start                            ;指明程序入口点 start
```

例 6-12 用转移指令表实现工资管理系统主菜单转各个功能模块执行。界面和功能如例 6-11。

运行后输入：

```
1
```

则输出结果：

```
执行了增加工资信息
```

运行后输入：

```
3
```

则输出结果：

```
执行了修改工资信息
```

实现方法：首先将转移到各模块的转移指令集中于转移指令表 JTab 中；然后输入要执行的模块序号 i，将 i 左移 1 位（即乘 2），因为每条转移指令的机器码都是 2 字节，所以第

i 条转移指令的地址是 JTab+2*i，将该地址存 EBX；执行“JMP ebx”指令就可转第 i 条转移指令去执行，通过第 i 条转移指令转移到模块 i。

源程序如下：

```
.386                                  ;①选择的处理器
.model flat, stdcall                  ;②存储模型，Win32 程序只能用平展（flat）模型
option casemap:none                   ;③指明标识符大小写敏感
include     kernel32.inc              ;④要引用的头文件
includelib  kernel32.lib              ;要引用的库文件
includelib  msvcrt.lib                ;引用 C 库文件
scanf PROTO C:DWORD,:vararg           ;C 语言的 scanf 函数原型声明
printf PROTO C:DWORD,:vararg          ;C 语言的 printf 函数原型声明
.data                                 ;⑤数据段
fmt    BYTE     '%d',0                ;输入格式串
ft     BYTE     '%s',0                ;输出格式串
s BYTE    '工资管理系统',10,10,'0 显示工资信息',10,'1 增加工资信息',10,\    ;菜单信息
          '2 删除工资信息',10,'3 修改工资信息',10,10,'请输入 0~3 进行选择......',10,0
s0     BYTE     '执行了显示工资信息',10,0 ;以下是进入各模块后的提示信息
s1     BYTE     '执行了增加工资信息',10,0
s2     BYTE     '执行了删除工资信息',10,0
s3     BYTE     '执行了修改工资信息',10,0
i DWORD  ?                            ;输入所选择的模块序号（0~3）
.code                                 ;⑥代码段
start:                                ;定义标号 start
invoke printf,ADDR ft,ADDR s          ;输入模块序号 i 的值
invoke scanf,ADDR fmt,ADDR i          ;输入所选择的模块序号 i 的值
shl i,1                           ;模块序号 i 的值左移 1 位（即乘 2），因 JMP 机器码两字节
mov ebx,offset JTab                   ;取转移指令表首地址
add ebx,i                             ;JTab+2*i 存 ebx
JMP ebx                               ;以 JTab+2*i 作为转移目标实现转移到第 i 个转移指令
JTab:
JMP Disp
JMP Insert
JMP Delete
JMP Update
Disp:
invoke printf,ADDR ft,ADDR s0         ;第 0 模块执行的内容
JMP Done
Insert:
invoke printf,ADDR ft,ADDR s1         ;第 1 模块执行的内容
JMP Done
Delete:
invoke printf,ADDR ft,ADDR s2         ;第 2 模块执行的内容
JMP Done
Update:
invoke printf,ADDR ft,ADDR s3         ;第 3 模块执行的内容
Done:
invoke ExitProcess,0                  ;退出进程，返回值为 0
end    start                          ;指明程序入口点 start
```

例 6-13 用转移地址表实现输入一个分数（0~100 的整数），输出相应的成绩等级。分数与成绩等级对应关系分别为 90~100 分为优秀，80~89 为良好，70~79 为中，60~69 为及

格，0~59 为不及格。

各分数段取值个数较多，无法逐个列举，但将分数除 10 取整后个数就少了，且不交叉，这样可以构造一个映射关系，即

90~100/10←→9,10←→优秀
80~89/10←→8←→良好
70~79/10←→7←→中
60~69/10←→6←→及格
0~59/10←→0,1,2,3,4,5←→不及格

这样可以构造一个地址表，其中 0~5 用相同的地址（L0），6~8 各用一个地址（L6、L7、L8），9~10 用相同的地址（L9），因此，地址为 L0,L0,L0,L0,L0,L0,L6,L7,L8,L9,L9。

源程序如下：

```
.386                                  ;①选择的处理器
.model flat, stdcall                  ;②存储模型，Win32 程序只能用平展（flat）模型
option casemap:none                   ;③指明标识符大小写敏感
include     kernel32.inc              ;④要引用的头文件
includelib  kernel32.lib              ;要引用的库文件
includelib  msvcrt.lib                ;引用 C 库文件
scanf PROTO C:DWORD,:vararg           ;C 语言的 scanf 函数原型声明
printf PROTO C:DWORD,:vararg          ;C 语言的 printf 函数原型声明
.data                                 ;⑤数据段
fmt   BYTE   '%d',0                   ;输入格式串
ft    BYTE   '%s',0                   ;输出格式串
s0    BYTE   '不及格',0               ;以下是进入各模块后的提示信息
s1    BYTE   '及格',0
s2    BYTE   '中',0
s3    BYTE   '良好 ',0
s4    BYTE   '优秀',0
x DWORD  ?                            ;分数 x/10 作为模块序号 i=0~10
pTab  DWORD  L0,L0,L0,L0,L0,L0,L6,L7,L8,L9,L9  ;各模块入口地址（标号）表
.code                                 ;⑥代码段
start:                                ;定义标号 start
invoke scanf,ADDR fmt,ADDR x          ;输入分数
mov eax,x                        ;分数 x 的值转存 eax，以便 AAM 除 10 取整将分数转模块序号 i
AAM                                   ;AH←AL/10（商,十位数），AL←AL%10（余数,个位数）
shr eax,8                             ;右移 8 位，将 AL 中个位数（余数）移出
JMP pTab[eax*4]                       ;取第 i 个标号作为转移目标实现转移到第 i 模块
L0:
invoke printf,ADDR ft,ADDR s0         ;输出成绩等级：不及格
JMP Done
L6:
invoke printf,ADDR ft,ADDR s1         ;输出成绩等级：及格
JMP Done
L7:
invoke printf,ADDR ft,ADDR s2         ;输出成绩等级：中
JMP Done
L8:
invoke printf,ADDR ft,ADDR s3         ;输出成绩等级：良好
L9:
```

```
invoke printf,ADDR ft,ADDR s4  ;输出成绩等级：优秀
Done:
invoke ExitProcess,0           ;退出进程，返回值为 0
end     start                  ;指明程序入口点 start
```

运行后输入：

```
95
```

则输出结果：

```
优秀
```

运行后输入：

```
65
```

则输出结果：

```
及格
```

散转程序设计思想也可以用在数据处理上，根据不同的输入或运算结果取不同的数据执行。

例 6-14 实现输入一个分数（0~100 的整数），输出相应的成绩等级。分数与成绩等级对应关系分别为 90~100 分为 A，80~89 为 B，70~79 为 C，60~69 为 D，0~59 为 E。

各分数段取值个数较多，将分数除 10 取整后个数就少了，且不交叉，这样可以构造一个映射关系，即

90~100/10←→9,10←→A

80~89/10←→8←→B

70~79/10←→7←→C

60~69/10←→6←→D

0~59/10←→0,1,2,3,4,5←→E

用字符串'EEEEEEDCBAA'即可实现这个映射关系，元素下标与对应的元素即满足这个映射关系。

源程序如下：

```
.386                               ;①选择的处理器
.model flat, stdcall               ;②存储模型，Win32 程序只能用平展（flat）模型
option casemap:none                ;③指明标识符大小写敏感
include     kernel32.inc           ;④要引用的头文件
includelib  kernel32.lib           ;要引用的库文件
includelib  msvcrt.lib             ;引用 C 库文件
scanf PROTO C:DWORD,:vararg        ;C 语言的 scanf 函数原型声明
printf PROTO C:DWORD,:vararg       ;C 语言的 printf 函数原型声明
.data                              ;⑤数据段
fmt    BYTE      '%d',0            ;输入格式串
ft     BYTE      '%c',0            ;输出格式串
s      BYTE      'EEEEEEDCBAA',0
```

```
x       DWORD  ?                    ;分数 x/10 作为字符串元素下标 i=0~10
.code                               ;⑥代码段
start:                              ;定义标号 start
invoke scanf,ADDR fmt,ADDR x        ;输入分数 x 的值
mov eax,x                           ;分数 x 的值转存 eax，以便 AAM 除 10 取整，分数转元素下标 i
AAM                                 ;AH←AL/10（商,十位数），AL←AL%10（余数，个位数）
shr eax,8                           ;右移 8 位，将 AL 中个位数（余数）移出
movzx eax,s[eax]                    ;取 s[x/10]=s[i]即成绩等级存 eax，高 24 以 0 填充
invoke printf,ADDR ft,eax           ;输出成绩等级
invoke ExitProcess,0                ;退出进程，返回值为 0
end     start                       ;指明程序入口点 start
```

运行后输入：

```
95
```

则输出结果：

```
A
```

运行后输入：

```
65
```

则输出结果：

```
D
```

习题 6

6-1 求一元二次方程 $ax^2+bx+c=0$ 的解，键盘输入实数 a、b 和 c 的值，输出方程的两个根。

$$\frac{-b \pm \sqrt{b^2 - 4ac}}{2a}$$

运行后输入：

```
1 -5 6
```

则输出结果：

```
方程有两个不等实根：2、3
```

运行后输入：

```
1 2 1
```

则输出结果：

```
方程有两个相等实根：-1
```

运行后输入：

```
1 2 2
```

则输出结果：

```
方程无解
```

6-2 输入一个整数，判断能否被 3、5 和 7 整除。具体情况如下：

（1）若同时能被 3、5 和 7 整除输出 357。
（2）若同时能被 3 和 5 整除输出 35。
（3）若同时能被 3 和 7 整除输出 37。
（4）若同时能被 5 和 7 整除输出 57。
（5）若只能被 3 整除输出 3。
（6）若只能被 5 整除输出 5。
（7）若只能被 7 整除输出 7。
（8）若都不整除，则不输出信息。

运行后输入：

```
105
```

则输出结果：

```
357
```

运行后输入：

```
15
```

则输出结果：

```
35
```

运行后输入：

```
14
```

则输出结果：

```
7
```

运行后输入：

```
121
```

则输出结果：

```
（没有输出）
```

6-3 输入三角形三点坐标，求相应三角形的面积，若不成三角形，则输出“错”。
运行后输入：

```
0 0   0.3 0   0.1 0
```

则输出结果：

```
错
```

运行后输入：

```
0 0 507 0 999.4 0
```

则输出结果：

```
错
```

运行后输入：

```
0 0   300 0   0 400
```

则输出结果：

```
60000
```

6-4 编写一段程序，完成下面计算公式，其中：变量 x 和 y 都是 REAL8 类型，结果保留两位小数。

$$y=\begin{cases}\sin x, & x<-1\\ 2*x, & -1\leqslant x\leqslant 1\\ \cos x, & x>1\end{cases}$$

运行后输入：

```
-2.0
```

则输出结果：

```
-0.91
```

运行后输入：

```
0.52
```

则输出结果：

```
1.04
```

运行后输入：

```
2.0
```

则输出结果：

```
-0.42
```

6-5 编写一段程序，完成下面计算公式，其中：变量 x 和 y 都是 REAL8 类型，结果保留两位小数。

$$y=\begin{cases}\dfrac{3+\sqrt{|x|+2}}{e^{2x}+1} & ,x<1\\ \lg x & ,1\leqslant x<4.5\\ \lfloor x\rfloor & ,x\geqslant 4.5\end{cases}$$

提示： e^x=2^(x$\log_2$e)

运行后输入：

```
0
```

则输出结果：

```
2.20711
```

运行后输入：

```
2
```

则输出结果：

```
0.30103
```

运行后输入：

```
4.99
```

则输出结果：

```
4
```

6-6 企业发放奖金根据利润提成。利润 I 低于 10000 元的，奖金可提 10%；利润高于（或等于）10000 元，低于 20000 元（10000<I≤20000）时，低于 10000 元部分按 10%提成，高于 10000 元部分按 7.5%提成；利润高于 20000 元，低于 40000 元（20000<I≤40000）时，低于 20000 元部分仍按上述办法提成，高于 20000 元部分按 5%提成；40000<I≤60000 时，高于 40000 元部分按 3%提成；60000<I≤100000 时，高于 60000 元部分按 1.5%提成；I>100000 时，超过 100000 元部分按 1%提成。从键盘输入利润 I，计算并输出应发奖金额。

运行后输入：

```
110000
```

则输出结果：

```
4050
```

6-7 十二地支：子（zǐ）、丑（chǒu）、寅（yín）、卯（mǎo）、辰（chén）、巳（sì）、午（wǔ）、未（wèi）、申（shēn）、酉（yǒu）、戌（xū）、亥（hài），对应十二生肖：鼠、牛、虎、兔、龙、蛇、马、羊、猴、鸡、狗、猪。已知 1996 年是鼠年，1997 年是牛年，依此类推，现要求输入任意一个年份，输出相应的地支和生肖。

运行后输入：

```
1996
```

则输出结果：

```
子（zǐ）->鼠
```

运行后输入：

```
2015
```

则输出结果：

```
未（wèi）->羊
```

6-8　已知 2015 年 01 月 01 日为星期四，求该月份任一日期是星期几。
运行后输入：

```
4
```

则输出结果：

```
星期日
```

运行后输入：

```
31
```

则输出结果：

```
星期六
```

6-9　已知 1980 年 01 月 01 日为星期二，求该日期之后 2100 年前任意一个日期是星期几。
运行后输入：

```
2016-01-03
```

则输出结果：

```
2016 年 01 月 03 日是星期日
```

运行后输入：

```
31
```

则输出结果：

```
2015 年 01 月 31 日是星期六
```

第 7 章

循环结构程序设计

本章主要介绍循环结构程序设计实现方法，包括.while 和.repeat 伪指令实现循环程序设计、LOOP 和 JECXZ 指令实现循环程序设计、LOOP 指令存在的问题等。通过本章的学习，读者应该完成以下学习目标：

（1）掌握.while 循环伪指令实现循环程序设计。

（2）掌握.repeat 重复伪指令实现循环程序设计。

（3）了解.break 和.continue 伪指令在循环程序中的作用。

（4）掌握 LOOP 和 JECXZ 循环指令实现循环程序设计。

（5）了解 LOOP 和 JECXZ 循环指令存在的问题及解决方法。

7.1 当循环伪指令.while

汇编语言的循环结构程序设计可以通过循环伪指令实现，也可以通过循环指令或转移指令实现。循环伪指令汇编后转换成相应的循环指令或转移指令。

汇编语言.while 循环伪指令可以根据条件表达式的真假来控制循环体内容是否继续重复执行，语法格式如下：

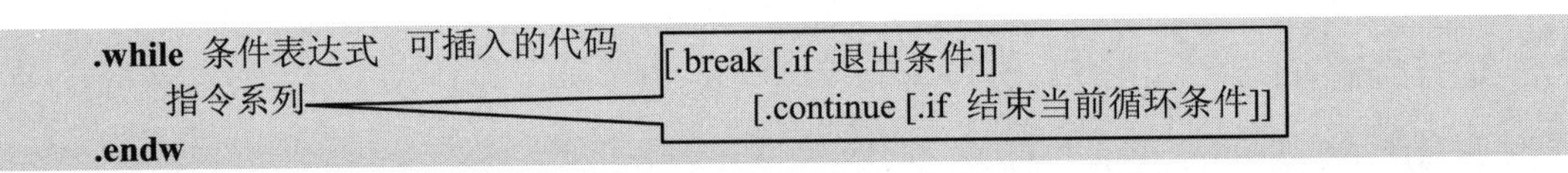

.while 伪指令的特点是先判断后执行，主要用于循环次数不确定的情况。类似 C 语言，条件表达式也是 0 为假，非 0 为真。程序执行到.while 循环时，先计算并判断条件的值是否为真，当条件的值为真时，则执行循环体中的指令，然后返回去重新计算并判断条件的值，直到条件的值为假时，结束.while 循环体中指令的执行，并转后续指令执行。

例 7-1 用.while 伪指令实现求 s=1+2+…+n（n 由键盘输入的正整数）。

要将 n 个数累加，可设置一个累加和寄存器 EAX（初值为 0）和一个循环计数器 ECX（初值为 1，每循环一次值加 1），重复累加 n 次，每次加 ECX 的值，因第 ECX 次要累加的值恰好为 ECX，所以可用 EAX←EAX+ECX，循环 n 次实现 1+2+…+n 的累加和。

源程序如下：

```
.386                          ;①选择的处理器
.model flat, stdcall          ;②存储模型，Win32 程序只能用平展（flat）模型
option casemap:none           ;③指明标识符大小写敏感
include     kernel32.inc      ;④要引用的头文件
```

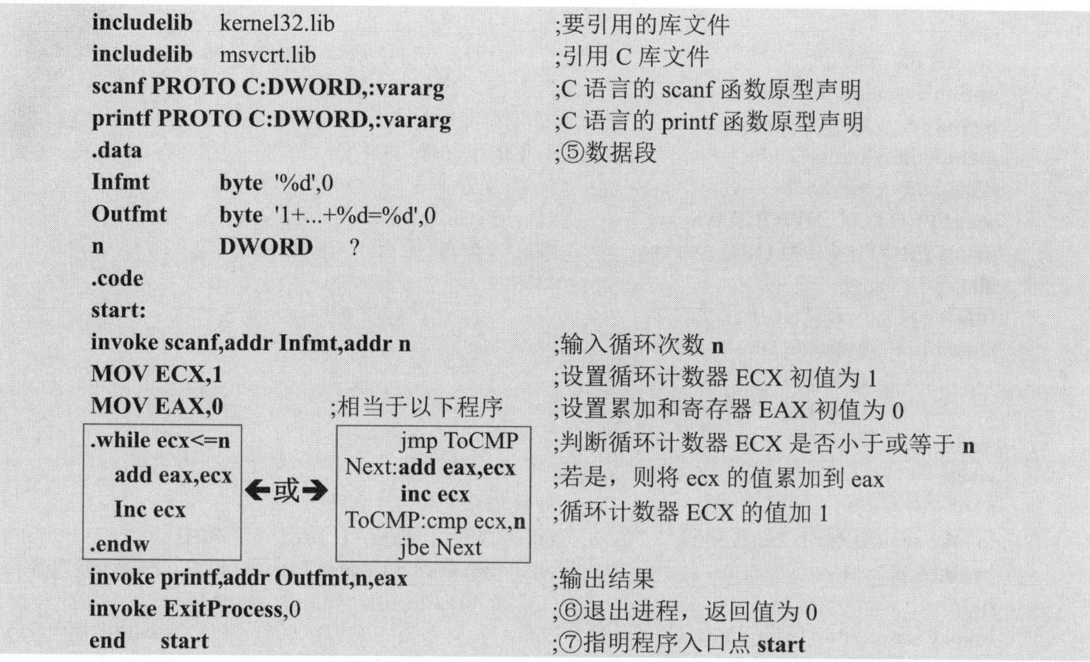

```
includelib  kernel32.lib                      ;要引用的库文件
includelib  msvcrt.lib                        ;引用 C 库文件
scanf PROTO C:DWORD,:vararg                   ;C 语言的 scanf 函数原型声明
printf PROTO C:DWORD,:vararg                  ;C 语言的 printf 函数原型声明
.data                                         ;⑤数据段
Infmt       byte '%d',0
Outfmt      byte '1+...+%d=%d',0
n           DWORD   ?
.code
start:
invoke scanf,addr Infmt,addr n                ;输入循环次数 n
MOV ECX,1                                     ;设置循环计数器 ECX 初值为 1
MOV EAX,0          ;相当于以下程序            ;设置累加和寄存器 EAX 初值为 0
.while ecx<=n              jmp ToCMP          ;判断循环计数器 ECX 是否小于或等于 n
   add eax,ecx   ←或→  Next:add eax,ecx       ;若是，则将 ecx 的值累加到 eax
   Inc ecx                 inc ecx            ;循环计数器 ECX 的值加 1
.endw                  ToCMP:cmp ecx,n
                           jbe Next
invoke printf,addr Outfmt,n,eax               ;输出结果
invoke ExitProcess,0                          ;⑥退出进程，返回值为 0
end     start                                 ;⑦指明程序入口点 start
```

运行后输入：

```
100
```

则结果输出：

```
1+…+100=5050
```

例 7-2 用.while 伪指令实现求若干实数和（控制台中运行以 Ctrl+Z 作为输入结束标志）。

要求若干实数和，意味着要用循环实现，同时，又由于不限定输入数据的个数，意味着要根据 scanf 函数是否有输入来决定是否继续循环，这就要根据 scanf 函数的返回值来判断是否有输入。在汇编语言中，scanf 函数的返回值通过 EAX 寄存器来获得。执行完 scanf 函数后，若 EAX=n（n 为正整数），表示 scanf 函数接受了 n 个数据的输入；若 EAX=-1，表示 scanf 函数没有读到数据。在 C 语言中，可以通过如下代码来完成输入若干个数据。

```
while(scanf("%lf",&x)==1)
{
    s=s+x;
}
```

为了便于理解和更接近汇编语言的表示形式，可以将以上程序做一些改进，如下：

```
EAX=scanf("%lf",&x);
while(EAX==1)
{
    s=s+x;
    EAX=scanf("%lf",&x);
}
```

改成汇编语言源程序如下：

```
.386                                    ;①选择的处理器
.model flat, stdcall                    ;②存储模型，Win32 程序只能用平展（flat）模型
option casemap:none                     ;③指明标识符大小写敏感
include     kernel32.inc                ;④要引用的头文件
includelib  kernel32.lib                ;要引用的库文件
includelib  msvcrt.lib                  ;引用 C 库文件
scanf PROTO C:DWORD,:vararg             ;C 语言的 scanf 函数原型声明
printf PROTO C:DWORD,:vararg            ;C 语言的 printf 函数原型声明
.data                                   ;⑤数据段
Infmt       byte '%lf',0
Outfmt      byte '%g',0
x           QWORD    ?
s           QWORD    0.0
.code
start:
FLD s                                   ;加载累加和初值 0.0 到栈顶
invoke scanf,addr Infmt,addr x          ;scanf 函数的返回值存于 EAX 寄存器中
.while EAX==1                           ;若读到一个数据（EAX==1），则执行以下循环体内容
fadd x                                  ;x 值累加到栈顶 st(0)，相当于 s=s+x
invoke scanf,addr Infmt,addr x   ;再读一数据，为下一循环累加作准备，EAX=scanf("%lf",&x)
.endw
FSTP s                                  ;将累加结果保存于变量 s 中
invoke printf,addr Outfmt,s             ;输出结果
invoke ExitProcess,0                    ;⑥退出进程，返回值为 0
end     start                           ;⑦指明程序入口点 start
```

运行后输入：

```
1.2        3.4        5.6
```

则输出结果：

```
10.2
```

7.2 重复伪指令.repeat

.repeat 重复伪指令也是能让程序重复执行多次的指令，语法格式有以下两种。

格式一：

```
  .repeat                 可插入的代码   [.break [.if 退出条件]]
     指令系列 ——————————————————————————  [.continue [.if 结束当前循环条件]]
.until 条件表达式
```

格式二：

```
  .repeat                 可插入的代码   [.break [.if 退出条件]]
     指令系列 ——————————————————————————  [.continue [.if 结束当前循环条件]]
.untilcxz [条件表达式]
```

.repeat 重复伪指令的特点是先执行后判断，主要用于循环次数不确定且至少要求执行

一次的情况。程序执行到.repeat 循环时，首先执行一遍循环体中的指令，然后计算并判断条件表达式的值是否为真，直到条件表达式的值为真时，才退出循环；否则返回.repeat 伪指令处重新执行循环。

格式二退出条件改为“.untilcxz [条件表达式]”，表示以 ECX（不是 CX）作为循环计数器，每执行一次.untilcxz，循环计数器 ECX 自动减 1，直到 ECX 的值为 0 或条件表达式的值为真时，才退出循环；否则返回.repeat 伪指令处重新执行循环。若格式二省略“[条件表达式]”，则仅以 ECX 回 0 作为退出条件。

格式一和格式二表面上相似，但本质上不同，.until 汇编后转换成相应的条件转移指令；而.untilcxz 汇编后转换成 LOOP 指令，用 ECX 作计数器，循环体不能超过 128 字节。

例 7-3　用.repeat 伪指令实现求 s=1+2+⋯+n（n 由键盘输入的正整数）。

要将 n 个数累加，可设置一个累加和寄存器 EAX（初值为 0）和一个循环计数器 ECX（初值为 n，每循环一次值减 1），重复累加 n 次，每次加 ECX 的值，EAX←EAX+ECX，循环 n 次实现 n+(n−1)+⋯+1 的累加和。

源程序如下：

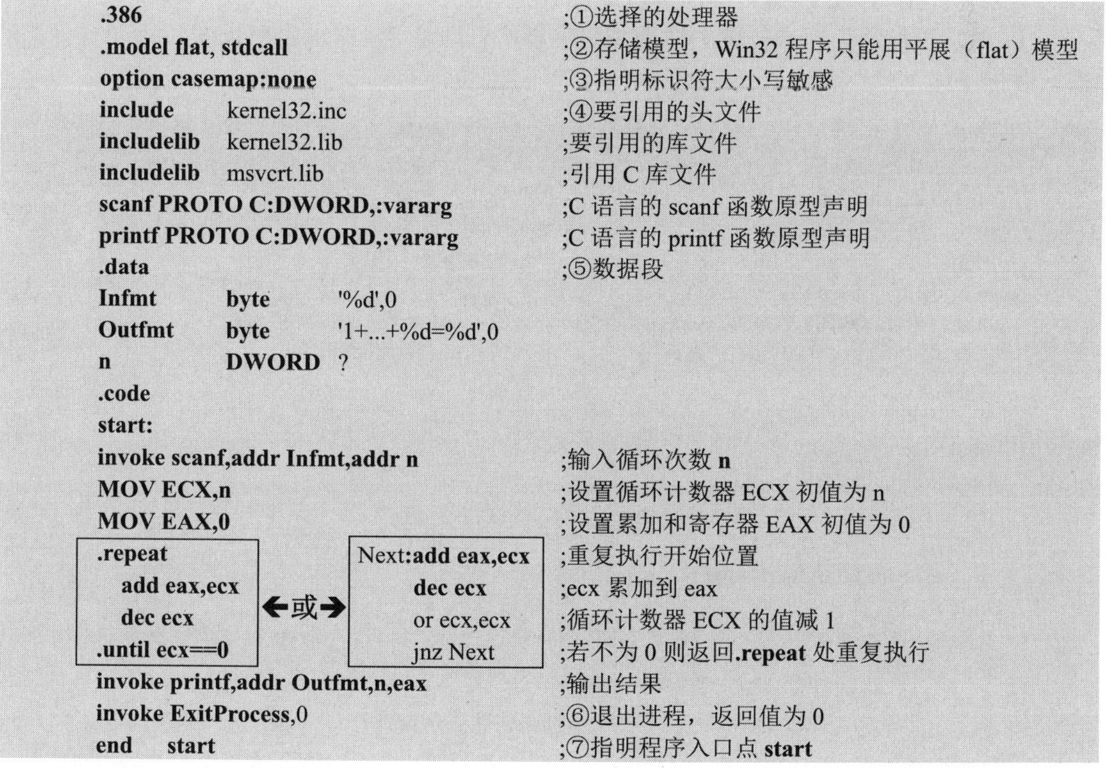

```
.386                                    ;①选择的处理器
.model flat, stdcall                    ;②存储模型，Win32 程序只能用平展（flat）模型
option casemap:none                     ;③指明标识符大小写敏感
include     kernel32.inc                ;④要引用的头文件
includelib  kernel32.lib                ;要引用的库文件
includelib  msvcrt.lib                  ;引用 C 库文件
scanf PROTO C:DWORD,:vararg             ;C 语言的 scanf 函数原型声明
printf PROTO C:DWORD,:vararg            ;C 语言的 printf 函数原型声明
.data                                   ;⑤数据段
Infmt       byte    '%d',0
Outfmt      byte    '1+...+%d=%d',0
n           DWORD   ?
.code
start:
invoke scanf,addr Infmt,addr n          ;输入循环次数 n
MOV ECX,n                               ;设置循环计数器 ECX 初值为 n
MOV EAX,0                               ;设置累加和寄存器 EAX 初值为 0
.repeat              Next:add eax,ecx   ;重复执行开始位置
   add eax,ecx            dec ecx       ;ecx 累加到 eax
   dec ecx      ←或→      or ecx,ecx    ;循环计数器 ECX 的值减 1
.until ecx==0             jnz Next      ;若不为 0 则返回.repeat 处重复执行
invoke printf,addr Outfmt,n,eax         ;输出结果
invoke ExitProcess,0                    ;⑥退出进程，返回值为 0
end     start                           ;⑦指明程序入口点 start
```

运行后输入：

```
100
```

则输出结果：

```
5050
```

以上程序中从.repeat 到.until ecx==0 部分改成以下程序，运行结果相同。

```
.repeat                  Next:                ;重复执行开始位置
   add eax,ecx  ←或→        add eax,ecx       ;先执行 ecx 累加到 eax，后判断退出条件
.untilcxz                   LOOP Next         ;ECX 的值减 1，若不为 0 则返回.repeat 处重复执行
```

以上这左边 3 行代码等价于右边 3 行代码（LOOP 指令详见后续章节）。

例 7-4 输入一字符串，用.Repeat/.Untilcxz 伪指令实现求字符串长度。

求串长度本质上是查找字符串结束标志即数值 0，除了可以用之前所介绍的 scas 指令外，还可以使用循环指令实现。在初始时用变址寄存器 edi 指向目的串 S 的前一字符即 S-1，用 AL 寄存器保存要查找的数值 0，用 ecx 寄存器保存要比较的字符个数，用.repeat 伪指令实现重复比较，直到目的数据与 AL 的值相等或比较完（ecx=0），再根据退出时 edi 的值（地址）与目的串的首地址之差值求出串长度。实现步骤如下：

① 定义目的串变量 S 用于存要扫描的目标串，并调用 scanf 函数给它输入一字符串。

② 让 AL 寄存器保存要扫描的数值 0，让变址寄存器 edi 指向目的串 S 的前一字符即 S-1，让 ecx 保存要比较的次数 80。

③ 执行.repeat 伪指令实现用 AL 的值与 edi 指向的目的串 S 重复比较 ecx 次，直到在目的串 S 中找到与 AL 的值相等的字符或比较完（ecx=0）。

④ 用字符串结束标志位置的地址减去字符串首地址 S，即求出串长度。

源程序如下：

```
.386                                        ;①选择的处理器
.model flat,stdcall                         ;②存储模型，Win32 程序只能用平展（flat）模型
option casemap:none                         ;③指明标识符大小写敏感
include     kernel32.inc                    ;④要引用的头文件
includelib  kernel32.lib                    ;要引用的库文件
includelib  msvcrt.lib                      ;引用 C 库文件
scanf PROTO C:DWORD,:vararg                 ;C 语言的 scanf 函数原型声明
printf PROTO C:DWORD,:vararg                ;C 语言的 printf 函数原型声明
.data                                       ;⑤数据段
S       db    80 Dup(0)
fmt1    db    '%s',0
fmt2    db    '%d',0
.code                                       ;⑥代码段
start:                                      ;⑦定义标号 start
invoke scanf,addr fmt1,addr S               ;输入串
mov AL,0                                    ;让 AL 的值为 0
lea edi,S-1                   ;让 edi 指向目的串 S 的前一字符，因.repeat 循环至少要执行一次
mov ecx,80                                  ;让 ecx 保存要取串长度为 80 字节
.repeat
INC edi
.untilcxz [edi]==AL           ;直到 AL 与 edi 指定的目的串 S 中的字符相等或 ECX=0 退出
lea eax,S                                   ;取退出时 edi 所指向的字符（结束标志）的地址
Sub edi,eax                                 ;地址差值即为串长度
invoke printf,addr fmt2,edi                 ;输出串长度
invoke ExitProcess,0                        ;⑧退出进程，返回值为 0
end     start                               ;⑨指明程序入口点 start
```

运行若输入：

```
abc
```

输出运行结果：

```
3
```

7.3　退出伪指令.break

在汇编语言的循环体中，也有类似 C 语言的 break 和 continue 语句，只是表现形式略有不同。

在循环体中执行到.break 伪指令时，将强制退出循环，若.break 伪指令后面跟一个.if 测试伪指令，则测试条件为真时才退出循环。

.break 伪指令一次只能退出一层循环。

7.4　短路伪指令.continue

在循环体中执行到.continue 伪指令，将结束当前循环，直接进入下一次循环的判断。若.continue 伪指令后面跟一个.if 测试伪指令，则测试条件为真时才执行.continue 伪指令。

例 7-5　分析以下程序运行结果。

在 C 语言中用“%”运算符求余，在汇编语言中用 IDIV 或 DIV 求余，结果保存在 EDX 中。

源程序如下：

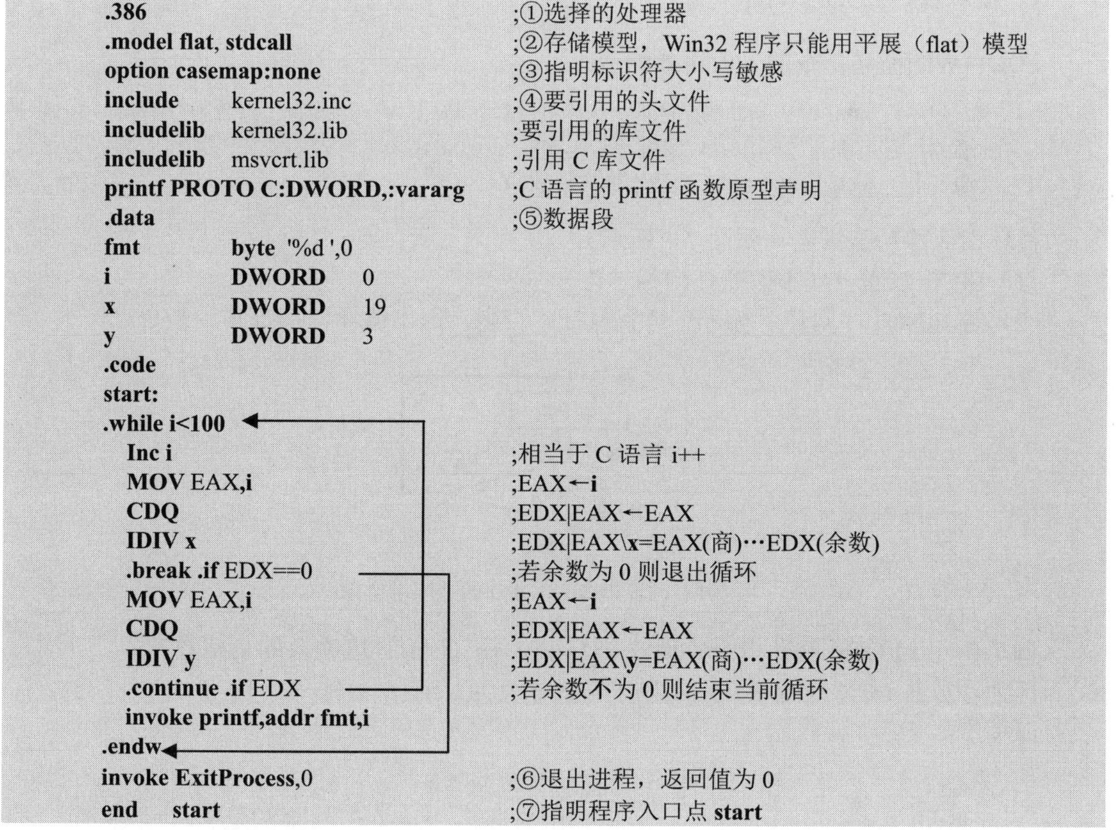

```
.386                                    ;①选择的处理器
.model flat, stdcall                    ;②存储模型，Win32 程序只能用平展（flat）模型
option casemap:none                     ;③指明标识符大小写敏感
include       kernel32.inc              ;④要引用的头文件
includelib    kernel32.lib              ;要引用的库文件
includelib    msvcrt.lib                ;引用 C 库文件
printf PROTO C:DWORD,:vararg            ;C 语言的 printf 函数原型声明
.data                                   ;⑤数据段
fmt           byte  '%d ',0
i             DWORD     0
x             DWORD     19
y             DWORD     3
.code
start:
.while i<100
   Inc i                                ;相当于 C 语言 i++
   MOV EAX,i                            ;EAX←i
   CDQ                                  ;EDX|EAX←EAX
   IDIV x                               ;EDX|EAX\x=EAX(商)…EDX(余数)
   .break .if EDX==0                    ;若余数为 0 则退出循环
   MOV EAX,i                            ;EAX←i
   CDQ                                  ;EDX|EAX←EAX
   IDIV y                               ;EDX|EAX\y=EAX(商)…EDX(余数)
   .continue .if EDX                    ;若余数不为 0 则结束当前循环
   invoke printf,addr fmt,i
.endw
invoke ExitProcess,0                    ;⑥退出进程，返回值为 0
end     start                           ;⑦指明程序入口点 start
```

则输出结果：

```
3 6 9 12 15 18
```

7.5 循环指令 LOOP

汇编语言提供了多种 LOOP（Loop According to ECX Counter）循环指令，其循环次数保存在循环计数器 ECX 中（若 16 位则 CX，下同），每执行一次循环指令，ECX 值自动减 1，然后判断 ECX 是否为零以决定是否退出循环。因此，最多可循环 4294967296 即 2^{32} 次（ECX 初值为 0，因为 0 减 1 后等于 $2^{32}-1$，还要再执行 $2^{32}-1$ 次，所以共执行 2^{32} 次）。执行 LOOP[N][EZ]循环指令时，标志位 ZF 也能决定是否提前退出循环。

LOOP[N][EZ][WD]循环指令都是先执行后判断的，当满足终止循环条件时，就退出循环，执行循环指令后面的指令，否则，重新循环体的执行。

注意

① 循环指令虽执行 ECX 值自动减 1，但不影响任何标志位，因此可用于实现多字节加减运算，而.while 等循环则不行，因其循环计数器值是用减法指令实现，会影响进位/借位。

② 用 LOOP/JECXZ 指令（若 16 位则 JCXZ 指令）实现循环，其循环体所有指令的机器码不能超过 128 字节，否则要用条件转移指令来实现循环。

1. 循环指令 LOOP[WD]

LOOP[WD]循环指令的一般格式如下：

```
LOOP     标号     ;16 位环境以 CX 作为循环计数器，32 位环境以 ECX 作为循环计数器
LOOPW    标号     ;以 CX 作为循环计数器，80386+
LOOPD    标号     ;以 ECX 作为循环计数器，80386+
```

循环指令的功能描述（如图 7-1 所示）：

（1）ECX=ECX-1（不改变任何标志位）。

（2）若 ECX≠0，则转“标号”位置执行；否则，退出循环，执行其后指令。

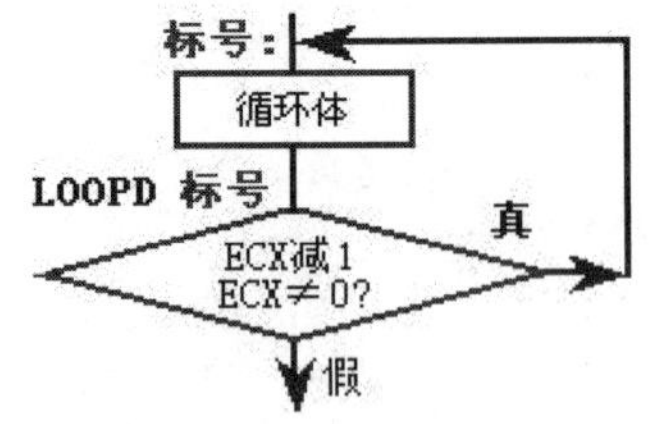

图 7-1　循环指令 LOOPD 的功能示意图

例 7-6　用 LOOP 循环指令实现求 s=1+2+…+n（n 由键盘输入的正整数）。

因为计数器 ECX 只能递减，所以求和顺序变为：n+(n−1)+…+2+1。

源程序如下：

```
.386                          ;①选择的处理器
.model flat, stdcall          ;②存储模型，Win32 程序只能用平展（flat）模型
```

```
option casemap:none                    ;③指明标识符大小写敏感
include      kernel32.inc              ;④要引用的头文件
includelib   kernel32.lib              ;要引用的库文件
includelib   msvcrt.lib                ;引用 C 库文件
scanf PROTO C:DWORD,:vararg            ;C 语言的 scanf 函数原型声明
printf PROTO C:DWORD,:vararg           ;C 语言的 printf 函数原型声明
.data                                  ;⑤数据段
Infmt        byte '%d',0
Outfmt       byte '1+…+%d=%d',0
n            DWORD    ?
.code
start:
invoke scanf,addr Infmt,addr n
MOV ECX,n                              ;设置循环计数器 ECX 初值为 n
MOV EAX,0                              ;设置累加和寄存器 EAX 初值为 0
again:
add eax,ecx                            ;ecx 累加到 eax
LOOP      again                   ;若 ECX 减 1 后 ECX≠0，则转向 again 处执行，否则退出循环
invoke printf,addr Outfmt,n,eax        ;输出结果
invoke ExitProcess,0                   ;⑥退出进程，返回值为 0
end    start                           ;⑦指明程序入口点 start
```

运行后输入：

```
100
```

则输出结果：

```
1+…+100=5050
```

当然，求和部分也可以不用循环计数器进行累加，增加一个计数器，这样，求和式子就仍为：1+2+…+n，代码如下：

```
MOV ECX,n
MOV EAX,0
MOV EBX,1                         ;增加一个 EBX 计数器，初值为 1
again:
ADD   EAX,EBX                     ;EBX 累加到 EAX
INC   EBX                         ;EBX 计数器加 1
LOOPD      again                  ;若 ECX 减 1 后 ECX≠0，则转向 again 处执行，否则退出循环
```

例 7-7　用 Loop 循环指令实现 C 语言中嵌入汇编指令给数组 a[40]赋初值 1。

源程序如下：

```
#include "stdio.h"
void main()
{
int a[40]={0},i;
    __asm
    {//用 Loop 循环的方法实现，其他实现方法见 rep stosd 指令相关章节
        lea edi,a                 ;数组 a 首地址给 edi，相当于“int *edi=&a[0];”或“edi=a;”
```

```
            mov ecx,40                 ;40 个元素循环 40 次
    again: MOV DWORD PTR[edi],1 ;给 a 数组赋初值 1，相当于 C 语言执行*edi=1;
            ADD edi,4                  ;edi 指向下一元素，相当于 C 语言执行 edi++
            Loop again                 ;ecx 减 1 后若不为 0 则转 again
        }
        For(i=0;i<40;i++)printf("%d ",a[i]);
    }
```

则输出结果：

```
1 1 1 1 1 1 1 1 1 1 1 1 1 1 1 1 1 1 1 1 1 1 1 1 1 1 1 1 1 1 1 1 1 1 1 1 1 1 1 1
```

2. 相等或为零循环 LOOP[EZ][WD]

相等或为零循环指令 LOOP[EZ][WD]的一般格式如下：

```
LOOPE/LOOPZ    标号
LOOPEW/LOOPZW 标号          ;CX 作为循环计数器，80386+
LOOPED/LOOPZD 标号          ;ECX 作为循环计数器，80386+
```

这是一组有条件循环指令，它们除了要受 CX 或 ECX 的影响外，还要受标志位 ZF 的影响。其具体规定如下（如图 7-2 所示）：

（1）ECX=ECX-1（不改变任何标志位）。

（2）若 ECX≠0 且相等（ZF=1）时，则转标号位置执行；否则退出循环，执行其后指令。

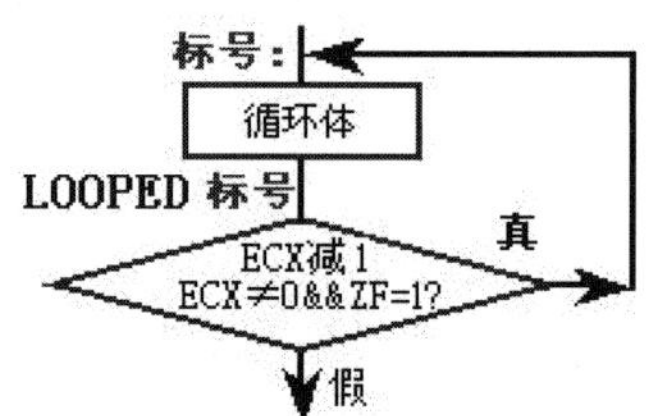

图 7-2　循环指令 LOOPED 的功能示意图

例 7-8　求键盘输入若干整数，统计有多少个连续的 0。

由于事先不知道要统计多少个整数，所以让计数器 ECX 的值设置为最大值，即初值为 0，则最多可循环 2^{32} 次；设置统计个数的变量 s 初值为-1，因 LOOP 循环至少执行一次，而每循环一次个数加 1，这样若第 1 次就不满足条件（x≠0），则变量 s 的值刚好加一次为 0；进入 again 开始循环后、调用 scanf 函数之前，要执行“PUSH ECX”指令将 ECX 寄存器的值入栈保存，否则会被 scanf 函数修改，因为该函数也会用到 ECX 寄存器；先执行“INC s”指令统计 0 的个数，后执行“CMP x,0”指令让 x 的值与 0 比较，以便让“LOOPE again”指令检测的是 CMP 的执行结果，否则 CMP 指令执行的结果（ZF 标志位的值）会被 INC 指令修改；执行 LOOPE 指令之前，要执行“POP ECX”指令，将 ECX 寄存器的值从堆栈弹出（不影响 ZF 标志位的值），否则 LOOPE 指令检测的是被 scanf 函数改变后的值；执行 LOOPE 指令，若 ECX 减 1 后 ECX≠0 且 x=0（ZF=1），则转 again 继续执行，否则退出循环；最后输出结果。

源程序如下：

```
.386                                       ;①选择的处理器
.model flat, stdcall                       ;②存储模型，Win32 程序只能用平展（flat）模型
option casemap:none                        ;③指明标识符大小写敏感
include      kernel32.inc                  ;④要引用的头文件
includelib   kernel32.lib                  ;要引用的库文件
includelib   msvcrt.lib                    ;引用 C 库文件
scanf PROTO C:DWORD,:vararg                ;C 语言的 scanf 函数原型声明
printf PROTO C:DWORD,:vararg               ;C 语言的 printf 函数原型声明
.data                                      ;⑤数据段
fmt          byte  '%d',0
s            DWORD  -1                     ;统计个数的变量 s 初值为-1，因 LOOP 循环至少执行一次
x            DWORD  ?
.code
start:
MOV ECX,0                                  ;计数器 ECX 设置初值为 0，则最多可以循环 2^32 次
again:
PUSH ECX                                   ;循环计数器值放入堆栈中保存，以防止被 scanf 函数破坏
invoke scanf,addr fmt,addr x               ;输入 x 的值
INC s                                      ;每循环一次个数加 1
CMP x,0                                    ;输入的 x 的值与 0 比较
POP ECX                                    ;从堆栈中恢复循环计数器值
LOOPE      again                           ;若 ECX 减 1 后≠0 且 x=0（ZF=1），则转 again 执行，否则退出循环
invoke printf,addr fmt,s                   ;输出结果
invoke ExitProcess,0                       ;⑥退出进程，返回值为 0
end     start                              ;⑦指明程序入口点 start
```

运行后输入：

```
0 0 0 0 5 0 6
```

则输出结果：

```
4
```

3. 不等或不为零循环 LOOPN[EZ][WD]

不等或不为零循环指令 LOOPN[EZ][WD]的一般格式如下：

```
LOOPNE/LOOPNZ        标号
LOOPNEW/LOOPNZW    标号          ;CX 作为循环计数器，80386+
LOOPNED/LOOPNZD    标号          ;ECX 作为循环计数器，80386+
```

这也是一组有条件循环指令，它们与相等或为零循环指令在循环结束条件上有点不同。其具体规定如下（如图 7-3 所示）：

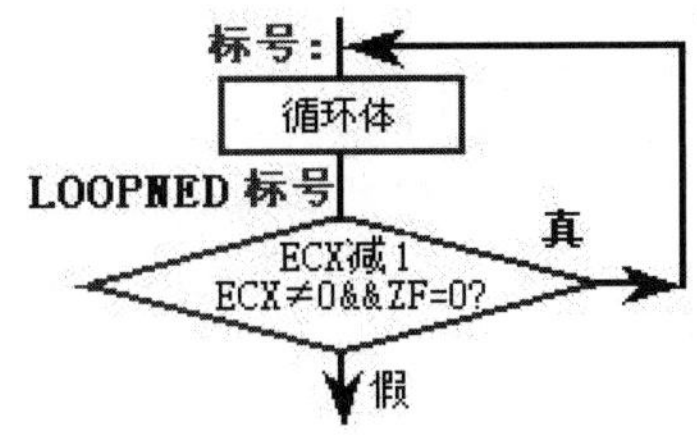

图 7-3　循环指令 LOOPNED 的功能示意图

（1）ECX=ECX−1（不改变任何标志位）。

（2）若 ECX≠0 且不相等（ZF=0）时，则转标号位置执行；否则退出循环，执行其后指令。

例 7-9 求键盘输入若干非零整数和，若输入 0 或满足 4 个则退出循环。

由于退出条件有两个：输入 0 或满足 4 个，所以让计数器 ECX 的初值为 4；设置累加和的变量 s 初值为 0；进入 again 开始循环后、调用 scanf 函数之前，要执行“PUSH ECX”指令将 ECX 寄存器的值入栈保存，否则会被 scanf 函数修改，因为该函数也会用到 ECX 寄存器；要求累加和，先取 s 中之前累加和的结果转存 EBX，然后将 x 的值累加到 EBX，最后累加结果保存回到变量 s 中；求完累加和之前，让 x 的值与 0 比较，以便 LOOPNE 检测；执行 LOOPNE 指令之前，要执行“POP ECX”指令将 ECX 寄存器的值从堆栈弹出（不影响 ZF 标志位的值），否则 LOOPE 指令检测的是被 scanf 函数改变后的值；执行 LOOPNE 指令，若 ECX 减 1 后 ECX≠0 且 x≠0（ZF=0），则转 again 继续执行，否则退出循环；最后输出结果。

源程序如下：

```
.386                                    ;①选择的处理器
.model flat, stdcall                    ;②存储模型，Win32 程序只能用平展（flat）模型
option casemap:none                     ;③指明标识符大小写敏感
include     kernel32.inc                ;④要引用的头文件
includelib  kernel32.lib                ;要引用的库文件
includelib  msvcrt.lib                  ;引用 C 库文件
scanf PROTO C:DWORD,:vararg             ;C 语言的 scanf 函数原型声明
printf PROTO C:DWORD,:vararg            ;C 语言的 printf 函数原型声明
.data                                   ;⑤数据段
fmt         byte '%d',0
s           DWORD    0
x           DWORD    0
.code
start:
MOV ECX,4
again:
PUSH ECX                                ;循环计数器值放入堆栈中保存，以防止被 scanf 函数破坏
invoke scanf,addr fmt,addr x            ;输入 x 的值
MOV EBX,s                               ;取 s 中之前累加和的结果转存 EBX
ADD EBX,x                               ;将 x 的值累加到 EBX
MOV s,EBX                               ;累加结果保存回到变量 s 中
CMP x,0                                 ;让 x 的值与 0 比较，以便 LOOPNE 检测
POP ECX                                 ;从堆栈中恢复循环计数器值
LOOPNE   again                  ;若 ECX 减 1 后 ECX≠0 且 x≠0（ZF=0），则转 again 执行，否则退出
invoke printf,addr fmt,s                ;输出结果
invoke ExitProcess,0                    ;⑥退出进程，返回值为 0
end     start                           ;⑦指明程序入口点 start
```

运行后输入：

```
1 2 3 4 5 0 6
```

则输出结果：

```
10
```

以上程序若将保护循环计数器 ECX 的指令“PUSH ECX”和恢复循环计数器 ECX 的指令“POP ECX”删除，然后再运行以上输入数据，则结果输出 15。

7.6　ECX 为零转移指令 JECXZ

前面各种循环指令中，不管 ECX 的初值为多少，循环体至少会被执行一次。根据前一节可知，当 ECX 的初值为 0 时，循环体不是不被执行，而是会被执行 2^{32}=4294967296 次（用 CX 计数执行 65536 次），因为 ECX 是先减 1 再判断是否为 0。

为此，指令系统又提供了一条不带计数器减 1 且不判断标志位而只判断计数器值的转移指令即循环计数器为零转移指令。该指令一般用于循环的开始处，语法格式如下：

```
JCXZ   标号          ;当 CX=0 时，则程序转移标号处执行
JECXZ  标号          ;当 ECX=0 时，则程序转移标号处执行，80386+
```

例 7-10　编程求 1+2+…+n（n 非负整数）之和并输出。

由前述可知，ECX=0 时不是执行 0 次，而是执行 2^{32} 次或 65536 次，所以要使 ECX=0 执行 0 次，在进入循环体之前，要先执行 JECXZ 指令判断 ECX 值是否为 0。

源程序如下：

```
.386                                  ;①选择的处理器
.model flat, stdcall                  ;②存储模型，Win32 程序只能用平展（flat）模型
option casemap:none                   ;③指明标识符大小写敏感
include     kernel32.inc              ;④要引用的头文件
includelib  kernel32.lib              ;要引用的库文件
includelib  msvcrt.lib                ;引用 C 库文件
scanf PROTO C:DWORD,:vararg           ;C 语言的 scanf 函数原型声明
printf PROTO C:DWORD,:vararg          ;C 语言的 printf 函数原型声明
.data
Infmt       byte '%d',0
Outfmt      byte '1+…+%d=%d',0
n           DWORD    ?
.code
start:
invoke      scanf,addr Infmt,addr n
MOV         ECX,n                     ;设置循环计数器 ECX 初值为 n
MOV         EAX,0                     ;设置累加和寄存器 EAX 初值为 0
JECXZ       Done                      ;若 ECX 为 0，则结束，转 Done
again:
add         eax,ecx                   ;计算过程:n+(n−1)+…+2+1
LOOPW       again                     ;若 CX 减 1 后 CX≠0，则转 again 处执行，否则退出循环
Done:
invoke printf,addr Outfmt,n,eax
invoke ExitProcess,0                  ;⑤退出进程，返回值为 0
end    start                          ;⑥指明程序入口点 start
```

运行后输入：

```
0
```

则输出结果：

```
1+…+0=0
```

运行后输入：

```
10
```

则输出结果：

```
1+…+10=55
```

以上循环体部分也可以改为：

```
again:
JECXZ Done                  ;若 ECX=0，则退出循环
add eax,ecx                 ;计算过程：n+(n−1)+…+2+1
DEC ecx
JMP   again                 ;转向 again 处重新循环判断
Done:
```

思考

若变量 n 的值为 0 且以上程序没有写指令 JECXZ Done，则求出的和值是什么？

运行后输入：

```
0
```

则输出结果：

```
1+…+0=2147450880
```

因其累加的和是：0+65535+65534+…+2+1=(0+65535)×65536/2=2147450880

7.7　LOOP/JECXZ 循环指令存在的问题

由前述可知，LOOP/JECXZ 循环指令和.repeat/.untilcxz 循环伪指令实现循环时，若其循环体所有指令（含循环指令）的机器码字节数超过 128 字节，将无法通过编译。通过生成的机器码可知，LOOP/JECXZ 这两条指令的机器码都是两字节，第 1 字节为操作码，第 2 字节为操作数，表示转移目标地址与当前指令取指后的地址之差，用补码表示，取值范围为−128~127。

例 7-11　若循环体中指令机器码字节数超过 128 字节，将会出现如下错误提示，试改写该循环。

编译时会出现错误的程序：

```
.386                                    ;①选择的处理器
.model flat, stdcall                    ;②存储模型，Win32 程序只能用平展（flat）模型
option casemap:none                     ;③指明标识符大小写敏感
include      kernel32.inc               ;④要引用的头文件
includelib   kernel32.lib               ;要引用的库文件
includelib   msvcrt.lib                 ;引用 C 库文件
scanf PROTO C:DWORD,:vararg             ;C 语言的 scanf 函数原型声明
printf PROTO C:DWORD,:vararg            ;C 语言的 printf 函数原型声明
.data                                   ;⑤数据段
Infmt        byte '%d',0                ;00H~02H=3 字节
Outfmt       byte '1+…+%d=%d',0;03H~0EH=12 字节
n            DWORD    ?                 ;0FH~12H=4 字节
x            DWORD    ?                 ;13H~16H=4 字节
.code
start:
invoke scanf,addr Infmt,addr n          ;00H~11H=18 字节
MOV ECX,n                               ;机器码 8B 0D 0000000F 共 6 字节
MOV EAX,0                               ;机器码 B8 00000000 共 5 字节
again:
add eax,ecx      ;计算过程：n+(n−1)+…+2+1，当前指令机器码 03 C1 共两字节
mov x,00H        ;以下指令没用，用于凑循环体机器码字节数（10 字节/条），使其超 128 字节
mov x,01H        ;00H 到 0CH 共 13 条指令 130 个字节，加 add 和 LOOP 各两字节，共 134 字节
mov x,02H        ;“mov x,XXH”机器码：C7 05 00000013 000000XX
mov x,03H
mov x,04H
mov x,05H
mov x,06H
mov x,07H
mov x,08H
mov x,09H
mov x,0AH
mov x,0BH
mov x,0CH
LOOP again ;若 ECX 减 1 后≠0，则转 again，否则退出循环。机器码 E2 00（本应−134）两字节
invoke printf,addr Outfmt,n,eax
invoke ExitProcess,0                    ;⑥退出进程，返回值为 0
end    start                            ;⑦指明程序入口点 start
```

编译时产生的提示信息如下：

```
D:\masm32>ml.exe /c /coff /Fl   C001.asm
Microsoft (R) Macro Assembler Version 6.14.8444
Copyright (C) Microsoft Corp 1981-1997.   All rights reserved.

Assembling: D:\MASM32\c001.asm
D:\MASM32\c001.asm(34) : error A2075: jump destination too far : by 6 byte(s)
```

解决方法是，将 LOOP 循环指令改为条件转移指令，源程序如下：

```
.386                                    ;①选择的处理器
.model flat, stdcall                    ;②存储模型，Win32 程序只能用平展（flat）模型
```

```
option casemap:none                   ;③指明标识符大小写敏感
include     kernel32.inc              ;④要引用的头文件
includelib  kernel32.lib              ;要引用的库文件
includelib  msvcrt.lib                ;引用 C 库文件
scanf PROTO C:DWORD,:vararg           ;C 语言的 scanf 函数原型声明
printf PROTO C:DWORD,:vararg          ;C 语言的 printf 函数原型声明
.data                                 ;⑤数据段
Infmt  byte '%d',0                    ;00H~02H=3 字节
Outfmt      byte '1+…+%d=%d',0        ;03H~0EH=12 字节
n           DWORD    ?                ;0FH~12H=4 字节
x           DWORD    ?                ;13H~16H=4 字节
.code
start:
invoke scanf,addr Infmt,addr n        ;00H~11H=18 字节
MOV ECX,n                             ;机器码 8B 0D 0000000F 共 6 字节
MOV EAX,0                             ;机器码 B8 00000000 共 5 字节
again:
add eax,ecx         ;计算过程：n+(n-1)+…+2+1，当前指令机器码 03 C1 共两字节
mov x,00H           ;以下指令没用，用于凑循环体机器码字节数（10 字节/条），使其超 128 字节
mov x,01H           ;00H 到 0CH 共 13 条指令 130 个字节，加 add 和 LOOP 各两字节，共 134 字节
mov x,02H           ;“mov x,XXH”机器码：C7 05 00000013 000000XX
mov x,03H
mov x,04H
mov x,05H
mov x,06H
mov x,07H
mov x,08H
mov x,09H
mov x,0AH
mov x,0BH
mov x,0CH
;LOOP    again         ;若 ECX 减 1 后≠0，则转 again，否则退出循环。机器码 E2 00（本应-134）
两字节
DEC   CX
JNZ   again                           ;把 LOOPD 指令改为条件转移指令
invoke printf,addr Outfmt,n,eax
invoke ExitProcess,0                  ;⑥退出进程，返回值为 0
end    start                          ;⑦指明程序入口点 start
```

将以上源程序编译运行，得到所期望的结果。

习题 7

7-1 求 n!（n 由键盘输入的正整数）。

运行后输入：

```
5
```

则输出结果：

```
120
```

7-2 从键盘输入若干对实数 x 和 y，求各对实数乘积和。
运行后若输入：

```
2.5 2
1.5 4
2.2 2
```

则输出结果：

```
15.4
```

7-3 从键盘输入若干对整数 x 和 y，求其相应的最大公约数。
运行后输入：

```
18 12
8 12
10 12
```

则输出结果：

```
6
4
2
```

7-4 从键盘输入若干对整数 x 和 y，求其相应的最小公倍数。
运行后输入：

```
18 12
8 12
10 12
```

则输出结果：

```
36
24
60
```

7-5 分析以下程序运行后若输入 65537（=10001H），则结果输出是什么？
源程序如下：

```
.386                                  ;①选择的处理器
.model flat, stdcall                  ;②存储模型，Win32 程序只能用平展（flat）模型
option casemap:none                   ;③指明标识符大小写敏感
include      kernel32.inc             ;④要引用的头文件
includelib   kernel32.lib             ;要引用的库文件
includelib   msvcrt.lib               ;引用 C 库文件
scanf PROTO C:DWORD,:vararg           ;C 语言的 scanf 函数原型声明
printf PROTO C:DWORD,:vararg          ;C 语言的 printf 函数原型声明
.data                                 ;⑤数据段
Infmt        byte '%d',0
Outfmt       byte '1+…+%d=%d',0
```

```
n           DWORD   ?
.code
start:
invoke scanf,addr Infmt,addr n
MOV ECX,n                               ;设置循环计数器 ECX 初值为 n
MOV EAX,0                               ;设置累加和寄存器 EAX 初值为 0
again:
add eax,ecx                             ;ecx 累加到 eax
LOOPW   again
invoke printf,addr Outfmt,n,eax         ;输出结果
invoke ExitProcess,0                    ;⑥退出进程，返回值为 0
end     start                           ;⑦指明程序入口点 start
```

7-6 编程序完成求两个 20 位数字字符串之和。
运行后输入：

```
12345678901234567890
12345678901234567890
```

则输出结果：

```
24691357802469135780
```

7-7 编程序完成求两个 20 位数字字符串之差。
运行后输入：

```
32345678901234567890
12345678901234567891
```

则输出结果：

```
19999999999999999999
```

7-8 输入两个 16 位十进制数（QWORD 类型），编程求和并输出。
运行后输入：

```
0102030455060708
1020304050607080
```

则输出结果：

```
1122334505667788
```

7-9 输入两个 16 位十进制数（QWORD 类型），编程求差并输出。
运行后输入：

```
0102030405060708
1020304050607080
```

则输出结果：

```
9081726354453628
```

7-10 编程序实现一简易加密算法，规则是：将每个大写字母循环后移 4 个位置，即

A→E，B→F，C→G，…，V→Z，W→A，X→B，Y→C，Z→D。

运行后输入明文：

```
ABCDEFGHIJKLMNOPQRSTUVWXYZ
```

则输出结果密文：

```
EFGHIJKLMNOPQRSTUVWXYZABCD
```

7-11 输入若干整数，从小到大排序后再输出。

运行后输入：

```
5 1 4 3 2
```

则输出结果：

```
1 2 3 4 5
```

7-12 从键盘输入正整数 n，编程求 1 到正整数 n 之间的所有奇数之和并输出。

运行后输入：

```
5
```

则输出结果：

```
1 到 5 的奇数和为 9
```

运行后输入：

```
10
```

则输出结果：

```
1 到 10 的奇数和为 25
```

7-13 Fibonacci 数列的特点是每项是前两项之和，如 1,1,2,3,5,8,13,21,34,…，从键盘输入正整数 n，输出前 n 项（每 4 项一行）。

运行后输入：

```
5
```

则输出结果：

```
        1         1         2         3
        5         8        13        21
       34        55        89       144
      233       377       610       987
     1597      2584      4181      6765
    10946     17711     28657     46368
    75025    121393    196418    317811
   514229    832040   1346269   2178309
  3524578   5702887   9227465  14930352
 24157817  39088169  63245986 102334155
```

7-14 从键盘输入一个正整数 n，判断是否素数。

运行后输入：

```
5
```

则输出结果：

```
5 是素数
```

运行后输入：

```
4
```

则输出结果：

```
4 不是素数
```

7-15 从键盘输入一个正整数 n（=1~9），显示 99 乘法表前 n 行。

运行后输入：

```
9
```

则输出结果：

```
1*1=1
1*2=2   2*2=4
1*3=3   2*3=6   3*3=9
1*4=4   2*4=8   3*4=12  4*4=16
1*5=5   2*5=10  3*5=15  4*5=20  5*5=25
1*6=6   2*6=12  3*6=18  4*6=24  5*6=30  6*6=36
1*7=7   2*7=14  3*7=21  4*7=28  5*7=35  6*7=42  7*7=49
1*8=8   2*8=16  3*8=24  4*8=32  5*8=40  6*8=48  7*8=56  8*8=64
1*9=9   2*9=18  3*9=27  4*9=36  5*9=45  6*9=54  7*9=63  8*9=72  9*9=81
```

7-16 从键盘输入正整数 n，打印 n 行由“*”构成的正三角形（灰色*部分代表空格，只打印黑色*部分）。

运行后输入：

```
9
```

则输出结果：

```
*****      1
******     2
*******    3
********   4
*********  5
```

7-17 从键盘输入正整数 n，打印每边由 n 个“*”构成的菱形（灰色*部分代表空格，只打印黑色*部分）。

运行后输入：

```
5
```

则输出结果：

```
*****         1=5-|-4|
******        2=5-|-3|
*******       3=5-|-2|
********      4=5-|-1|
*********     5=5-|+0|
********      4=5-|+1|
*******       3=5-|+2|
******        2=5-|+3|
*****         1=5-|+4|=n-abs(i)
```

7-18 从键盘输入正整数 n，打印每边由 n 个字母构成的菱形，且菱形的中心是字母 A，字母 A 的外层是字母 B，依此类推。

运行后输入：

```
5
```

则输出结果：

```
    E
   EDE
  EDCDE
 EDCBCDE
EDCBABCDE
 EDCBCDE
  EDCDE
   EDE
    E
```

7-19 打印由“*”构成的顺时针旋转 90° 的正弦波。

运行后的输出结果：

```
                           *
                           *        *
                           *                *
                           *                      *
                           *                          *
                           *                          *
                           *                      *
                           *                *
                           *        *
                           *
                  *        *
          *                *
    *                      *
*                          *
*                          *
    *                      *
          *                *
                  *        *
                           *
```

7-20 一个数如果恰好等于它的因子之和，这个数就称为“完数”。如 6=1+2+3。编程求 10000 以内的所有“完数”，并按以下格式输出：

```
6=1+2+3
```

7-21 已知有 1、3、5、6、7、9、11、17、19、25 共 10 个元素，请用二分查找搜索指定的元素 x，并输出搜索过程中比较过的每个元素值。

运行后输入：

```
6
```

则输出结果：

```
比较过的每个元素:7,3,5,6,第 4 次找到
```

运行后输入：

```
2
```

则输出结果：

```
比较过的每个元素:7,3,1,未找到 2
```

7-22 有 5 个候选人参加选举，现要求根据投票情况统计票数，程序输入 0~4 分别表示对第 1~5 个候选人的投票，请根据实际投票情况统计各候选人的得票数（投票人数不定）。

运行后输入：

```
1 0 1 2 1 2 3 1 2 4
```

则输出结果：

```
五个候选人的得票数是:1 4 3 1 1
```

7-23 有 AAA、BBB、CCC、DDD、EEE 5 个候选人参加选举，现要求根据投票情况统计票数，程序输入各候选人的姓名进行投票，请根据实际投票情况统计各候选人的得票数（投票人数不定）。

运行后输入：

```
AAA BBB DDD BBB AAA DDD BBB CCC AAA DDD BBB AAA
```

则输出结果：

```
AAA 有 4 票,BBB 有 4 票,CCC 有 1 票,DDD 有 3 票,EEE 有 0 票
```

7-24 输入若干个成绩，统计 0~59、60~69、70~79、80~89、90~99、100 各分数段的人数。

运行后输入：

```
65 73 46 83 90 67 80 74 69 45 82 75 64 91 100 25 72 85 71 94
```

则输出结果：

```
3 4 5 4 3 1
```

7-25 从键盘输入正整数 n，然后用“筛选法”求 2~n 的全部素数。

运行后输入：

```
55
```

则输出结果：

```
2  3  5  7  11  13  17  19  23  29  31  37  41  43  47  53 素数个数为:16
```

7-26 从键盘输入正整数 n（n 为 1~15 之间的奇数），输出 n 阶“魔方阵”，其特点是每一行、每一列、每一对角线之和相等，如图 7-4 所示。

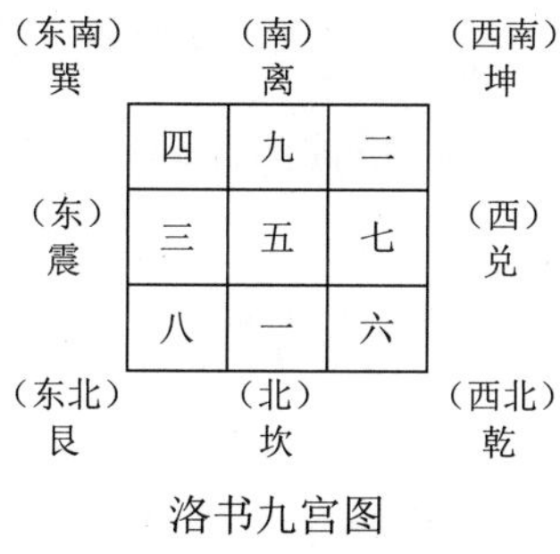

图 7-4 习题 7-26

确定每个数位置的原则是：

（1）第一个数为第 0（n−1）行中间位置。

（2）若当前为右上（下）角位置，则下一数放在其下（上）方。

（3）否则放在减（加）1 行加 1 列位置。

（4）若所在位置已经有数，则退回到原数下（上）方位置。

运行后输入：

```
3
```

则输出结果：

```
8 1 6
3 5 7
4 9 2
```

运行后输入：

```
5
```

则输出结果：

```
17 24  1  8 15
23  5  7 14 16
 4  6 13 20 22
10 12 19 21  3
11 18 25  2  9
```

7-27 从键盘输入正整数 n，输出 n 行的杨辉三角形。

杨辉三角形的特点是每个元素值为其上一行相邻两个元素值之和。
运行后输入：

```
6
```

则输出结果：

```
          1
        1   1
      1   2   1
    1   3   3   1
  1   4   6   4   1
1   5  10  10   5   1
```

7-28 输入一行字符串，统计字符's'出现的次数。
运行后输入：

```
This is a test string
```

则输出结果：

```
有 4 个's'字符
```

7-29 输入一行字符串，统计其中有多少个单词（假设都是以空格作为分隔）。
运行后输入：

```
This is a test string
```

则输出结果：

```
有 5 个单词
```

7-30 根据习题 1-13 知识，输入一个由 3 个字组成的姓名，输出其拼音缩写。
运行后输入：

```
司马光
```

则输出结果：

```
smg
```

第 8 章 模块化程序设计

本章主要介绍子程序即函数的程序设计方法，包括子程序的定义、子程序的调用方法、不同数据类型作为形参时的数据传递方法、递归函数程序设计的方法、C 程序调用汇编语言子程序及重载函数的实现方法等。通过本章的学习，读者应该完成以下学习目标：

（1）掌握子程序及其局部变量的定义方法。

（2）掌握用 CALL 指令或 INVOKE 伪指令调用子程序的方法并理解参数传递实现原理。

（3）掌握不同数据类型作为形参时的数据传递方法。

（4）掌握汇编语言递归函数实现程序设计的方法。

（5）了解 C 程序调用汇编语言子程序及重载函数的实现方法。

8.1 子程序的定义

在 C 语言中把要实现某一功能的程序段独立成一个函数，在汇编语言中则把这样的程序段叫子程序或过程，两者本质上是一样的。

定义子程序的一般格式如下：

```
子程序名 PROC [距离] [可视区域] [语言类型] [USES 寄存器列表] [,参数:类型]...[VARARG]
    LOCAL 变量名[[数量]][:数据类型][,变量名[[数量]][:数据类型]...];定义局部变量
    指令系列                          ;子程序体
    RET                               ;返回值存于 EAX 或 st(0)中
子程序名 ENDP
```

PROC 和 ENDP 伪指令定义了子程序的开始和结束的位置，程序反汇编后会发现，在程序的开始位置会自动加入以下两条指令：

```
push ebp                  ;保护主程序基址指针
mov ebp,esp               ;设置子程序基址指针，保护主程序堆栈指针
```

在程序的结束位置，RET 指令之前，会自动加入以下两条指令：

```
mov esp,ebp               ;恢复主程序堆栈指针
pop ebp                   ;恢复主程序基址指针
```

有的开发工具会用 Leave 指令代替“mov esp,ebp”和“pop ebp”两条指令。

C 语言的函数会自动加入更多的指令，用于预留和释放局部变量存储空间，保护和恢复寄存器，在恢复主程序堆栈指针之前，还会加入以下两条指令，以检查堆栈指针 esp 是否异常。

```
cmp     ebp, esp
call    __chkesp
```

PROC 指令后面跟的参数是子程序的属性和输入参数（形式参数）。

若没有参数和局部变量，子程序语法格式可以简化为如下代码，系统也不会自动添加堆栈的保护和恢复指令。

```
子程序名 PROC
    指令系列                    ;子程序体
    RET                         ;返回值存于 EAX 或 st(0)中
子程序名 ENDP
```

8.1.1 子程序的属性

子程序的属性如下。

- 距离：可以是 NEAR、FAR、NEAR16、NEAR32、FAR16 和 FAR32，Win32 中只有一个平坦的段，无所谓距离，所以对距离的定义往往省略。
- 语言类型：表示参数的传递顺序（从右到左还是从左到右）和堆栈的恢复方式（主程序中恢复还是在子程序中恢复），可以是 STDCALL、C、SYSCALL、BASIC、FORTRAN 和 PASCAL（如表 2-2 所示）；若忽略，则使用头部.model 定义的值。
- 可视区域：可以是 PRIVATE、PUBLIC 和 EXPORT。PRIVATE 表示子程序只对本模块可见；PUBLIC 表示对所有的模块可见（在最后编译链接完成的.exe 文件中）；EXPORT 表示是导出的函数，编写 DLL 时，若要将某个函数导出，可这样使用。默认的设置是 PUBLIC。
- USES 寄存器列表：表示由编译器在子程序指令开始前自动安排 PUSH 指令将这些寄存器的值入栈，然后在 RET 前按相反顺序自动安排 POP 指令，将这些寄存器的值恢复，起到保护执行环境的作用，也可在开头和结尾用 PUSHAD 和 POPAD 指令一次保存和恢复所有寄存器，但用寄存器 EAX 作为返回值时不行。
- 参数和类型：参数是指参数名称，在定义参数名称时不能跟全局变量和子程序中的局部变量同名。类型是指参数类型，Win32 中默认 DWORD 类型，可以省略，在参数定义的最后还可以跟 VARARG，表示在已确定的参数后还可以跟多个数量不确定的参数，在 Win32 汇编中使用 VARARG 的 API 函数是 wsprintf 函数，用法类似于 C 语言的 scanf 函数和 printf 函数，其参数的个数和类型取决于格式字符串。

8.1.2 局部变量的定义

局部变量的定义格式如下：

```
LOCAL 变量名[[数量]][:数据类型][,变量名[[数量]][:数据类型]...]
```

局部变量伪指令 LOCAL 的作用是说明一个或多个临时的局部变量（内容存于堆栈中）。局部变量必须在任何指令之前加以说明，并可用多个 LOCAL 伪指令来说明其局部变量。

在子程序中，若说明了某个局部变量，则子程序体中的指令就可使用该局部变量。汇编程序会把对它的引用转换成用基址寄存器 EBP 来访问其在堆栈中的实际存储单元。

局部变量的作用域与高级语言中局部变量的作用域相一致，即局部变量只能在当前子程序中使用，离开该子程序，它们就不能再被引用。但在局部变量的命名规则上有所不同，高级语言中的局部变量可与外层变量同名，而汇编语言中的局部变量不能与其他变量同名；否则，在汇编时，将会给出“重定义”（Symbol redefinition）的错误信息。

“数量”用来说明该变量所具有的元素个数，与高级语言的数组定义一样，该数量必须写在括号“[ ]”之中。“数量”说明项是可选项。

局部变量的类型可以是任何合法的数据类型。在 16 位段环境下，默认的数据类型是 WORD，而在 32 位段环境下，默认的数据类型是 DWORD。

例如，定义 20 个元素的字节类型变量 d 和 1 个元素的双字类型变量 n 与 i，语法格式如下：

```
LOCAL   d[20]:BYTE,n:DWORD,i                ;变量 i 默认的数据类型 DWORD
```

8.2 子程序的调用与返回

通过子程序调用指令（CALL）或伪指令（INVOKE）实现主程序到子程序的转移操作，通过返回指令（RET）实现子程序回到主程序的转移操作。

8.2.1 子程序调用 CALL 或 INVOKE

在 C 语言中，函数调用格式如下：

```
函数名(参数 1,…,参数 n)
```

在汇编语言中，用 CALL 指令调用的格式（C 调用方式）如下：

```
PUSH   参数 n    ;C、sysCall 和 stdcall 参数 n 先入栈，其他语言参数 1 先入栈
…
PUSH   参数 1    ;若非双字参数，则要转换为双字入栈，如字符按 DWORD 入栈，REAL8 分两次入栈
CALL   函数名    ;Call 调用函数
ADD    ESP,4*n  ;恢复堆栈指针，实现堆栈平衡，4*n 要具体计算，n 为参数的个数，4 为参数字节数
```

用 INVOKE 伪指令调用的格式如下：

```
INVOKE   子程序名,参数 1,…,参数 n
```

子程序调用期间，堆栈中数据的状态如图 8-1 所示。

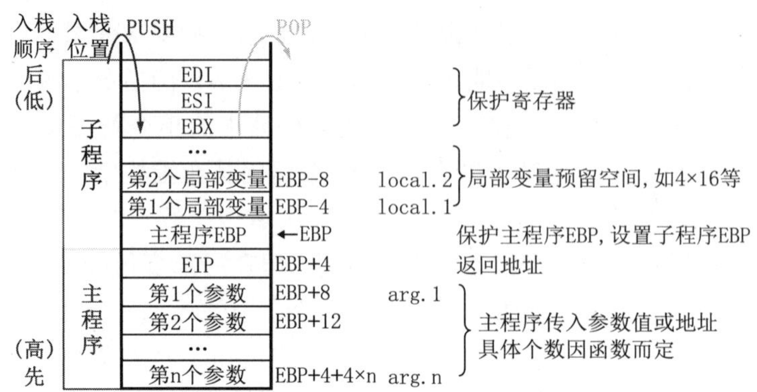

图 8-1 子程序调用期间堆栈中数据状态

8.2.2 返回指令 RET

当子程序执行完时，要返回主程序，为此，指令系统提供了一条专用的返回指令。语法格式如下：

```
RET [Imm]
```

注意

返回指令 RET 之后的立即数 Imm 不是类似于高级语言中子程序的返回值，它是非 C 调用方式恢复堆栈指针用的。C 调用方式中立即数 Imm 值一般为 0，可省略；在非 C 调用方式立即数 Imm 值一般为 4*n，其中 n 为参数个数，4 为参数字节数。执行“RET 4*n”相当于执行以下两条指令：

```
RET 0                    ;先返回主程序，放在子程序中执行
ADD ESP,4*n              ;再恢复堆栈指针，放在主程序 CALL 指令之后执行
```

8.3 不同数据类型作形参时的传递方法

8.3.1 整数参数的传递

整数（DWORD 类型）作子程序的形参时，可以直接调用。

例 8-1 定义子程序 Sum 实现求 1+…+n 的和，并在主程序中调用该函数。

子程序定义 DWORD 类型形参 n，主程序中用 DWORD 类型变量 a 作为实参将值传递给 n。

源程序如下：

```
.386                            ;①选择的处理器
.model flat, stdcall            ;②存储模型，Win32 程序只能用平展（flat）模型
option casemap:none             ;③指明标识符大小写敏感
include     kernel32.inc        ;④要引用的头文件
includelib  kernel32.lib        ;要引用的库文件
includelib  msvcrt.lib          ;引用 C 库文件
```

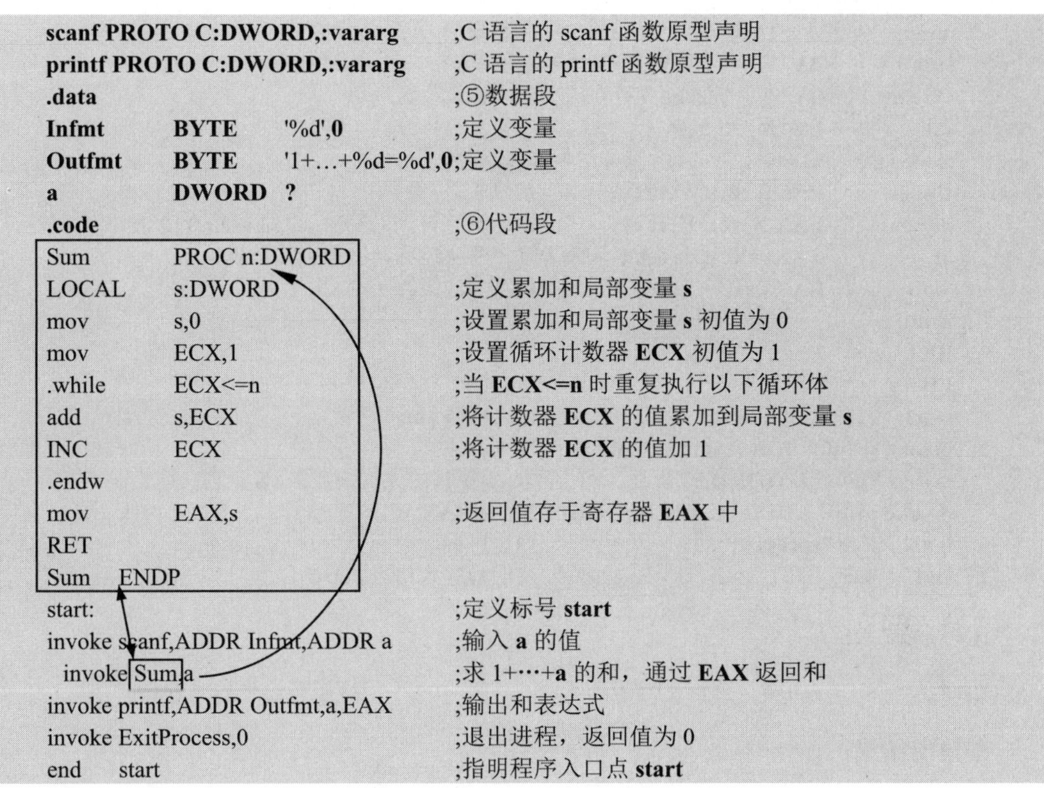

```
scanf PROTO C:DWORD,:vararg             ;C 语言的 scanf 函数原型声明
printf PROTO C:DWORD,:vararg            ;C 语言的 printf 函数原型声明
.data                                   ;⑤数据段
Infmt       BYTE      '%d',0            ;定义变量
Outfmt      BYTE      '1+…+%d=%d',0;定义变量
a           DWORD  ?
.code                                   ;⑥代码段
Sum         PROC n:DWORD
LOCAL       s:DWORD                     ;定义累加和局部变量 s
mov         s,0                         ;设置累加和局部变量 s 初值为 0
mov         ECX,1                       ;设置循环计数器 ECX 初值为 1
.while      ECX<=n                      ;当 ECX<=n 时重复执行以下循环体
add         s,ECX                       ;将计数器 ECX 的值累加到局部变量 s
INC         ECX                         ;将计数器 ECX 的值加 1
.endw
mov         EAX,s                       ;返回值存于寄存器 EAX 中
RET
Sum   ENDP
start:                                  ;定义标号 start
invoke scanf,ADDR Infmt,ADDR a          ;输入 a 的值
  invoke Sum,a                          ;求 1+…+a 的和，通过 EAX 返回和
invoke printf,ADDR Outfmt,a,EAX         ;输出和表达式
invoke ExitProcess,0                    ;退出进程，返回值为 0
end     start                           ;指明程序入口点 start
```

运行后输入：

```
100
```

则输出结果：

```
1+…+100=5050
```

8.3.2 字符参数的传递

字符型数据作为参数时，要转化成 DWORD 类型，否则会导致 PUSH 0 的 BUG。

例 8-2 编写一个子程序 Upper，实现将小写字母变大写字母。

字符型参数进行传递时，要转化成 DWORD 类型数据再传递，同时，子程序中接收数据时，再用 movzx 或 movsx 指令只读取形参的字节数据，形参前缀 BYTE PTR 进行强制类型。

源程序如下：

```
.386                                    ;①选择的处理器
.model flat, stdcall                    ;②存储模型，Win32 程序只能用平展（flat）模型
option casemap:none                     ;③指明标识符大小写敏感
include     kernel32.inc                ;④要引用的头文件
includelib  kernel32.lib                ;要引用的库文件
includelib  msvcrt.lib                  ;引用 C 库文件
scanf PROTO C:DWORD,:vararg             ;C 语言的 scanf 函数原型声明
printf PROTO C:DWORD,:vararg            ;C 语言的 printf 函数原型声明
```

```
.data                                   ;⑤数据段
Infmt       BYTE     '%c',0             ;定义变量
Outfmt      BYTE     '[%c]大写为%c',13,10,0
c1          BYTE     ?
.code                                   ;⑥代码段
Upper       PROC c2:DWORD               ;接收 32 位数据
movzx       EAX,BYTE PTR c2             ;读一个字符到 EAX，高 24 位用 0 填充
.if         EAX>='a' && EAX<='z'        ;是小写字母则转换成大写字母
SUB         EAX,20H                     ;转换后结果存于 EAX 中返回
.endif
RET
Upper       ENDP
start:                                  ;定义标号 start
invoke scanf,ADDR Infmt,ADDR c1         ;输入 c1 的值
invoke Upper,DWORD PTR c1               ;求 c1 字符的大写通过 EAX 返回
invoke printf,ADDR Outfmt,DWORD PTR c1,EAX;输出
invoke ExitProcess,0                    ;退出进程，返回值为 0
end     start                           ;指明程序入口点 start
```

运行后输入：

```
d
```

则输出结果：

```
[d]大写为 D
```

8.3.3 整型数组参数的传递

整型数组作为参数进行数据传递时，传递的是 32 位地址。实参表示为：

```
ADDR 数组名
```

或

```
OFFSET 数组名
```

形参表示为：

```
参数名:DWORD
```

或

```
参数名:ptr DWORD
```

或

```
参数名:ptr BYTE
```

其中 ptr DWORD 表示指向整型的指针类型，与 DWORD ptr 表示的意义不同，后者表示强制类型转换为整型类型。

因此，主程序中的变量名和子程序中的形参名所代表的意义是不同的，是不能等价替换的。

主程序数据段（.data）中定义的变量，变量名经编译后转换成直接寻址方式。若数据段第 1 个变量为整型数组 a，则第 1 个元素可表示为 a 或 a+0 或 a[0]或[a+0]，编译后都转换成[00403000H]；第 2 个元素可表示为 a+4 或 a[4]，编译后都转换成[00403000H+4]即[00403004H]；第 ESI+1 个元素可表示为[a+ESI*4]或 a[ESI*4]，编译后都转换成[00403000H+ESI*4]。

子程序中定义的形参，形参名经编译后转换成相对寻址方式。若子程序所有形参都是整型的且第 1 个形参名为 a，则第 1 个形参可表示为 a 或 a+0 或 a[0]，编译后都转换成[EBP+8]；第 2 个形参可表示为 a+4 或 a[4]，编译后都转换成[EBP+12]；第 ESI+1 个形参可表示为[a+ESI*4]或 a[ESI*4]，编译后都转换成[EBP+ESI*4+8]。

因此，同一个表示形式 a+4 或 a[4]，在主程序中表示整型数组 a 的第 2 个元素，而在子程序中表示以第 1 个整型形参 a 为起始位置的第 2 个形参。

为了访问主程序中整型数组 a 从[00403000H]~[00403000H+ESI*4]之间的存储空间，只能把数组 a 的地址 00403000H 传递给子程序，子程序中再将该地址转存给寄存器（如 EBX），然后通过寄存器间接寻址方式（如[EBX]）或基址变址寻址方式（如[EBX+ESI*4]）访问主程序中数组元素，关键代码如下：

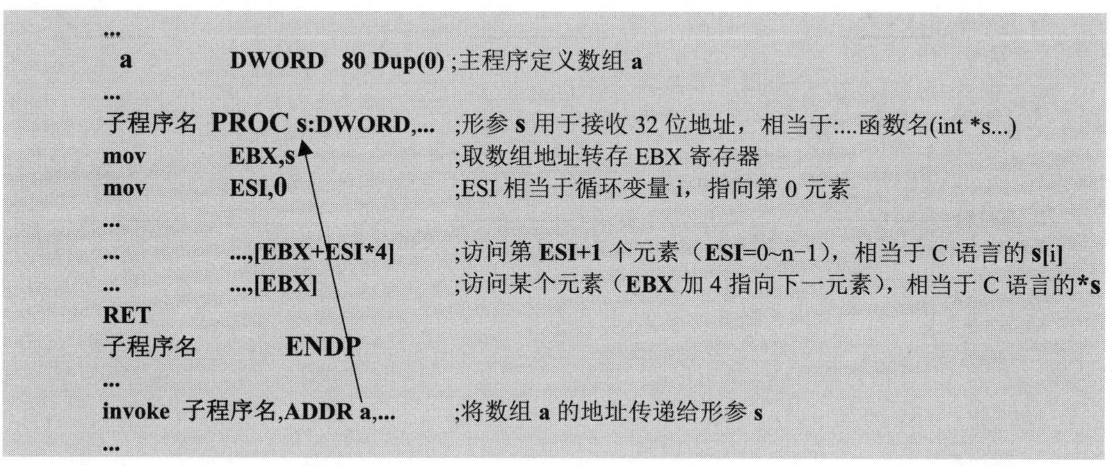

```
...
 a          DWORD  80 Dup(0) ;主程序定义数组 a
...
子程序名 PROC s:DWORD,...    ;形参 s 用于接收 32 位地址，相当于:...函数名(int *s...)
mov         EBX,s            ;取数组地址转存 EBX 寄存器
mov         ESI,0            ;ESI 相当于循环变量 i，指向第 0 元素
...
...         ...,[EBX+ESI*4]  ;访问第 ESI+1 个元素（ESI=0~n−1），相当于 C 语言的 s[i]
...         ...,[EBX]        ;访问某个元素（EBX 加 4 指向下一元素），相当于 C 语言的*s
RET
子程序名          ENDP
...
invoke 子程序名,ADDR a,...    ;将数组 a 的地址传递给形参 s
...
```

例 8-3 编写子程序求若干整数和，所计算数据由数组传入（以 Ctrl+Z 作为输入结束标志）。

在主程序中将输入的整数存入数组 a；然后在子程序调用时，将数组 a 的地址和实际输入的数据个数传递给子程序，在子程序中通过该地址访问主程序中数组 a 的内容并求和；最后再将结果返回。

源程序如下：

```
.386                                ;①选择的处理器
.model flat, stdcall                ;②存储模型，Win32 程序只能用平展（flat）模型
option casemap:none                 ;③指明标识符大小写敏感
include       kernel32.inc          ;④要引用的头文件
includelib    kernel32.lib          ;要引用的库文件
includelib    msvcrt.lib            ;引用 C 库文件
scanf PROTO C:DWORD,:vararg         ;C 语言的 scanf 函数原型声明
```

```
printf PROTO C:DWORD,:vararg          ;C 语言的 printf 函数原型声明
.data                                 ;⑤数据段
a          DWORD  80 Dup(0)           ;定义数组 a
Infmt      BYTE   '%d',0
Outfmt     BYTE   '和为%d',0
.code                                 ;⑥代码段
SumN PROC s:DWORD,n:DWORD             ;接收 32 位地址，也可“SumN PROC s:ptr DWORD,
n:DWORD”
mov        ESI,0                      ;ESI 相当于循环变量 i，指向第 0 元素
mov        EAX,0                      ;累加和初值为 0
mov        EDX,s                      ;取数组地址
.while     ESI<n                      ;当 ESI<n 时循环，ESI=0~n-1
add        EAX,[EDX+ESI*4]            ;EAX 累加第 ESI 个元素（ESI=0~n-1）后存回 EAX
INC        ESI                        ;ESI 指向下一元素
.endw                                 ;返回值和存于 EAX 中
RET
SumN       ENDP
start:                                ;定义标号 start
mov        ESI,0
invoke scanf,ADDR Infmt,ADDR a[ESI*4];输入 a[i]的值
.while  EAX==1
INC        ESI
invoke scanf,ADDR Infmt,ADDR a[ESI*4];
.endw
invoke SumN,ADDR a,ESI                ;求 a 数组和通过 EAX 返回
invoke printf,ADDR Outfmt,EAX         ;输出结果
invoke ExitProcess,0                  ;退出进程，返回值为 0
end     start                         ;指明程序入口点 start
```

运行后输入：

```
1 3 5
```

则输出结果：

```
和为 9
```

SumN 函数的源程序可以改写成如下，这是 C 程序反汇编并经修改后得到的。

```
SumN PROC A:DWORD,n:DWORD
                            ;接收 32 位地址，也可“SumN PROC s:ptr DWORD,n:DWORD”
LOCAL s:DWORD,i:DWORD                 ;定义循环变量 i 和累加和变量 s
    mov     i,0                       ;int i=0,s=0;
    mov     s,0                       ;设置循环变量 i 的初值为 0，累加和变量 s 的初值为 0
NEXT:                                 ;while(i<n)s+=a[i++];
    mov     eax,i                     ;取 i 的值，此后 3 条指令实现 i<n 条件比较
    cmp     eax,n                     ;与 n 进行比较
jge     Done                          ;若 i>=n 则转 Done 结束
    mov     ecx,i                     ;取 i 的值，此后 5 条指令实现“s+=a[i];”
    mov     edx,A                     ;取数组 A 的地址
    mov     eax,s                     ;取累加和变量 s 的值
    add     eax,[edx+ecx*4]           ;eax←eax+a[i]
```

```
        mov     s,eax                   ;存 eax 中的累加和到变量 s
        mov     ecx,i                   ;取变量 i 的值转存 ecx，此后 3 条指令实现 i++
        add     ecx,1                   ;ecx 的值加 1
        mov     i,ecx                   ;ecx 的值存回变量 i
        jmp     NEXT
Done:
        mov     eax,s                   ;return s;
RET
SumN            ENDP
```

通过以上程序可以发现，若汇编语言实现，有很多优化的空间，如循环变量 i 和累加和变量 s 若用寄存器，则不用反复取数、存数。

8.3.4 字符串参数的传递

字符串数据作子程序的形参时，传递的是 32 位地址，可以是 DWORD 类型，也可以是 ptr sbyte 类型。字符数组中的元素是字节型的，若将其值要传送给 32 位寄存器，则要用传送填充指令 movsx 或 movzx，实现 8 位扩充到 32 位。其他同整型数组。

例 8-4 编写求字符串长度子程序（字符串以 0 为结束标志），实现 C 语言的 int strlen (char *)函数。

求字符串长度就是查找字符串结束标志所在地址，然后用该地址减去字符串首地址，即为字符串的长度。查找指定字符，可以用第 4 章串扫描指令 scasb 实现，也可以自己写一个循环实现，本例用后者。

源程序如下：

```
.386                                    ;①选择的处理器
.model flat, stdcall                    ;②存储模型，Win32 程序只能用平展（flat）模型
option casemap:none                     ;③指明标识符大小写敏感
include      kernel32.inc               ;④要引用的头文件
includelib   kernel32.lib               ;要引用的库文件
includelib   msvcrt.lib                 ;引用 C 库文件
scanf PROTO C:DWORD,:vararg             ;C 语言的 scanf 函数原型声明
printf PROTO C:DWORD,:vararg            ;C 语言的 printf 函数原型声明
.data                                   ;⑤数据段
Infmt        BYTE     '%s',0            ;定义变量
Outfmt       BYTE     '[%s]长度为%d',0;定义变量
Str1         BYTE     80 Dup(0)
.code                                   ;⑥代码段
strlen       PROC s:DWORD               ;接收 32 位地址，也可以是“strlen PROC s:ptr sbyte”
mov          EAX,s                      ;取字符串首地址
movsx        ECX,BYTE PTR[EAX]          ;读一个字符到 ECX，高 24 位用符号填充
.while       ECX!=0                     ;不是串结束标志
INC          EAX                        ;EAX 加 1，指向下一个字符
movsx        ECX,BYTE PTR[EAX]          ;取下一字符
.endw
sub          EAX,s                      ;串结束标志地址减串首地址，即为串长，存于 EAX 中返回
RET
strlen       ENDP
start:                                  ;定义标号 start
```

```
invoke scanf,ADDR Infmt,ADDR Str1               ;输入 Str1 的值
invoke strlen,ADDR Str1                         ;求 Str1 串的长度通过 EAX 返回
invoke printf,ADDR Outfmt,ADDR Str1,EAX         ;输出
invoke ExitProcess,0                            ;退出进程，返回值为 0
end     start                                   ;指明程序入口点 start
```

运行后输入：

```
ABCD
```

则输出结果：

```
[ABCD]长度为 4
```

8.3.5 双精度浮点数参数的传递

用双精度浮点数作子程序的参数，若是用 INVOKE 伪指令调用，则同整型参数，除了形参定义时要将 DWORD 类型改为 QWORD 类型或 REAL8 类型外，没有什么差别。

若是用 CALL 指令调用，则比较麻烦，因为 PUSH 入栈指令在 32 位系统中不能一次将一个 64 位 8 字节的实参压入堆栈。

为此，要采用以下两种变通的办法。

方法一：将 8 字节实参分两次入栈，按照“高高低低”原则（高字节高地址、低字节低地址），先将是高 4 字节入栈，再将低 4 字节入栈。

方法二：直接将栈顶指针减 8（相当于入栈一个 8 字节数据），然后再用 fstp 指令将浮点数存入栈顶。

例 8-5 编写求双精度浮点数负数的子程序 FuShu，然后主程序调用它并显示结果。

用 INVOKE 伪指令调用程序比较简单，源程序如下：

```
.386                                    ;①选择的处理器
.model flat, stdcall                    ;②存储模型，Win32 程序只能用平展（flat）模型
option casemap:none                     ;③指明标识符大小写敏感
include     kernel32.inc                ;④要引用的头文件
includelib  kernel32.lib                ;要引用的库文件
includelib  msvcrt.lib                  ;引用 C 库文件
scanf PROTO C:DWORD,:vararg             ;C 语言的 scanf 函数原型声明
printf PROTO C:DWORD,:vararg            ;C 语言的 printf 函数原型声明
.data                                   ;⑤数据段
Infmt       BYTE    '%lf',0             ;定义变量
Outfmt      BYTE    '[%+g]负数为%g',0
x           QWORD   ?
y           QWORD   ?
.code                                   ;⑥代码段
FuShu           PROC f:QWORD            ;接收 64 位数据
FLD         f                           ;取双精度数
fchs                                    ;转换后结果存于 st(0)中返回
RET
FuShu           ENDP
start:                                  ;定义标号 start
invoke scanf,ADDR Infmt,ADDR x          ;输入 x 的值
```

```
invoke FuShu,x                    ;求 x 的负数通过 st(0)返回
FSTP      y                       ;取负数
invoke printf,ADDR Outfmt,x,y     ;输出
invoke ExitProcess,0              ;退出进程，返回值为 0
end    start                      ;指明程序入口点 start
```

运行后输入：

```
3.14
```

则输出结果：

```
[+3.14]负数为-3.14
```

运行后输入：

```
-3.14
```

则输出结果：

```
[-3.14]负数为 3.14
```

以下是调用求负数函数 FuShu 的伪指令：

```
invoke FuShu,x                    ;求 x 的负数通过 st(0)返回
```

若要用 CALL 指令实现“invoke FuShu,x”调用，按照方法一，将一个 8 字节的浮点数分成两次入栈，代码如下：

```
mov      eax,DWORD PTR x+4        ;将浮点数高 4 字节转 eax
push     eax                      ;再将存 eax 的高 4 字节入栈
mov      ecx,DWORD PTR x          ;将浮点数低 4 字节转 ecx
push     ecx                      ;再将存 ecx 的低 4 字节入栈
call     FuShu
add      esp, 8                   ;若是 C 方式调用则需恢复堆栈指针
```

按照方法二，先用 Sub 指令将栈顶指针减 8，以腾出 8 字节空间，然后再用 fstp 指令将一个 8 字节的浮点数直接存入栈顶，代码如下：

```
sub esp,8                         ;直接修改堆栈指针以腾出 8 字节空间
fld x                             ;加载浮点数 x 到浮点寄存器 st(0)
fstp QWORD ptr[esp]               ;用 fstp 指令将浮点寄存器 st(0)中的值存入栈顶
call     FuShu
add      esp, 8                   ;若是 C 方式调用则需恢复堆栈指针
```

8.4 汇编语言递归函数求累加和

在函数中又间接或直接地调用函数自身，称为函数的递归调用。

8.4.1 C 语言实现递归函数求累加和

分析 1+2+⋯+n 的累加和：

$$\sum_{i=1}^{n} i = n + \sum_{i=1}^{n-1} i$$

$$\sum_{i=1}^{n-1} i = n - 1 + \sum_{i=1}^{n-2} i$$

$$\cdots$$

$$\sum_{i=1}^{1} i = 1$$

由此可得：

$$\sum_{i=1}^{n} i = \text{fun}(n) = \begin{cases} 1 & ,n \leqslant 1 \\ n + \sum_{i=1}^{n-1} i & ,n > 1 \end{cases} = \begin{cases} 1 & ,n \leqslant 1 \\ n + \text{fun}(n-1) & ,n > 1 \end{cases}$$

根据以上分析可知，当 n≤1 时，累加和 fun(n)就是 1；当 n>1 时，n 项累加和 fun(n)就是 n+fun(n−1)，其中 fun(n−1)为前 n−1 项的累加和。

C 语言用递归函数实现求 1~n 的累加和源程序如下：

```
#include <stdio.h>
int fun(int n)
{
    int z;
    if(n>1)z=n+fun(n-1);else z=1;
    return z;
}
void main()
{
    printf("和为%d",fun(100));
}
```

8.4.2 汇编语言实现递归函数求累加和

用汇编语言.IF 伪指令实现递归函数求 1~n 的累加和源程序如下：

```
.386                                    ;①选择的处理器
.model flat, stdcall                    ;②存储模型，Win32 程序只能用平展（flat）模型
                                        ;stdcall 为函数调用方式：右边的参数先入栈
option casemap:none                     ;③指明标识符大小写敏感
include      kernel32.inc               ;④要引用的头文件
includelib   kernel32.lib               ;要引用的库文件
includelib   msvcrt.lib                 ;引用 C 库文件
printf PROTO C:DWORD,:vararg            ;C 语言的 printf 函数原型声明
.data                                   ;⑤数据段
Outfmt DB  "和为%d",0;
.code                                   ;⑥代码段
fun    PROC n:DWORD                     ;if(n>1)return n+fun(n−1);else return 1;
    .IF n>1                             ;若 n>1
        mov        ecx,n                ;则 ecx←n，将 n 的值转存 ecx
        dec        ecx                  ;ecx←ecx−1 即 ecx←n−1
        invoke     fun,ecx              ;求 fun(ecx)即 fun(n−1)，返回值存 eax
        add        eax,n                ;eax←eax+n 即 eax←fun(n−1)+n
```

```
    .Else
        mov         eax,1           ;否则（n=1）返回值为 1
    .EndIF
    ret
fun     ENDP
start:
    invoke  fun,100                 ;求 fun(100)
    invoke  printf,addr Outfmt,eax
    invoke  ExitProcess,0
end start
```

用条件转移指令实现，源程序如下：

```
.386                                ;①选择的处理器
.model flat, stdcall                ;②存储模型，Win32 程序只能用平展（flat）模型
option casemap:none                 ;③指明标识符大小写敏感
include     kernel32.inc            ;④要引用的头文件
includelib  kernel32.lib            ;要引用的库文件
includelib  msvcrt.lib              ;引用 C 库文件
printf PROTO C:DWORD,:vararg        ;C 语言的 printf 函数原型声明
.data                               ;⑤数据段
Outfmt DB  "和为%d",13,10,0;
.code                               ;⑥代码段
fun     PROC n:DWORD                ;if(n>1)return n+fun(n−1);else return 1;
        cmp     n,1                 ;n 与 1 比较大小
        jle     LeEq                ;若 n<=1，则转 Done 结束
        mov     ecx,n               ;ecx←n，将 n 的值转存 ecx
        dec     ecx                 ;ecx←ecx−1 即 ecx←x−1
        invoke  fun,ecx             ;求 fun(ecx)即 fun(x−1)，返回值存 eax
        add     eax,n               ;eax←eax+n 即 eax←fun(n−1)+n
        jmp     Done
LeEq:
    mov         eax,1               ;n<=1 时，return 1;
Done:
    ret
fun     ENDP
start:
    invoke  fun,100                 ;求 fun(100)
    invoke  printf,addr Outfmt,eax
    invoke  ExitProcess,0
end start
```

以上程序中 fun 函数如改为以下，则错误：

```
fun     PROC n:DWORD        ;if(n>1)return n+fun(n−1);else return 1;
    cmp         n,1         ;n 与 1 比较大小
    jle         LeEq        ;若 n<=1，则转 Done 结束
    mov         ecx,n       ;ecx←n，将 n 的值转存 ecx
    dec         n           ;n←n−1
    invoke      fun,n       ;求 fun(x)，返回值存 eax，此调用后将改变 ecx 的值
    add         eax,ecx     ;eax←eax+ecx 即 eax←fun(n−1)+n，但调用 fun(n)后 ecx 变，即 ecx≠n
```

```
    jmp     Done
LeEq:
    mov     eax,1          ;n<=1 时，return 1;
Done:
    ret
fun  ENDP
```

8.4.3 C 程序反汇编得到的源程序实现递归求和

C 语言用递归函数实现求 1~n 的累加和源程序如下：

```
#include <stdio.h>
int fun(int n)
{
    if(n>1)return n+fun(n-1);else return 1;
}
void main()
{
    printf("和为%d",fun(100));
}
```

将以上 C 程序反汇编并修改，得到如下源程序，可以得到同样的运行结果。

```
.386                                    ;选择的处理器
.model flat, stdcall                    ;存储模型，Win32 程序只能用平展（flat）模型
option casemap:none                     ;指明标识符大小写敏感
include     kernel32.inc                ;要引用的头文件
includelib  kernel32.lib                ;要引用的库文件
includelib  msvcrt.lib                  ;引用 C 库文件
printf PROTO C:DWORD,:vararg            ;C 语言的 printf 函数原型声明
.code
_n$ = 8
_fun   PROC NEAR                        ;或_fun   PROC n:DWORD
;5:{若用“_fun PROC n:DWORD”格式，则有关 ebp 和 esp 操作指令不要添加，因系统会自动添加
    push    ebp                         ;保护主程序的堆栈基址 ebp，系统自动添加的代码
    mov ebp,esp                         ;设置子程序的堆栈基址 ebp
    sub     esp, 64                     ;64=00000040H，局部变量存储空间预留 64 字节
    push    ebx                         ;保存相关寄存器值到局部变量以下位置，如图 7-1 所示
    push    esi
    push    edi
    lea     edi, DWORD PTR [ebp-64]     ;edi 指向预留的 64 字节存储空间并置初值 0ccH（INT 3）
    mov     ecx, 16                     ;00000010H
    mov     eax, -858993460             ;-858993460=ccccccccH
    rep stosd                ;用 eax 内容（ccccccccH）填充 edi 指定 64 字节（16 个双字）空间
; 6    : if(n>1)return n+fun(n-1);else return 1;
    cmp     DWORD PTR _n$[ebp],1     ;cmp n,1              ;n 与 1 比较大小
    jleSHORT $L339                   ;jle       LessEqu    ;若 n<=1 转 LessEqu
    mov     eax,DWORD PTR _n$[ebp]   ;mov eax,n            ;n 转存 eax
    sub     eax,1                                          ;eax-1 存 eax，相当于 n-1
    push    eax                                            ;eax 入栈，相当于 n-1 入栈
```

```
        call    _fun
        add     esp,4
        add     eax,DWORD PTR _n$[ebp] ;add  eax,n         ;eax←eax+n 即 eax←fun(n−1)+n
        jmp     SHORT $L340             ;jmp Done
$L339:                                  ;LessEqu:
        mov     eax, 1                                      ;返回 1
$L340:                                  ;Done:
; 7      : }
        pop     edi                     ;还原相关寄存器，系统自动添加的代码
        pop     esi
        pop     ebx
        add     esp, 64                 ; 00000040H
        mov     esp,ebp                 ;恢复主程序的堆栈指针 esp
        pop     ebp                     ;恢复主程序的堆栈基址 ebp
        ret     0
_fun    ENDP
.data
fmt DB "和为%d",13,10,0                 ;输出格式字符串
.code
_main  PROC NEAR                        ; COMDAT
; 9      : {printf("和为%d\n",fun(100));
        push    ebp                     ;保护主程序的堆栈基址 ebp
        mov ebp,esp                     ;设置子程序的堆栈基址 ebp
        sub     esp, 64                 ;64=00000040H，局部变量存储空间预留 64 字节
        push    ebx                     ;保存相关寄存器值到局部变量以下位置，如图 8-1 所示
        push    esi
        push    edi
        lea     edi,DWORD PTR [ebp-64]  ;edi 指向预留的 64 字节存储空间并置初值 0ccH（INT 3）
        mov     ecx,16                  ;00000010H
        mov     eax,-858993460          ;-858993460=ccccccccH
        rep stosd               ;用 eax 内容（ccccccccH）填充 edi 指定 64 字节（16 个双字）空间
        push    100                     ;00000064H
        call    _fun
        add     esp, 4
        push    eax
        push    OFFSET FLAT:fmt         ;'string'
        call    printf
        add     esp, 8
; 12     : }
        pop     edi                     ;还原相关寄存器
        pop     esi
        pop     ebx
        add     esp,64                  ;00000040H
        mov esp,ebp                     ;恢复主程序的堆栈指针 esp
        pop ebp                         ;恢复主程序的堆栈基址 ebp
        ret     0
_main  ENDP
end _main
```

8.5 C 程序调用汇编语言的子程序

C 程序要调用汇编语言的子程序（函数），实现方法是，先将汇编语言源程序用汇编语言开发工具（如 qeditor.exe）保存并编译生成.obj 文件，然后将汇编语言.obj 文件加入 C 程序所在工程中，与其他文件一起链接生成可执行文件（*.exe）。

将汇编语言.obj 文件加入 C 程序所在工程的操作如图 8-2 所示。

（a）向 VC 工程添加文件的菜单项

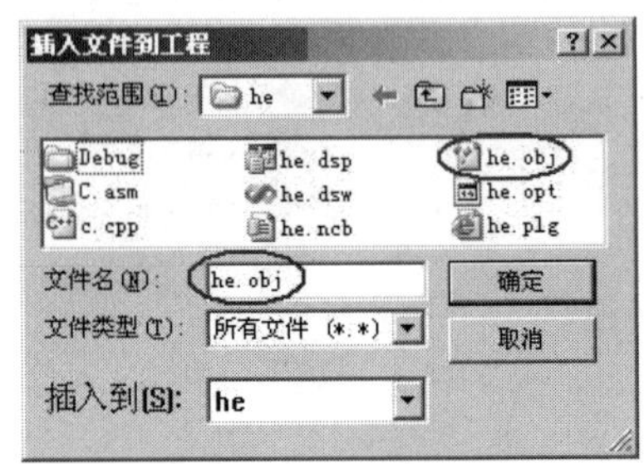

（b）向 VC 工程添加.obj 文件的对话框

图 8-2 向 VC 工程添加文件的操作

8.5.1 C 程序调用汇编语言子程序的方式

C 程序调用汇编语言子程序（函数）的方式主要有 3 种。原则上，汇编语言源程序中指定的函数调用方式要与 C 程序中原型声明时指定的实际调用方式一致。

若 C 程序以 C 方式调用，则汇编语言源程序中须指定为“.model flat,C”，在 C 源程序中须声明为外部 C 程序（函数原型时前缀 extern "C"）；若是以 C++方式调用，则须指定为“.model flat,syscall”，且函数名要按_cdecl 规则重新命名，在 C++源程序中声明为外部程序；若是以标准方式调用，则须指定为“.model flat,stdcall”，在 C 源程序中声明为以“_stdcall”方式调用的外部 C 程序。

_stdcall 调用约定，函数名前缀一个下划线，后缀一个“@”及形参字节数，语法格式如下：

```
_函数名@形参字节数
```

例如“in the(int x,int y)”重命名为“_he@8”。

函数名按_cdecl 规则重新命名的方法如图 8-3 所示，示例如图 8-4 所示。按_cdecl 规则重新命名时数据类型对应的代号如表 8-1 所示。

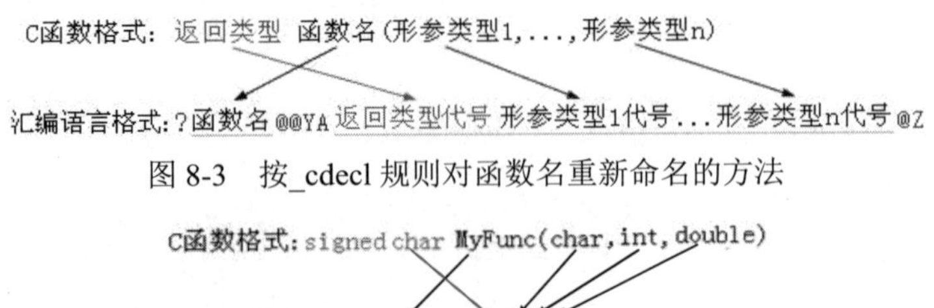

图 8-3 按_cdecl 规则对函数名重新命名的方法

C函数格式：signed char MyFunc(char,int,double)

汇编语言格式：?MyFunc@@YACDHN@Z

图 8-4 C++语言的 signed char MyFunc(char,int,double)函数对应的子程序名为?MyFunc@@YACDHN@Z

表 8-1 按_cdecl 规则重新命名时数据类型对应的代号

数据类型	代 号	数据类型	代 号	数据类型	代 号	数据类型	代 号
signed char	C	unsigned short	G	unsigned long	K	void	X
char	D	int	H	float	M	_int64	_J
unsigned char	E	unsigned	I	double	N	bool	_N
short	F	long	J	long double	O	X 类型指针	PAX

注：PAX 表示指针，PA 后面的 X 为指针基类型代号，若同类型指针连续出现则以 0（零）代替

若读者不理解如何将函数名按_cdecl 规则重新命名，可以在 C 源程序中直接声明相应的函数原型并调用它，然后编译链接该源程序文件，系统会产生如下出错提示信息，在提示信息中有所要调用的函数原型及按_cdecl 规则重新命名的子程序名。

```
inking...
ccc.obj : error LNK2001: unresolved external symbol "int __cdecl he(int,int)" (?he@@YAHHH@Z)
Debug/ddd.exe : fatal error LNK1120: 1 unresolved externals
执行 link.exe 时出错.
```

8.5.2 C 整型参数不同调用方式传入汇编

例 8-6 用汇编语言编写求和函数 FunAdd(int x,int y)并存为 he.asm，再编写 C 程序调用它。

下面给出 3 种常用方式和一种混合调用方式的实现方法和代码。

（1）C 方式调用

第一步：将如下求和的汇编语言源程序 he.asm 用 ml.exe 或 VC 编译成目标文件 he.obj

```
.386                                    ;选择的处理器
.model flat,C                           ;C 方式自动加下划线
option casemap:none                     ;指明标识符大小写敏感
.code                                   ;代码段
he      proc x:dword,y:dword            ;C 方式自动重命名_he
        mov eax,x
        add eax,y
        ret
he      endp
end
```

第二步：将目标文件 he.obj 添加到以下程序所在工程中，然后编译运行。

```
#include <stdio.h>
extern "C" int _cdecl he(int x,int y);//要将 he 声明为外部函数且是 C 格式，_cdecl 可省略
void main()
{
    printf("和为%d\n",he(3,4)); //extern C 方式自动改为调用_he
}
```

输出运行结果：

```
和为 7
```

（2）C++方式调用

第一步：将如下求和的汇编语言源程序 he.asm 用 ml.exe 或 VC 编译成目标文件 he.obj

```
.386                                   ;选择的处理器
.model flat,syscall                    ;syscall 方式不会重命名函数名，也不会改 ret 后的值
option casemap:none                    ;指明标识符大小写敏感
.code                                  ;代码段
?he@@YAHHH@Zproc x:dword,y:dword
                                       ;syscall 方式手工将 in the(int,int)重命名为?he@@YAHHH@Z
mov eax,x
add eax,y
ret
?he@@YAHHH@Z       endp
end
```

第二步：将目标文件 he.obj 添加到以下程序所在工程中，然后编译运行。

```
#include <stdio.h>
extern int _cdecl he(int x,int y);//将函数 he 声明为外部函数，_cdecl 可省略
void main()
{
      printf("和为%d\n",he(3,4));//_cdecl(C++)方式自动改为调用?he@@YAHHH@Z
}
```

（3）stdcall 方式调用

第一步：将如下求和的汇编语言源程序 he.asm 用 ml.exe 或 VC 编译成目标文件 he.obj。

```
.386                                   ;选择的处理器
.model flat,stdcall                    ;stdcall 方式会重命名函数名，也会改变 ret 为 ret 8
option casemap:none                    ;指明标识符大小写敏感
.code                                  ;代码段
he       proc x:dword,y:dword          ;he(int,int)函数按 stdcall 自动重命名为_he@8
         mov eax,x
         add eax,y
         ret                           ;stdcall 自动被编译为 ret 8
he       endp
end
```

第二步：将目标文件 he.obj 添加到以下程序所在工程中，然后编译运行。

```
#include <stdio.h>
extern "C" int _stdcall he(int x,int y);//将函数 he 声明为外部函数，调用_he@8
void main()
{
      printf("和为%d\n",he(3,4));//_stdcall 方式自动改为调用_he@8
}
```

（4）syscall 汇编代码 stdcall 方式调用

第一步：将如下求和的汇编语言源程序 he.asm 用 ml.exe 或 VC 编译成目标文件 he.obj。

```
.386                                   ;选择的处理器
.model flat,syscall                    ;syscall 方式不会重命名函数名，也不会改变 ret 后的值
option casemap:none                    ;指明标识符大小写敏感
```

```
.code                                ;代码段
_he@8       proc x:dword,y:dword ;he(int,int)函数按 stdcall 手工重命名为_he@8
            mov eax,x
            add eax,y
            ret 8                    ;按 stdcall 规则手工改为 ret 8
_he@8       endp
end
```

第二步：将目标文件 he.obj 添加到以下程序所在工程中，然后编译运行。

```
#include <stdio.h>
extern "C" int _stdcall he(int x,int y);//将函数 he 声明为外部函数，调用_he@8
void main()
{
    printf("和为%d\n",he(3,4));//_stdcall 方式自动改变为调用_he@8
}
```

8.5.3 C 整型数组参数传入汇编

例 8-7 用汇编语言编写求平均函数 int mean(int d[],int num)并存为 MN.asm，再编写 C 程序调用它。

第一步：将以下求平均的汇编语言源程序 MN.asm 编译成目标文件 MN.obj。

```
.386                                 ;①选择的处理器
.model flat,C                        ;②存储模型，Win32 程序只能用平展（flat）模型
option casemap:none                  ;③指明标识符大小写敏感
.code                                ;④代码段
mean proc uses ebx ecx edx,d:ptr dword,num:dword
        LOCAL temp:dword
        mov ebx,d                    ;取数组首地址，不能用“LEA ebx,d”
        mov ecx,num                  ;取循环次数（数组元素个数）
        mov temp,0                   ;累加和初值
        mov esi,0                    ;以 esi 作为循环变量，相当于 i=0
mean1:mov eax,[ebx+esi*4]            ;eax<==d[i]
        add temp,eax                 ;temp=temp+d[i];
        inc esi                      ;add esi,1              ;i++
        cmp esi,ecx                  ;比较 i（存于 esi）与 num（存于 ecx）
        jb   mean1                   ;如果 esi 低于 ecx（即 i<num）则转 mean1
        mov eax,temp                 ;累加和 temp 转存 eax
        cdq                          ;扩展 eax，即 edx|eax<==eax
        idiv ecx                     ;作整数除，即(edx|eax)/ecx=eax...edx
        ret
mean endp
end
```

第二步：将 MN.obj 添加到以下程序所在工程中，编译运行。

```
#include "stdio.h"
extern "C" {int mean（int d[],int num）;}//要将 mean 函数声明为外部函数且是 C 格式程序
void main()
{
    int array[10]={1,2,3,4,5,6,7,8,9,10};
```

```
    printf("平均值为%d\n",mean(array,10));
}
```

输出运行结果：

```
平均值为 5
```

8.5.4　C 字符数组参数传入汇编

要在汇编语言中定义可被 C 函数调用的子程序，只须在汇编中用“.model flat,C”指定 C 方式调用，函数名也不必重命名；在 C 程序中只须声明为外部 C 函数即可。

例 8-8　用汇编语言编写读 CPUID 函数 int GetCpuId(char s[])并保存为 CPU.asm，再编写 C 程序并调用它，以显示 CPU 系列号和厂商名称。

第一步：将求 CPU 系列号和厂商名称的汇编源程序 CPU.asm 编译成目标文件 CPU.obj。

```
.586                        ;选择的处理器，至少 586 以上
.model flat,C               ;存储模型，Win32 程序只能用平展（flat）模型
option casemap:none         ;指明标识符大小写敏感
.code                       ;代码段
GetCpuId proc uses ebx ecx edx,s:ptr SBYTE
        mov eax,0           ;设置 EAX 的值为 0
        cpuid               ;执行 CPUID 指令后，ebx|edx|ecx 返回 CPU 厂商名，如 GenuineIntel
        mov eax,s           ;取数组 s 地址，不能用“LEA ebx,s”
        mov [eax],ebx       ;ebx 中的厂商名前 4 字符"Genu"用 eax 寄存器间接寻址转存 s
        mov [eax+4],edx     ;edx 中的厂商名中间 4 字符"ineI"用 eax+4 寄存器相对寻址转存 s+4
        mov [eax+8],ecx     ;ecx 中的厂商名后 4 字符"ntel"用 eax+8 寄存器相对寻址转存 s+8
        mov eax,1           ;设置 eax 的值为 1
        cpuid               ;执行 CPUID 指令后，edx 返回 CPU ID，如 3219913727
        mov eax,edx         ;保存 edx 中的 CPU ID 值转存 eax 返回主程序
        ret
GetCpuId endp
End
```

第二步：将 CPU.obj 添加到以下程序所在工程中，编译运行。

```
#include "stdio.h"
extern "C" {int GetCpuId(char s[]);}
void main()
{
    char s[20]={0,0,0,0,0,0,0,0,0,0,0,0,0,0,0,0,0,0,0,0};
    int n=GetCpuId(s);
    printf("CPU ID:%u,CPU 厂商名:%s\n",n,s);
}
```

输出运行结果：

```
CPU ID:3219913727,CPU 厂商名:GenuineIntel
```

8.5.5　C 调用汇编语言实现函数重载

C++中函数的重载实现了用同一个函数名调用不同函数、实现不同但类似的功能，大

大方便了程序设计。例如，在 C 语言中要求绝对值必须用两个函数，一个是求整数的绝对值“int abs(int)”，另一个是求实数的绝对值“double fabs(double)”，这不便于学习和使用，有了重载功能以后，就可以用一个函数实现这两个功能，至于是调用求整数的绝对值函数还是调用求实数的绝对值函数，由编译器自动匹配。

函数可重载的必要条件是：函数名相同而参数的个数或类型不同（返回类型是否不同不作为可重载依据）。编译时由编译器根据函数名和实参个数与类型去匹配并决定调用哪个函数。

例 8-9 在汇编语言中定义求若干整数和的可重载函数“int f(int x,int y)”和“int f(int x,int y,int z)”，并用 C++程序调用它。

第一步：在汇编语言中定义可重载函数“int f(int x,int y)”和“int f(int x,int y,int z)”，存为源程序 he.asm，编译成目标文件 he.obj。

```
.386                                ;选择的处理器
.model flat,syscall                 ;syscall 方式不会重命名函数名，也不会修改 ret 后的值
option casemap:none                 ;指明标识符大小写敏感
.code                               ;代码段
?f@@YAHHH@Z PROC x:dword,y:dword;对应 C++函数名 int f(int x,int y)
mov eax,x
add eax,y
ret
?f@@YAHHH@Z endp
?f@@YAHHHH@Z PROC x:dword,y:dword,z:dword;对应 C++函数名 int f(int x,int y,int z)
mov eax,x
add eax,y
add eax,z
ret
?f@@YAHHHH@Z endp
end
```

第二步：将 he.obj 添加到以下程序所在工程中，编译运行。

```
#include"stdio.h"
extern int f(int x,int y);
extern int f(int x,int y,int z);
void main()
{
    printf("%d %d\n",f(2,3),f(3,4,5));
}
```

运行输出结果：

```
5   12
```

习题 8

8-1 编写一子程序实现 C 语言的函数“int fact(int n)”用于求整数 n 的阶乘即 n!，然后输入正整数 a 和 b（a<b），输出其间所有阶乘。

运行后输入：

```
2  5
```

则输出结果：

```
2 6 24 120
```

8-2 编写一子程序实现函数 Lower 用于将大写字母变小写字母。

运行后输入：

```
A
```

则输出结果：

```
a
```

8-3 编写一串复制子程序，实现 C 语言的“char* strcpy(char *Dst,char *Src)”函数，然后主程序调用 strcpy(s1,s2)实现 s2 串复制到 s1 串。

源程序如下：

```
.386                                    ;①选择的处理器
.model flat, stdcall                    ;②存储模型，Win32 程序只能用平展（flat）模型
option casemap:none                     ;③指明标识符大小写敏感
include      kernel32.inc               ;④要引用的头文件
includelib   kernel32.lib               ;要引用的库文件
includelib   msvcrt.lib                 ;引用 C 库文件
scanf PROTO C:DWORD,:vararg             ;C 语言的 scanf 函数原型声明
printf PROTO C:DWORD,:vararg            ;C 语言的 printf 函数原型声明
.data                                   ;⑤数据段
fmt     BYTE      '%s',0                ;定义变量
s1      BYTE      80 Dup(0)
s2      BYTE      80 Dup(0)
.code                                   ;⑥代码段
/*【*/


/*】*/
start:                                  ;定义标号 start
invoke scanf,ADDR fmt,ADDR s2           ;输入 s2 的值
invoke strcpy,ADDR s1,ADDR s2           ;求 s2 串复制到 s1 串
invoke printf,ADDR fmt,ADDR s1          ;输出
invoke ExitProcess,0                    ;退出进程，返回值为 0
end     start                           ;指明程序入口点 start
```

运行后输入：

```
ABCD
```

则输出结果：

```
ABCD
```

8-4 编写一子程序，实现函数“int IsPrime(int n)”用于判断整数 n 是否是素数，然后输入正整数 a 和 b（a<b），输出其间所有素数。

运行后输入：

```
2 9
```

则输出结果：

```
2 3 5 7
```

8-5 用归递方法实现 n!，运行后输入正整数 n，输出 n!的结果。

运行后输入：

```
5
```

则输出结果：

```
120
```

8-6 用归递方法实现将十进制数转换为二进制数，运行后输入正整数 n，输出 n 的二进制数。

运行后输入：

```
250
```

则输出结果：

```
11111010
```

8-7 用归递方法实现将十进制数转换为八进制数，运行后输入正整数 n，输出 n 的八进制数。

运行后输入：

```
255
```

则输出结果：

```
377
```

8-8 用归递方法实现求十进制数各位数字和，运行后输入正整数 n，输出 n 各位数字和。

运行后输入：

```
123456789
```

则输出结果：

```
45
```

8-9 用归递方法实现将一个十进制数各位数字按逆序输出。

运行后输入：

```
123456789
```

则输出结果：

```
987654321
```

8-10 Hanoi（汉诺塔）问题，传说梵天创造世界时做了 3 根宝石针 A、B 和 C，在 A 针上从下往上按照从大到小顺序穿着 64 个大小不同的圆盘（如图 8-5 所示）。梵天命令僧侣借助 B 针把圆盘从 A 针移到 C 针上，移动的规则是：一次只能移动一片，且不管在哪根针上，小盘必须在大盘之上。现请编程实现僧侣的工作，程序运行后输入圆盘数 n，输出每一步移动的顺序。

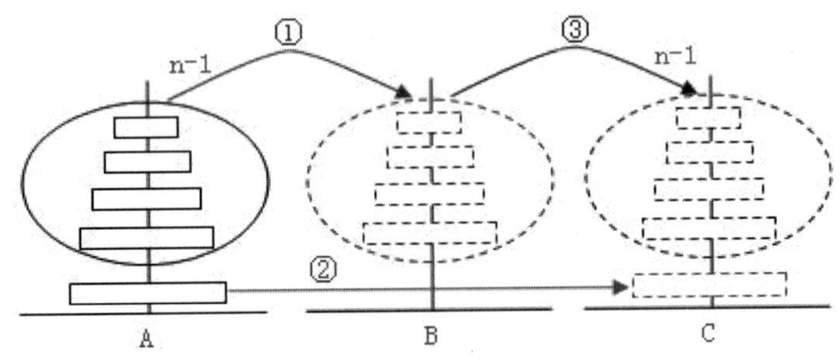

图 8-5　Hanoi（汉诺塔）问题

运行后输入：

```
1
```

则输出结果：

```
A 移 1 个盘到 C
```

运行后输入：

```
2
```

则输出结果：

```
A 移 1 个盘到 B
A 移 1 个盘到 C
B 移 1 个盘到 C
```

运行后输入：

```
3
```

则输出结果：

```
A 移 1 个盘到 C
A 移 1 个盘到 B
C 移 1 个盘到 B
A 移 1 个盘到 C
B 移 1 个盘到 A
B 移 1 个盘到 C
A 移 1 个盘到 C
```

8-11 设有一棵完全二叉树，其每个结点的值都是一个字母。该二叉树各结点的值按层（同层的按从左到右的顺序）存储于字符数组 B 中，如图 8-6 所示字符数组 B 的值为"ABCDEFGHIJKLMNOPQRST"。

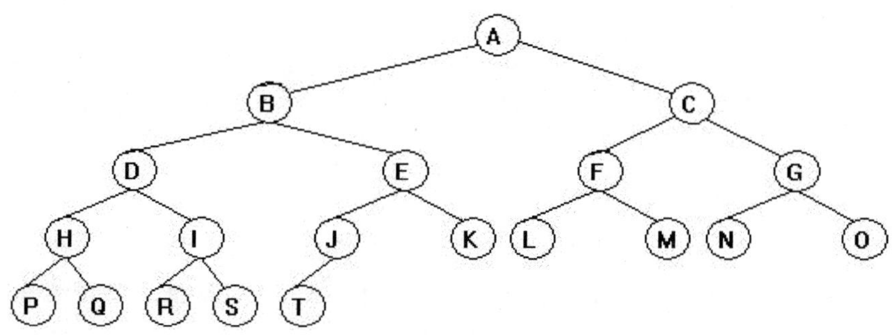

图 8-6 字符数组 B 的值为"ABCDEFGHIJKLMNOPQRST"的完全二叉树

现要求编程输入字符数组 B 的值，然后按先序遍历输出各结点的值。

运行后输入：

```
ABCDEFG
```

则输出结果：

```
ABDECFG
```

8-12 在汇编语言中定义求绝对值的可重载函数“int abs(int x)”和“double abs(double x)”，并用 C++程序调用它。

运行后输入：

```
-3 -3.14
```

则输出结果：

```
|-3|=3,|-3.14|=3.14
```

运行后输入：

```
3 3.14
```

则输出结果：

```
|+3|=3,|+3.14|=3.14
```

第 9 章
吾爱破解软件使用简介

在汇编语言程序设计中，程序的调试与跟踪运行是查找程序错误的一个非常重要的环节，常用的工具有吾爱破解（Ollydbg）和软冰（SoftICE）等。这里主要介绍吾爱破解软件的使用方法。

9.1 吾爱破解软件主线程模块界面

用吾爱破解软件可以很方便地看到每一条指令的运行情况和 CPU、FPU 中寄存器的相关数据或状态及内存中数据段和堆栈段数据的变化情况。现以如下源程序运行情况进行介绍。

```
.386                                        ;①选择的处理器
.model flat, stdcall                        ;②存储模型，Win32 程序只能用平展（flat）模型
option casemap:none                         ;③指明标识符大小写敏感
include        kernel32.inc                 ;④要引用的头文件
includelib     kernel32.lib                 ;要引用的库文件
includelib     msvcrt.lib                   ;引用 C 库文件
printf PROTO C:ptr sbyte,:vararg            ;C 语言的 printf 函数原型声明
.data                                       ;⑤数据段
a dword        41424344H
fmt    BYTE    '%x',13,10,0                 ;定义变量
.code                                       ;⑥代码段
start:                                      ;⑦定义标号 start
Push a                                      ;变量 a 入栈
Push OFFSET fmt                             ;格式字符串 fmt 入栈
Call printf                                 ;调用 printf(fmt,s)函数
Add    esp,8                                ;恢复堆栈指针
invoke ExitProcess,0                        ;⑧退出进程，返回值为 0
end    start                                ;⑨指明程序入口点 start
```

将以上源程序编译后生成 c001.exe，然后用吾爱破解软件打开，界面如图 9-1 所示。

根据主界面可知，整个界面由 4 大部分组成，左上角是代码段信息，左下角是数据段信息，右下角是堆栈段信息，右上角是 CPU 和 FPU 寄存器信息。

左上角的第 1 列是代码段反汇编后对应的每条指令的地址；第 2 列是代码段每条指令的机器码，该列每行空格左边的是操作码，空格右边是按“高高低低”原则存储的操作数；第 3 列是用助记符表示的指令；第 4 列是与指令相关的注释，如操作数地址对应的存储单

元的内容。

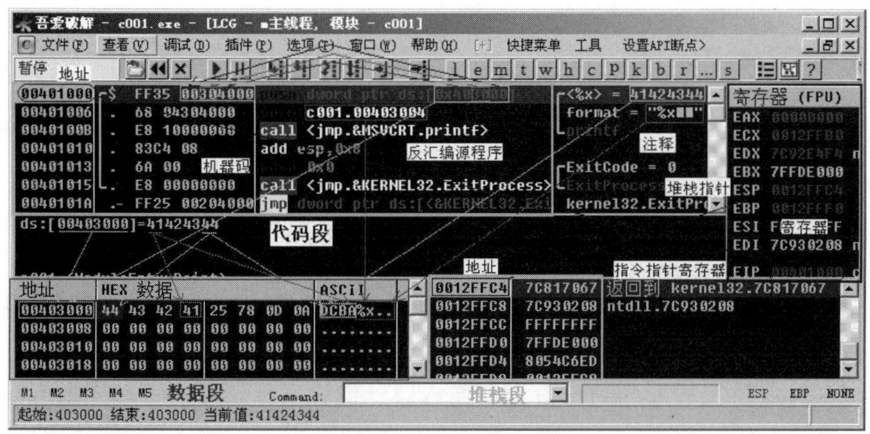

图 9-1　吾爱破解软件主界面

左下角的第 1 列是数据段的地址，默认起始地址是 00403000H，然后根据每行所显示数据的字节数递增；第 2 列是数据段按“高高低低”原则存储的数据，可以 8 字节一行，也可以是 16 字节一行，一般以十六进制显示；第 3 列是对应的字符，可以是 ASCII 码/机内码，也可以是 Unicode 编码。

右下角的第 1 列是堆栈段的地址，默认起始地址是 0012FFC4H，默认以 4 字节入栈，则地址默认以 4 字节递增；第 2 列是堆栈段对应的双字数据，一般以十六进制显示；第 3 列是与地址对应的存储单元的内容。

右上角的第 1 列是 CPU 寄存器名、CPU 标志位、FPU 数据寄存器、FPU 状态寄存器、FPU 控制寄存器等；第 2 列是对应寄存器名或标志位所存储的数值，一般以十六进制显示。

吾爱破解软件功能强大，作为初学者至少要掌握最常用的 3 个功能：（1）用“文件”菜单中的“打开”命令打开指定的可执行文件（*.exe）；（2）用“调试”菜单中的“单步步入”命令（F7）进入 Call 所调用的子程序，以便在子程序中逐条执行指令；（3）用“调试”菜单中的“单步步过”命令（F8）跨过 Call 所调用的子程序，以便将子程序调用当作一条指令执行。

9.2　如何用吾爱破解软件找到登录软件密码

任何一个登录软件都有 3 个基本功能模块：

- 输入口令模块。
- 输入的口令与密码进行比较模块。
- 根据比较结果，输出口令正确与否的相应信息。

因此，要找到登录软件的密码，要完成以下 3 个步骤：

- 找到 main 函数的入口点并进入。
- 找到输入口令模块并步过。
- 找到口令与密码比较模块，并根据堆栈段中的参数值或指针寄存器所指向的内存空间，若同时出现所输入的口令字符串和另一字符串，则另一字符串一般就是密码。

第一步：在顶层找 main 函数的入口点。

用 C 语言编写的登录软件，在进入 main 函数之前，要调用一些系统函数，如 GetVersion 和 GetCommandLineA 等函数，用于获得操作系统版本、命令行参数、环境变量的值等。调用（Call）以上这些函数和 main 函数的最大区别是：调用以上这些函数不进入等待状态，而调用 main 函数会进入等待用户输入状态。因此，找 main 函数的依据是，当单步运行到某个顶层 Call 时，若进入输入等待状态，则此 Call 调用的就是 main 函数。这是第一遍运行。

第二步：在第二层找输入口令模块。

进入 main 函数以后，一般不会马上进入输入口令模块，也会调用一些初始化模块。因此，可以用找 main 函数一样的方法找输入口令模块。

找到输入口令模块后要判断是否真是输入口令模块，依据是：若进入输入口令模块后不输出口令正确与否的相应信息，则是输入口令模块，否则是输入口令模块的上层。

第三步：在第二层找口令与密码比较模块。

一般口令与密码比较模块紧跟在输入口令模块之后，因此，在输入口令模块之后的每一个调用（Call），都有可能是口令与密码比较模块，所以都要步入（其中有些 Call 可能是口令预处理调用），并注意观察堆栈段和指针寄存器所指向的字符串，直到同时出现所输入的口令字符串和另一字符串为止。找到后即可执行到返回，并回到所有上层。这是第二遍运行。

用找到的字符串（密码）输入验证，若提示正确，则完成第三步。这是第三遍运行。

若提示不正确，则重复第三步。这就需要运行第四遍以上。

找到口令与密码比较模块后，一般会出现一段根据比较结果，输出口令正确与否相应信息的代码，并用 je（或 jne）之类的指令分别转移到不同位置去执行。若将指令 je 改 jne 或 jne 改 je 并保存（详见下节），则程序运行后将出现，输入不正确口令却被当作输入正确口令处理，而输入正确口令却被当作输入不正确口令处理。

9.3 用吾爱破解软件修改可执行文件并保存

找到的关键指令后，在指令位置右击，在弹出的快捷菜单中选择“汇编”命令，如图 9-2 所示。

图 9-2　吾爱破解软件汇编程序

将指令“and eax,0xFF”改为“and eax,0x00”或“je Xp.004017DF”改为“jne Xp.004017DF”后，先单击一次“汇编”按钮，然后再单击“取消”按钮退出汇编，如图 9-3 所示。

图 9-3　吾爱破解软件汇编一条指令

若是修改“and eax,0xFF”指令，吾爱破解软件会自动添加两条空操作指令（nop），以保证机器码字节数与之前的一致，如图 9-4 所示。

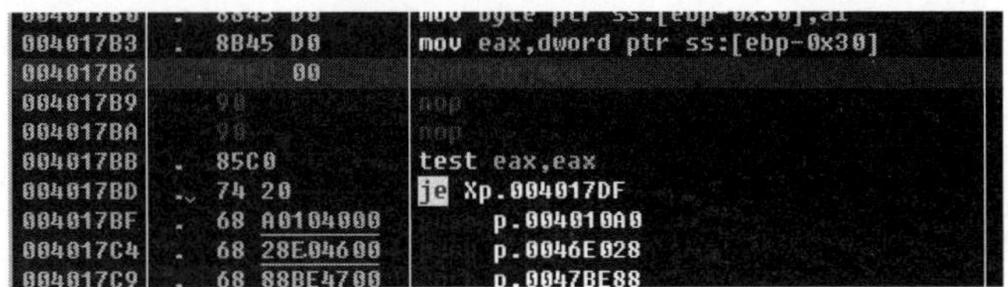

图 9-4　吾爱破解软件汇编完一条指令后

右击指令，在弹出的快捷菜单中选择“复制到可执行文件”→“所有修改”命令，如图 9-5 所示。

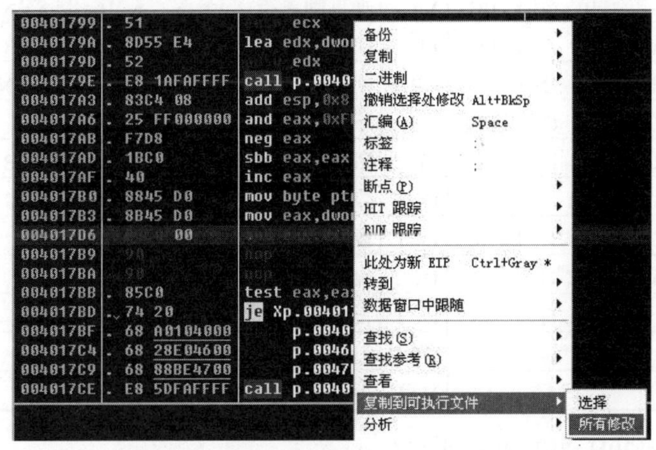

图 9-5　吾爱破解软件将所有修改复制到可执行文件的快捷菜单

在弹出对话框中单击“全部复制”按钮，如图 9-6 所示。

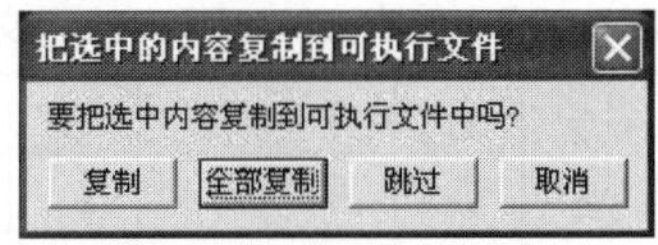

图 9-6　吾爱破解软件将所有修改复制到可执行文件的提示对话框

在弹出的窗体中右击，在弹出的快捷菜单中选择“保存文件”命令，在弹出的“保存”对话框中输入文件名并保存，如图 9-7 所示。

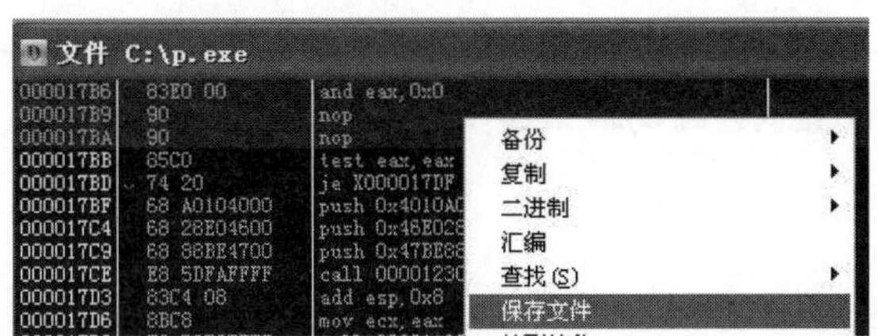

图 9-7　吾爱破解软件将所有修改复制到可执行文件后实现保存的快捷菜单

运行所保存文件，就可以得到与实际效果相反的效果。

附录 A

1. ASCII 值为 00H~1FH 的控制字符

ASCII 值为 00H~1FH 的控制字符及解释如附表 A-1 所示。

附 A-1 ASCII 值为 00H~1FH 的控制字符

ASCII	缩写	解释	Ctrl+	ASCII	缩写	解释	Ctrl+	ASCII	缩写	解释	Ctrl+
00	NUL	串结束标志，'\0'	@	0B	VT	垂直制表符，'\v'	K	16	SYN	同步空闲	V
01	SOH	标题开始	A	0C	FF	换页键，'\f'	L	17	ETB	传输块结束	W
02	STX	正文开始	B	0D	CR	回车，'\r'	M	18	CAN	取消	X
03	ETX	正文结束	C	0E	SO	不用切换	N	19	EM	介质中断	Y
04	EOT	传输结束	D	0F	SI	启用切换	O	1A	SUB	文件结束	Z
05	ENQ	请求	E	10	DLE	数据链路转义	P	1B	ESC	Esc 键	[
06	ACK	收到通知	F	11	DC1	设备控制 1	Q	1C	FS	文件分割符	/
07	BEL	响铃，'\a'	G	12	DC2	设备控制 2	R	1D	GS	分组符	]
08	BS	退格键，'\b'	H	13	DC3	设备控制 3	S	1E	RS	记录分离符	^
09	HT	Tab 键，'\t'	I	14	DC4	设备控制 4	T	1F	US	单元分隔符	_
0A	LF	换行，'\n'	J	15	NAK	拒绝接收	U	1F	Del	Delete 键	

2. ASCII 值为 20H~7FH 的西文字符

ASCII 值为 20H~7FH 的西文字符如附表 A-2 所示。

附 A-2 ASCII 值为 20H~7FH 的西文字符

	0	1	2	3	4	5	6	7	8	9	A	B	C	D	E	F
2	SP	!	"	#	$	%	&	'	(	)	*	+	,	-	.	/
3	0	1	2	3	4	5	6	7	8	9	:	;	<	=	>	?
4	@	A	B	C	D	E	F	G	H	I	J	K	L	M	N	O
5	P	Q	R	S	T	U	V	W	X	Y	Z	[	\	]	^	_
6	`	a	b	c	d	e	f	g	h	i	j	k	l	m	n	o
7	p	q	r	s	t	u	v	w	x	y	z	{	|	}	~	Del

3. C 语言实现按 GB2312 编码输出所有常用汉字

源程序如下：

```
#include "stdio.h"
void  main()
{
    int q,w;
    printf("   ");
```

```
        for(w=1;w<=94;w++)      printf("%02d",w);
        printf("\n");
        for(q=16;q<=87;q++)
        {
            printf("%02d",q);
            for(w=1;w<=94;w++)
                printf("%c%c",q+160,w+160);
            printf("\n");
        }
}
```

输出运行结果（限于显示页面问题，省略中间的汉字，详见电子文档或程序运行结果，下同）：

```
   0102030405060708091011121314151617181920...808182838485868788899091929394
16 啊阿埃挨哎唉哀皑癌蔼矮艾碍爱隘鞍氨安俺按...梆榜膀绑棒磅蚌镑傍谤苞胞包褒剥
......
87 鳌鳍鳎鳏鳐鳓鳔鳕鳗鳘鳙鳜鳝鳟鳢靼鞅鞑鞒鞔...黟黢黩黧黥黪黯鼢鼬鼯鼹鼷鼽鼾齄
```

4. C 语言实现按 GB2312 编码输出所有特殊符号

源程序如下：

```
#include "stdio.h"
void   main()
{
    int q,w;
    printf("   ");
    for(w=1;w<=94;w++)      printf("%02d",w);
    printf("\n");
    for(q=1;q<=9;q++)
    {
        printf("%02d",q);
        for(w=1;w<=94;w++)
            printf("%c%c",q+160,w+160);
        printf("\n");
    }
}
```

输出运行结果（由于字符宽度不同，以下输出的特殊符号没有对齐；字符多，这里只给出部分）：

```
   0102030405060708091011121314151617181920...757677787980818283848586878889909192939
01  、。· ˉ ˇ ¨ 〃 々—～‖… ‘’ “”〔〕〈〉《》...☆★○●◎◇◆□■△▲※→←↑↓〓
02 ⅰ ⅱ ⅲ ⅳ ⅴ ⅵ ⅶ ⅷ ⅸ ⅹ                1. 2. 3. 4....㈤㈥㈦㈧㈨㈩      Ⅰ Ⅱ Ⅲ Ⅳ Ⅴ Ⅵ Ⅶ Ⅷ Ⅸ Ⅹ Ⅺ Ⅻ
03！ ＂＃￥％＆＇（）＊＋，－．／０１２３４...ｋｌｍｎｏｐｑｒｓｔｕｖｗｘｙｚ｛｜｝￣
04 ぁあぃいぅうぇえぉおかがきぎくぐけげこご...ゅょよらりるれろゎわゐゑをん
05 ァアィイゥウェエォオカガキギクグケゲコゴ...ュユョヨラリルレロヮワヰヱヲンヴヵヶ
06ΑΒΓΔΕΖΗΘΙΚΛΜΝΞΟΠΡΣΤΥ...︸︽︾︿﹀﹁﹂﹃﹄︻︼︷︸︱︙︳︴
07АБВГДЕЁЖЗИЙКЛМНОПРСТ...уфхцчшщъыьэюя
08āáǎàēéěèīíǐìōóǒòūúǔùǖǘǚǜüêɑḿńňǹɡ         ...
09        ━│┃┄┅┆┇┈┉┊┋┌┍┎┏...┼┽┾┿╀╁╂╃╄╅╆╇╈╉╊╋
```

5. C 语言实现按 Unicode 编码输出所有常用汉字

源程序如下：

```
#include <stdio.h>
#include <locale.h>//或#include<clocale>
void main()
{
    int i,j;
    setlocale(LC_ALL,"chinese");/*配置地域化信息*/
    printf("   ");
    for(j=0;j<=0xff;j++)printf("%02x",j);
    printf("\n");
    for(i=0x4e;i<=0x9f;i++)
    {//0x4E00~0x9FA5
        wprintf(L"%02x",i);
        for(j=0;j<=0xff;j++)
            wprintf(L"%c",wchar_t(i*256+j));
        wprintf(L"\n");
    }
}
```

输出运行结果（由于字符多，这里只给出部分，若要完整内容，请在 VC 上运行以上程序）：

```
  000102030405060708090a0b0c0d0e0f...f0f1f2f3f4f5f6f7f8f9fafbfcfdfeff
4e 一丁丂七丄丅丆万丈三上下丌不与丏...仰仱仲仳仴仵件价仸仹仺任仼份仾仿
......
9f 龠龡龢龣龤龥龦龧龨龩龪龫龬龭鼎鼏...
```

6. Java 语言实现 Unicode 编码转换为 UTF-8 编码

源程序如下：

```
import java.io.UnsupportedEncodingException;
public class c001 {
    public static void main(String[] args) {
        String gbk="汉";
        System.out.printf("'%s'Unicode 编码为%x\n",gbk,0+gbk.charAt(0));
        try {
            String iso=new String(gbk.getBytes("UTF-8"),"ISO-8859-1");
            System.out.printf("'%s'UTF8 编码为%x%x%x\n",iso,
                    0+iso.charAt(0),0+iso.charAt(1),0+iso.charAt(2));
            } catch (UnsupportedEncodingException e) {
                    e.printStackTrace();
        }
    }
}
```

输出运行结果：

```
'汉'Unicode 编码为 6c49
'?±?'UTF8 编码为 e6b189
```

参考文献

[1] Intel® 64 and IA-32 Architectures Software Developer Manuals[OL]. https://software.intel.com/en-us/articles/intel-sdm.2016-10-29.

[2] 钱晓捷．32 位汇编语言程序设计[M]．北京：机械工业出版社，2011.

[3] 罗云彬．Windows 环境下 32 位汇编语言程序设计[M]．第 2 版．北京：电子工业出版社，2013.

[4] 马春燕．微机原理与接口技术（基于 32 位机）[M]．第 2 版．北京：电子工业出版社，2013.